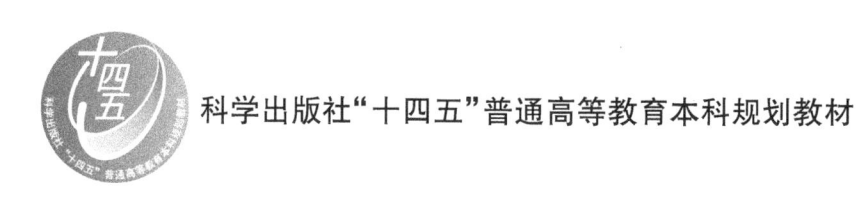

科学出版社"十四五"普通高等教育本科规划教材

机载雷达原理与系统

主编 肖冰松 许蕴山

科学出版社
北京

内 容 简 介

本教材以机载雷达为主要研究对象,介绍雷达的基本组成、工作原理、主要技术,突出机载特色和军事应用,力争使得机载雷达涉及的基本原理与主要技术均有所体现。内容包括机载雷达原理、机载雷达系统和机载雷达应用与发展三大部分。机载雷达原理部分包括雷达基本组成、目标信号检测、目标参数测量等。机载雷达系统包括脉冲多普勒雷达、相控阵雷达、数字阵列雷达、成像雷达、雷达数据处理、雷达电子防御等。机载雷达应用与发展部分包括典型机载火控雷达及其新发展。

本教材可作为高等院校本科生雷达原理与系统方面的课程教材,也可供部队工程技术人员参考。

图书在版编目(CIP)数据

机载雷达原理与系统／肖冰松,许蕴山主编. —北京：科学出版社,2023.6
科学出版社"十四五"普通高等教育本科规划教材
ISBN 978-7-03-075627-5

Ⅰ.①机… Ⅱ.①肖… ②许… Ⅲ.①机载雷达-高等学校-教材 Ⅳ.①TN959.73

中国国家版本馆 CIP 数据核字(2023)第 097037 号

责任编辑：许　健／责任校对：谭宏宇
责任印制：黄晓鸣／封面设计：殷　靓

科学出版社 出版
北京东黄城根北街 16 号
邮政编码：100717
http://www.sciencep.com

南京展望文化发展有限公司排版
广东虎彩云印刷有限公司印刷
科学出版社发行　各地新华书店经销
*

2023 年 6 月第 一 版　开本：787×1092　1/16
2024 年 1 月第二次印刷　印张：16
字数：367 000

定价：80.00 元
(如有印装质量问题,我社负责调换)

《机载雷达原理与系统》编审委员会

主　审　程嗣怡

主　编　肖冰松　许蕴山

参　编　向建军　邓有为　杨永建　卢丁丁

校　对　夏海宝

前　言

机载雷达被誉为飞机的"眼睛"。战争的需要推动了机载雷达原理和技术快速发展。机载雷达从简单脉冲、单脉冲、脉冲多普勒、简单抗干扰,发展到现在的相控阵、数字阵、成像、电子防御。由于飞机多功能作战的需求和平台的约束,机载雷达的发展集中反映了雷达最新的体制和技术。

为适应信息化、智能化战争,满足与航空电子系统相关的非雷达专业应用型人才培养需求,帮助初学者在较短的时间对现代机载雷达建立起一个比较系统的认识,我们特编写本教材。我们希望通过本教材,帮助读者深刻理解机载雷达的基本原理和军事应用,为党的二十大报告中强调的科技强军和新型军事人才培养贡献自己的力量。

本教材共有13章。第1章介绍雷达的基本原理、分类与应用等。第2章至第4章介绍雷达的发射机、接收机、天线、馈线等射频部分和伺服驱动系统、终端显示。第5章介绍目标信号检测。第6章介绍目标的距离、角度、速度参数测量原理。第7章至第10章介绍典型的雷达体制,包括脉冲多普勒、相控阵、数字阵、成像。第11章介绍雷达的数据处理。第12章介绍雷达整机的电子防御。第13章以有源相控阵火控雷达为例介绍机载雷达的应用与发展。

本教材经过多个专业多年的教学实践迭代,力争突出以下四个方面的特点,实现知识传授、能力培养和价值塑造三者紧密融合,凸显其在人才培养中的主要剧本作用。

（1）内容系统。针对教学内容综合性强、课程学时数有限的教学要求,本教材主要面向机载雷达,叙述其涉及的基本组成、工作原理、战术技术指标等。在满足核心教学内容的前提下,为读者能力拓展提供参考资料,在覆盖读者知识面的广度和深度之间取得平衡。

（2）内容新颖。本教材力争体现近年来机载雷达装备技术的新发展,尤其是确保能体现第五代战斗机和新型预警机大批量装备的有源相控阵雷达的主要原理与技术。

（3）针对性强。本教材针对航空电子类读者在雷达方面基础薄弱的问题,根据大学生的认知特点,以机载雷达作战保障为背景,从雷达的基本概念入手,深入分析雷达的内在工作机理,重点关注作战使用与维修保障实践应用这两个方面需要的基础理论,突出机载特色和军事应用,削枝强干。本教材不仅解决"是什么",更解决"为什么",引导读者思考"怎么办"。教材力争由浅入深、简明扼要、重点突出、通俗易懂,用最简单的数学知识凝练基本原理，在严谨性和可读性之间取得平衡，确保内容适用和实用。

（4）课程思政。本教材内容编排过程中，注重由问题引出内容，层层递进，提高读者认识问题、分析问题、解决问题的能力，强化科学精神和工程思维的培育。并在每章最后结合该章内容融入我国在雷达整机与核心元器件方面取得的重要进展，或融入推动我国雷达装备发展的重要人物，或融入雷达装备作战使用和维修保障相关问题，或融入我国优秀传统文化在雷达技术中的重要作用，充分激发读者的民族荣誉感，增强读者的"四个自信"，培养读者精益求精的大国工匠精神，激发读者科技报国的家国情怀和使命担当精神，培育读者爱岗敬业、矢志精武的高尚情操，启发读者用技术解决战术问题的思维，从而实现培根铸魂、启智润心的目的。

本教材是在空军工程大学重点建设课程的支持下完成的。空军工程大学航空工程学院肖冰松、许蕴山同志担任主编，设计了总体框架和章节内容，并进行统稿。第1、3、6、7、8、9、10、12章由肖冰松同志编写，第2章由卢丁丁同志编写，第4章由向建军同志编写，第5章由邓有为同志编写，第11章由杨永建同志编写，第13章由许蕴山同志编写。夏海宝同志对教材进行了校对，程嗣怡同志对教材进行了审阅。刘勇智同志、王瑞同志对教材内容提出了许多宝贵建议。在此向所有关心和支持本教材编写的单位和人员表示诚挚的感谢。

本教材在编写中参考引用了大量的文献，在此向各位作者深表谢意。

由于编者水平有限，难免存在疏漏或不妥之处，恳请读者批评指正。

编者

2023年5月

目　　录

第1章　概述 ·· 001
　1.1　基本原理 ··· 001
　1.2　分类与应用 ·· 004
　1.3　工作频率 ··· 007
　本章思维导图 ··· 012
　习题 ·· 012

第2章　发射机 ·· 014
　2.1　功能与组成 ·· 014
　2.2　主要技术指标 ··· 015
　2.3　脉冲调制器 ·· 020
　2.4　固态发射机 ·· 021
　2.5　电源 ·· 023
　本章思维导图 ··· 027
　习题 ·· 027

第3章　接收机 ·· 029
　3.1　功能与组成 ·· 029
　3.2　主要技术指标 ··· 034
　本章思维导图 ··· 041
　习题 ·· 042

第4章　天馈伺与终端 ·· 043
　4.1　天线 ·· 043
　4.2　馈线 ·· 051
　4.3　伺服系统 ··· 058
　4.4　终端 ·· 060
　本章思维导图 ··· 064

iii

习题 ··· 065

第 5 章 目标信号检测 ··· 066
5.1 门限检测 ··· 066
5.2 雷达方程 ··· 067
5.3 脉冲积累 ··· 071
本章思维导图 ··· 073
习题 ··· 073

第 6 章 目标参数测量 ··· 075
6.1 距离测量 ··· 075
6.2 角度测量 ··· 081
6.3 速度测量 ··· 089
本章思维导图 ··· 099
习题 ··· 099

第 7 章 脉冲多普勒雷达 ··· 101
7.1 基本原理 ··· 101
7.2 地杂波多普勒频谱 ··· 106
7.3 三种脉冲重复频率 ··· 117
本章思维导图 ··· 135
习题 ··· 135

第 8 章 相控阵雷达 ··· 137
8.1 基本原理 ··· 137
8.2 有源相控阵雷达 ··· 149
本章思维导图 ··· 159
习题 ··· 159

第 9 章 数字阵列雷达 ··· 161
9.1 基本原理 ··· 161
9.2 空时自适应处理技术 ··· 167
9.3 基本特点 ··· 170
本章思维导图 ··· 172
习题 ··· 173

第 10 章 成像雷达 ··· 174
10.1 真实波束测绘 ··· 174

10.2　合成孔径雷达 …………………………………………………… 177
　10.3　多普勒波束锐化 ………………………………………………… 184
　10.4　逆合成孔径雷达 ………………………………………………… 186
　10.5　干涉合成孔径雷达 ……………………………………………… 189
　本章思维导图 …………………………………………………………… 193
　习题 ……………………………………………………………………… 193

第 11 章　雷达数据处理 ………………………………………………… 195
　11.1　功能与组成 ……………………………………………………… 195
　11.2　主要技术指标 …………………………………………………… 205
　本章思维导图 …………………………………………………………… 206
　习题 ……………………………………………………………………… 206

第 12 章　雷达电子防御 ………………………………………………… 207
　12.1　基本内容 ………………………………………………………… 207
　12.2　反电子侦察原理 ………………………………………………… 208
　12.3　反电子干扰原理 ………………………………………………… 218
　本章思维导图 …………………………………………………………… 227
　习题 ……………………………………………………………………… 227

第 13 章　机载雷达应用与发展 ………………………………………… 229
　13.1　任务 ……………………………………………………………… 229
　13.2　工作方式 ………………………………………………………… 229
　13.3　组成与原理 ……………………………………………………… 233
　13.4　发展 ……………………………………………………………… 238
　本章思维导图 …………………………………………………………… 242
　习题 ……………………………………………………………………… 243

参考文献 …………………………………………………………………… 244

第1章
概　述

雷达(radar)一词源于英文 Radio Detection and Ranging 的缩写,即无线电探测和测距。电气与电子工程师协会(Institute of Electrical and Electronics Engineers, IEEE)的 IEEE 686-2017 标准认为雷达是以电磁波对目标进行包含搜索和跟踪在内的探测、定位(距离、角位置等)的传感器,可分为本身带辐射源的有源雷达和不带辐射源的无源雷达。我国将雷达定义为利用电磁波发现目标并测定其位置、速度和其他特征的装备或装置。如果是利用目标对电磁波的反射来发现目标和确定目标特征参数的,则这种雷达称为一次雷达。此时,目标是非合作的,电磁波是往返双程的。如果目标是合作的,由询问机发出询问信号,目标上的应答机发出应答信号,这种雷达则称为二次雷达。本教材仅介绍一次雷达。

1.1 基本原理

1.1.1 基本组成

我们以常用的单基地脉冲雷达为例说明雷达的工作过程,如图 1-1 所示。由发射机产生的电磁信号经过收发开关后传输给天线,天线将其定向辐射到大气中。电磁信号在大气中以光速进行传播。如果天线波束内有个目标,则目标会截获电磁信号,并且将部分电磁信号向各个方向散射,其中有一部分是朝着雷达天线方向的。天线将这部分电磁信

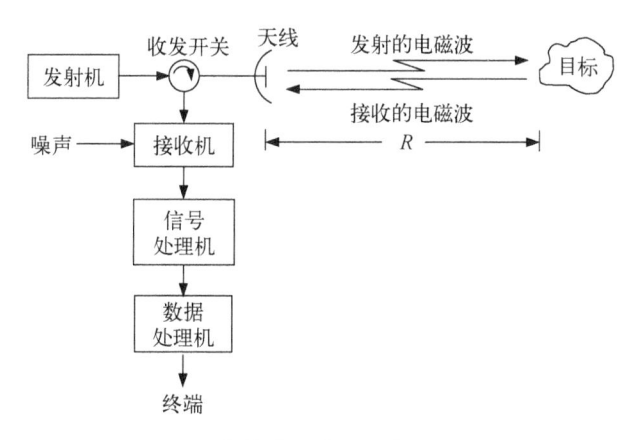

图 1-1 单基地脉冲雷达基本工作过程

号收集起来,经传输线和收发开关馈给雷达接收机。接收机将这部分微弱的目标回波信号从噪声、杂波和干扰中选择出来并且放大,经过信号处理后即可获取目标的参数信息,有的还经过数据处理,最终送终端进行显示或其他运用。雷达为了对关心的空域扫描,有的还需要驱动天线转动的伺服系统。

因此,雷达的基本组成包括发射机、收发开关、天线、接收机、信号处理机、数据处理机、伺服系统、终端显示等。其中,天线、以收发开关为代表的信号传输系统、伺服系统经常合起来称作天馈伺系统。

1.1.2 目标参数测量基本原理

雷达发射的电磁波被物体反射后由雷达接收。有用的反射信号为目标回波,无用的为杂波。杂波是指在特定应用中不需要的、来自某个物体或群体的反射波。对某些雷达是杂波的信号,可能在其他雷达中是目标回波。

雷达接收的目标回波,携带着目标的运动参数及特征信息。目标的运动参数信息是指目标相对雷达的距离、角度(方位角、高低角)及径向速度;目标的特征信息是指尺寸、形状,以及振动、飞机螺旋桨的转动或喷气发动机的转动(使回波产生特殊的调制)等。

目标的距离信息反映在回波脉冲相对于发射脉冲的延迟时间上;目标的方向角反映在接收到目标回波时,雷达天线波束的指向角上;目标的径向速度信息反映在回波信号的射频频率的变化量(多普勒频率)上,以及回波脉冲的距离变化率上。

目标的尺寸、形状信息反映在雷达接收回波信号在纵向(距离)及横向(方位)的宽度上;另外,目标的振动、飞机螺旋桨的转动或喷气发动机的转动会使回波产生特殊的调制(可通过对雷达回波信号的频谱分析来检测)。

1) 距离

目标的距离可以通过测量电磁波到达目标和从目标返回的时间来确定,因为电磁波的能量基本上是以不变的速度(光速)传播的。设目标相对雷达的距离为 R,则电波传播的距离等于光速乘以时间间隔,即

$$R = ct_R/2 \tag{1-1}$$

式中,R 为目标相对雷达的单程距离;t_R 为电磁波往返于目标与雷达之间的时间间隔;c 为电磁波的传播速度。

对脉冲雷达来说,测量电磁波往返于目标与雷达之间时间间隔的方法是观察或测量发射脉冲与接收的该目标回波脉冲之间的时间延迟,如图 1-2 所示。

脉冲雷达工作时,雷达天线向空间辐射的是一个一个的高频脉冲,即作用时间极短的高频无线电波。高频脉冲之间有一定的时间间隔,引起的目标反射回波也是脉冲形式。通过测量发射脉冲与回波脉冲之间的时间延迟,即可确定目标的距离。

2) 角度

目标相对雷达的角度是指目标相对雷达的方位角度和高低角度。在雷达技术中,测量这两个角度基本上都是利用电波在均匀介质中传播的直线性和雷达天线的方向性来实现的,如图 1-3 所示。

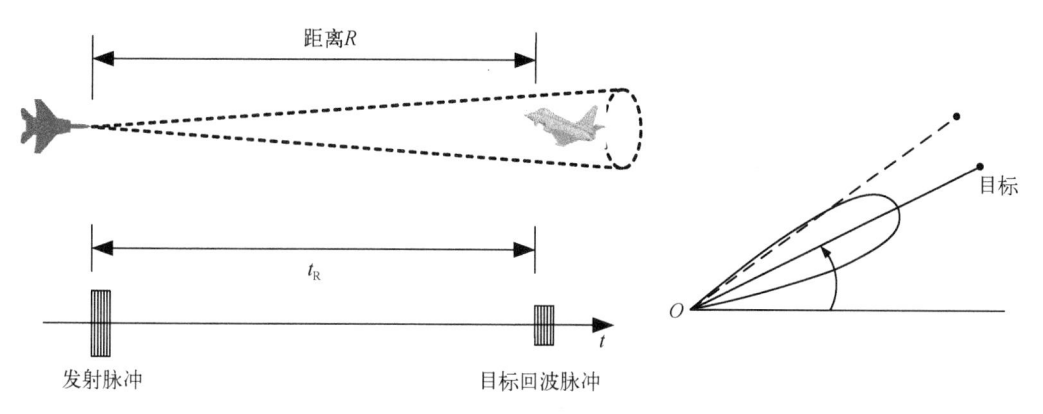

图1-2 发射脉冲与回波脉冲之间的时间延迟　　　图1-3 角坐标测量

雷达通过天线辐射的电磁波能量汇集在很窄的波束内(如机载火控雷达的波束宽度通常为2°~4°)。当天线波束轴线对准目标时,回波信号最强,如图1-3中实线所示。当目标偏离天线波束轴时回波信号减弱,如图1-3中虚线所示。根据接收回波最强时的天线波束指向,就可确定目标的方向。这就是角坐标测量的基本原理。

如果波束在水平方向扫描,就可得到方位角。如果波束在垂直方向扫描,就可得到仰角。

3) 相对速度

测量相对速度的方法有两种。

一种是通过测量距离变化率求得相对速度值,即当目标与雷达之间有相对速度时,雷达测量得到的目标距离值是在不断地变化的,将一段时间内目标距离的变化量除以这段时间值,即可求得目标的相对速度。

另一种方法是通过测量由多普勒效应引起的目标回波信号频率的变化量(多普勒频率)求得目标的相对速度。

当雷达与目标之间存在相对运动时,多普勒效应体现在回波信号的频率与发射信号的频率不相等,如图1-4所示。雷达发射电磁波信号后遇到一个朝着雷达运动的目标时,由于多普勒效应,从这个目标散射回的电磁波信号的频率将高于雷达的发射频率。同样,此反射信号被雷达接收时由于多普勒效应,频率也相应增高。

图1-4 多普勒效应示意图

由于多普勒效应,当目标和雷达之间存在有相对径向运动时,目标回波信号频率比发射信号频率增加(或减少)的频移量,称为运动目标的多普勒频率(或频移)。其多普勒频率的大小与径向速度成正比,而与雷达波长成反比,即

$$f_d = \frac{2V_r}{\lambda} \tag{1-2}$$

式中,f_d为目标的多普勒频率;V_r为目标与雷达之间的相对径向速度;λ为发射信号波长。

显然只要测定目标的多普勒频率,即测定了相对速度。

4) 图像

不同的目标以及同一目标的不同组成部分,对电磁波的反射能力不一样。因此,可根据目标反射回雷达的电磁波的强弱,得到一幅灰度图。反射回波强的目标,在图上亮一些;反射回波弱的目标,在图上暗一些。

1.2 分类与应用

1.2.1 分类

雷达已广泛应用于探测地面、空中、海上、太空甚至地下目标。可以依据不同的标准对雷达进行分类。

1) 按功能分类

按照雷达的功能,可以把军用雷达分为预警雷达、搜索警戒雷达、引导指挥雷达、监视雷达、火控雷达、轰炸雷达、制导雷达、测高雷达(无线电测高仪)、炮瞄雷达、着陆雷达、气象雷达、导航雷达等。

2) 按工作波长分类

按照雷达的工作波长,可以分为米波雷达、分米波雷达、厘米波雷达、毫米波雷达、激光雷达、太赫兹雷达等。

3) 按扫描方式分类

按照雷达对关心区域进行波束扫描方式的不同,可分为机械扫描雷达和电扫描雷达。电扫描雷达又可分为相控阵雷达和频率扫描雷达等。

4) 按测量的目标参量分类

按测量的目标参数类型,可把雷达分为两坐标雷达、三坐标雷达、测高雷达、测速雷达等。

5) 按信号形式分类

按照发射和接收信号形式不同,可把雷达分为连续波雷达和脉冲雷达。

6) 按承载平台分类

按照承载雷达的平台不同,可把雷达分为地面雷达、车载雷达、舰载雷达、机载雷达、弹载雷达、星载雷达等。本书重点介绍机载雷达,即装在飞行器(飞机、直升机、无人机和气球等)上的雷达。

7) 按技术体制分类

第二次世界大战后,随着雷达技术的迅速发展,新体制雷达不断出现。按照雷达采用的技术体制,可以分为圆锥扫描雷达、单脉冲雷达、相控阵雷达、频率捷变雷达、频率分集雷达、脉冲压缩雷达、脉冲多普勒雷达、合成孔径雷达、逆合成孔径雷达等。这些技术体制从不同的角度解决雷达面临的不同问题。需要说明的是,这些技术体制本身并不是相互冲突的,同一部雷达很可能是几种技术体制的集合体。例如,现代战斗机装备的最先进的火控雷达,既是相控阵雷达,也是脉冲多普勒雷达,又是脉冲压缩雷达,还是合成孔径雷达,等等。

雷达的种类划分并不是绝对的。在给雷达命名时,一般要突出其某个特征,让人们容易了解该雷达的主要特点。

1.2.2 应用

本节以机载雷达为例,说明雷达的应用。机载雷达是指装在飞行器(飞机、直升机、无人机和气球等)上的雷达。机载雷达作为雷达应用领域的一个分支,在火力控制、预警探测、轰炸瞄准、战场侦察、保障航行安全等领域得到了广泛应用,已成为现代空基作战中机载信息系统的重要组成部分,是机载系统中极为重要的、具有标志性的分系统。

1.2.2.1 机载火控雷达

机载火控雷达是指装在飞机上,能完成目标的搜索、截获和跟踪,实时为火炮或导弹控制提供目标参数的雷达。机载火控雷达是飞机航空电子系统的分系统之一,主要用于全天候条件下对海(地)面静止或活动目标进行探测、识别、跟踪;全天候、全高度对空中目标进行搜索、识别、跟踪;为航空电子设备及火控系统提供有关信息,完成对敌方舰船、飞机和地面目标的攻击;雷达还具有气象探测、防撞、信标导航以及与询问应答机交联识别目标敌我属性的功能。火控雷达一般没有独立的显示器和操作控制设备,雷达的信息在航空电子系统的多功能显示器和平视显示器上显示。雷达的操作控制通过航空电子系统的显示控制分系统完成。

机载火控雷达,受到任务、环境、平台等多方面的制约,技术要求高、研制难度大。

1) 多功能的任务需求

机载火力控制系统是引导载机至作战空域,探测、识别、截获、跟踪目标,控制武器弹药按确定方向、时机、密度和持续时间投射,制导、控制武器命中目标,判定作战效果,引导载机退出的攻击全过程中,产生、处理、控制、传输和显示火控信息的机载电子设备。其中,目标探测、跟踪、武器制导主要由机载火控雷达完成。这也是一般火控雷达的主要功能需求。但是,随着技术的发展,机载火控雷达功能越来越多。从最初的只具有简单的空-空搜索、测距和跟踪等简单功能开始,发展到了现在的空/空、空/地、空/海、导航与电子战四大类共几十种子功能;所制导的武器由原来的以机炮攻击为主,发展到了包含超视距导弹在内各种导弹为主,使作战飞机真正具有了远程、全天候、全方位和全高度的攻击能力。

因此,相对于常规雷达,机载火控雷达最突出的就是功能多。例如,第五代战斗机的一个典型装备就是有源相控阵火控雷达,其主要用于探测及跟踪空中、地面和海面目标,为载机提供武器瞄准、射击和制导所需的数据,同时还完成地图测绘、气象回避、导航、目标识别和辅助电子战等任务。

2) 需要对抗强面杂波

雷达最初是在地面诞生的,将地面雷达搬到飞机上之后,雷达面临着一个重要问题,那就是面杂波。因为大地和海面是巨大的反射体,它们反射回雷达的电磁波比一般的空中目标反射回雷达的电磁波要强得多。所以,空中目标会淹没在面杂波中,导致无法检测出空中目标。因此,机载火控雷达必须克服面杂波,检测出被其淹没的空中目标。

3) 受平台限制严重

战斗机是一种高度集成的飞行器,留给雷达的空间十分有限,对雷达的体积和重量有严格的限制。

在狭小的机载空间内,集中了多种航空电子设备,电磁环境十分复杂,所以电磁兼容问题也十分突出。既表现为雷达与其他电子设备的兼容问题,也表现为雷达内部的兼容问题。与其他电子设备兼容的一个最重要方面是与电子对抗系统的兼容,即雷电协同问题。因为雷达发射信号时,电子对抗系统中的电子侦察系统会收到雷达信号,引起电子侦察虚警;电子对抗系统中的电子干扰系统发射干扰信号时,雷达会收到这部分强信号,也会引起雷达虚警。雷达内部的兼容问题表现在雷达发射的是大功率信号,而接收系统处理的是微弱信号,这两者之间需要协调兼容性。

在战斗机起降过程中,雷达会受到震动和冲击。雷达在空中使用过程中,载机一直处于强震动状态,特别是战斗机进行大机动时。而且载机一直处于运动中,对雷达的波束控制、目标参数基准、设备稳定工作带来很大影响。

机载火控雷达在工作时,处于不能实时维修的状态,而雷达发射系统产生的是大功率信号,特别是在作战时,要确保系统的稳定。因此,对可靠性要求很高。即使落地后进行维修,由于空间狭小,在设计中也需要考虑维修的便利性和快捷性问题。

机载火控雷达从地面到空中,外部气温差别较大,外部环境的气压变化也很大。所以,机载火控雷达需要解决高低温和高低气压的问题。

雷达发射系统产生的是大功率信号,需要放大电路,不可避免会产生大量的热。而由于机载空间和飞机环控系统的限制,散热性也是系统设计中的一个重要方面。

1.2.2.2 机载预警雷达

机载预警雷达是指装在飞机上,用来发现、跟踪目标,与其他系统配合引导作战的雷达,亦称预警机雷达。机载预警雷达是任务电子系统主要的传感器和信息源。预警雷达完成对指定的搜索空域、海域内目标的探测跟踪任务,并向机上任务电子系统的显示与监控分系统、指挥控制分系统提供指示信息,与机上任务电子系统其他分系统和载机电子设备兼容工作。预警雷达与二次雷达/敌我识别分系统、电子侦察/通信侦察分系统完成信息相关和数据融合,共同实现预警指挥机的预警、指挥、控制作战任务。

机载预警雷达具有对空探测(包括正常搜索、中程搜索、增程搜索、无源探测等搜索方式)、对海探测、自检/校准等多种工作方式,这些工作方式可以交替使用,以便适应多变的目标环境。雷达的功能和性能具有一定的可扩展潜力。

1.2.2.3 机载轰炸雷达

机载轰炸雷达是指以检测地面固定目标(如铁路、桥梁、建筑物群)、运动目标为主,用于战略、战术轰炸目的的雷达。机载轰炸雷达通常还能检测航路上的地面(如高山、铁塔)和空中(如飞机、雷雨、云区)的障碍物,用于载机的导航。

轰炸瞄准包括距离瞄准和方向瞄准两部分。距离瞄准用来确定投弹(距离)位置、时机,即在飞机距目标某一距离时投弹,炸弹正中目标,距离上不产生偏差;方向瞄准用来确定飞机投弹时的正确航向和航迹(飞机实际运动路线),使投下的炸弹在方向上不产生偏差。

1.2.2.4 气象雷达

气象雷达是指用来探测大气中风、温度、压力、湿度等气象要素以及云和降水等气象目标的雷达,包括测风雷达、天气雷达(亦称测雨雷达)和测云雷达等。

气象雷达用于保障航行安全。飞行员根据气象雷达提供的显示图像可估计飞行途中的气象状况,及时操纵飞机沿安全的航线飞行,避免各种危险气象区域。除了气象探测外,气象雷达还可用于地形测绘,可提供地面典型凸出目标、湖泊、大江、海岸线、岛屿等显示,用作辅助导航。

1.2.2.5 战场侦察雷达

战场侦察雷达是用来侦察和判断战场上固定目标及军事活动目标的雷达。现代战斗机、无人机装备的雷达通常具有对固定面目标成像功能和运动面目标检测与跟踪功能。

战争时期,战场侦察雷达是最重要的信息获取手段,用于侦察战场纵深内敌方低空、地面、水面静止和活动目标,监视敌方作战部队的集结和调动,及时掌握战场态势变化,为侦察部队提供情报支援,为实施火力打击提供目标信息。和平时期,战场侦察雷达可用来保护国家边防、重要设施,防御走私偷渡和恐怖分子。在夜间和恶劣气候条件下,其作用更加凸显。

1.3 工作频率

1.3.1 雷达的频段

雷达的工作频率即雷达发射电磁波对应的信号载频。信号载频 $u(t)$ 可用余弦函数来描述:

$$u(t) = U\cos\varphi = U\cos(2\pi f_0 t + \varphi_0) \tag{1-3}$$

式中,U 为信号幅度;φ 为信号的瞬时相位;f_0 为信号的频率;φ_0 为信号的初相角。f_0 即为雷达的工作频率。

按照雷达的工作原理,不论雷达工作频率高低,只要是通过辐射电磁波并利用从目标反射回来的回波对目标探测和定位,都属于雷达系统工作的范畴。常用的雷达工作频率范围为 220 MHz~35 GHz。实际上各类雷达的工作频率超出了上述范围。例如天波超视距(OTH)雷达的工作频率为 4 MHz 或 5 MHz,而地波超视距的工作频率则低到 2 MHz。在频谱的另一端,太赫兹雷达的频率达到 0.1~10 THz。工作频率不同的雷达在工程实现时差别很大。整个电磁波频谱和雷达的工作频率如图 1-5 所示。

目前在雷达技术领域里常用频段的名称,常用 L、S、C、X 等英文字母来命名。这是早期一些国家为了保密而采用的,以后就一直沿用下来,我国也经常采用。表 1-1 列出了雷达频段和频率的对应关系。表中还列出了国际电信联盟分配给雷达的具体波段,例如,L 波段包括的频率范围应是 1~2 GHz,而 L 波段雷达的工作频率却被约束在 1.215~1.400 GHz。有些资料中以 P 波段表示 230 MHz~1 GHz 的频率范围。

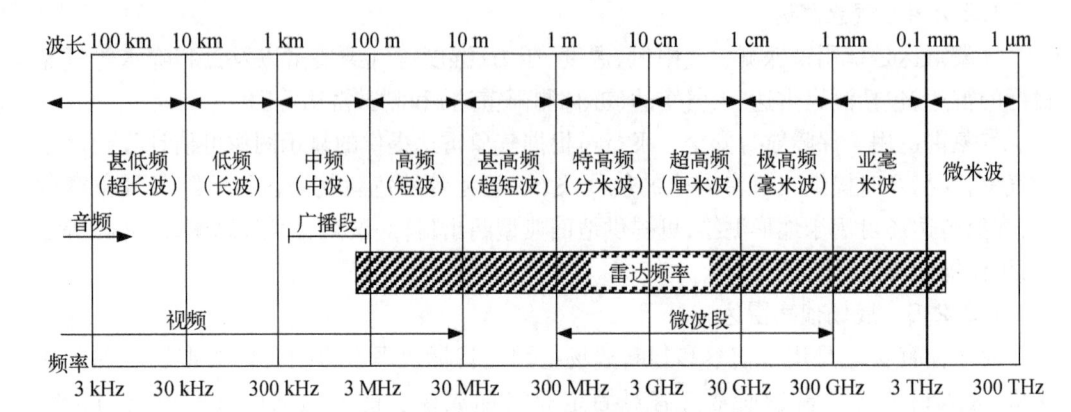

图 1-5 电磁波频谱和雷达频率

表 1-1 IEEE 标准雷达频率字母频段名称

波 段	频 率 范 围	国际电信联盟(ITU)分配的雷达频率范围
HF	3~30 MHz	—
VHF	30~300 MHz	138~144 MHz;216~225 MHz
UHF	300~1 000 MHz	420~450 MHz;850~942 MHz
L	1~2 GHz	1.215~1.400 GHz
S	2~4 GHz	2.3~2.5 GHz;2.7~3.7 GHz
C	4~8 GHz	5.25~5.925 GHz
X	8~12 GHz	8.5~10.68 GHz
Ku	12~18 GHz	13.4~14.0 GHz;15.7~17.7 GHz
K	18~27 GHz	24.05~24.25 GHz;24.65~24.75 GHz
Ka	27~40 GHz	33.4~36.0 GHz
v	40~75 GHz	59~64 GHz
w	75~110 GHz	76~81 GHz;92~100 GHz
mm	110~300 GHz	126~142 GHz;144~149 GHz;231~235 GHz;238~248 GHz

在雷达技术中,工作频率有时也用波长(λ)来表示。波长表示电磁波在其一个周期时间内所传输的距离。波长与电磁波的频率(即雷达的工作频率)之间有固定的关系,即

$$\lambda = c/f \tag{1-4}$$

1.3.2 不同频段的特征

每一种频率范围的电磁波都具有自己的特性,工作在不同频率范围的雷达在工程实现时往往差别很大。下面分几个大的频段进行介绍。

1) 米波段(包括 HF、VHF 和 UHF 频段)

早期的雷达多工作在这一频段。在该工作频段的雷达具有简单可靠、容易获得高辐射功率、容易制造、动目标显示性能好、不受大气传输影响、造价低等优点。因此,在对空警戒雷达、电离层探测器、超视距雷达中有广泛的应用。该波段雷达的主要缺点是目标的角分辨力低。

2) 分米波段(包括 L 和 S 波段)

与米波频段雷达相比,分米波段雷达具有较好的角度分辨力、外部噪声干扰小、天线和设备尺寸适中等优点,因此在对空监视雷达中得到广泛使用。当要求一部雷达兼有对空探测和目标跟踪两种功能时,S 波段雷达最为合适。S 波段雷达是介于分米波和厘米波段之间的一种折中选择,可以成功地实现对目标的监视和跟踪,广泛地应用于舰载雷达。该波段雷达的辐射功率不如米波段高,大气回波和大气衰减对其有一定的影响。

3) 厘米波段(包括 C、X、Ku 和 K 波段)

厘米波段雷达主要用于武器控制系统,它具有体积小、重量轻、跟踪精度高、可以得到足够大的信号带宽等优点,因此在机载火控雷达、机载气象雷达、机载多普勒导航雷达、地面炮瞄雷达、民用测速、防撞雷达中被广泛使用。该波段雷达的主要缺点是辐射功率不高、探测距离较近、大气回波和大气衰减影响较大、气象杂波等外部噪声干扰大等。但气象雷达主要是探测气象杂波,因此多工作在这个频段。

4) 毫米波段(包括 Ka、v、w、mm 波段)

毫米波段雷达具有天线尺寸小、目标定位精度高、分辨力高、信号频带宽、抗电磁波干扰性能好等优点。但毫米波段雷达具有辐射功率更小、机内噪声较高、气象杂波等外部噪声干扰大、大气衰减随频率的增高而迅速增加等缺点,又几乎掩盖了其优点。由于大气的衰减随频率的增高并不是单调地增加,而是存在着一些大气衰减较小的窗口,除非某些特定的应用(例如汽车防撞雷达),毫米波段雷达大多仅限于工作在这些窗口上。

中国机载雷达研制发展轨迹:从解决有无到世界领先

在我国的雷达界,很早就形成了自力更生的传统。从 20 世纪 50 年代初,我国就开始自主研制雷达,当时很多人没见过雷达,更不知道该怎么做。经过几十年的艰苦奋斗,目前我国已发展为既是雷达大国,也是雷达强国。中国机载雷达,也实现了从无到有,从弱到强,从跟跑、并跑到部分领跑。

1. 先解决有无问题

20 世纪 50 年代是中国战斗机机载雷达发展的初期阶段,当时我国的战斗机是仿制苏联的型号,所以,机载雷达也以仿制苏联战斗机机载雷达为主。这一时期,机载雷达的加装,主要是满足夜间飞行员目视能力下降情况下的国土防空作战需要。

我国随苏联米格-17 和米格-19 战斗机引进的机载雷达系统,最早都是测距器,不能测量目标的方位和高度,作用距离不超过两千米。后来,雷达技术开始采用圆锥扫描体制和普通脉冲方式。受到雷达系统本身技术性能差和载机空间不足的限制,我国早期夜间战斗机上使用的机载雷达存在有效作用距离短、抗杂波和干扰能力弱、低空探测效果差、可靠性不高和缺乏配套机载武器的问题,并不能完全满足我军战斗机部队执行国土防空作战的需求。但这一时期,世界先进国家的雷达水平也存在同样的问题。从实际使用来看,我国装备的苏制机载雷达的夜间战斗机,在拦截夜间低空侦察机的作战行动中,实战效果有限,在受到敌方飞机施放电子干扰和地面背景杂波影响的情况下,常常不能正确判定目标。可以说,此时的机载雷达,只能说是对目视能力的一定补偿,暂时解决了我军机载雷达的有无问题。

2. 落差渐大

20世纪60年代是国外机载雷达技术迅速提高阶段。单脉冲技术、脉冲压缩技术已经成熟并在机载雷达上使用,脉冲多普勒技术则开始进入装备的试生产,而相控阵技术也已经起步。由于中苏关系变化,一时间中国机载雷达科研和生产单位失去了外来的技术支持,机载火控雷达的发展速度变慢。我国的机载雷达技术在艰难中继续前行。

1966年3月,为满足强-5攻击机的使用需要,我国在对国外样机进行测绘和研制工作的基础上,1970年夏试制完成两部样机,1976年完成各项空中试验并转入小批生产,陆续装备强-5飞机。1974~1976年,将该雷达小型化并研制出两部样机。该雷达长期装备强-5飞机,为我国近海对海对面防卫发挥了突出作用。它采用单脉冲体制,具有空空上视搜索与跟踪功能,不具备下视能力;但具备地形测绘、等高面测绘、地形回避和空地测距等多种功能。

几乎与此同时,我国开始研发歼-8战机。为了提高歼-8战斗机的战术性能和全天候作战能力,国内也开始研制与之配套的机载雷达系统,即单脉冲火控雷达,一年内就完成了原理样机。但是,由于雷达系统设计不完善以及材料、元件上所存在的缺陷,使该系统的试验工作困难重重。尽管雷达样机在1971年就已开始装机试用,但却长期无法达到实用水平。最终由于雷达系统研制进度的拖延,直接影响到歼-8战斗机的整体进度,使得歼-8在缺乏全天候火控雷达系统的情况下,只能被迫安装雷达测距仪,按照白天型战斗机的标准定了型。直到20世纪80年代,歼-8才重新按照1964年提出的原设计要求,研制完成了单脉冲体制的火控雷达,并完成定型。此时,已过去了20年。

因为雷达系统和机体的研制全面落后于原计划的时间要求,所以致使歼-8战斗机并没有像研制项目开始时计划的那样成为中国战斗机换代机型,而只是一个在新型战斗机定型装备前的过渡机型。就在歼-8战斗机火控雷达完成定型的时候,国外战斗机机载火控雷达技术已经步入了脉冲多普勒的成熟应用阶段,并且开始采用合成孔径体制,雷达的发展呈现出多功能化、高可靠性和抗干扰能力强的特点。中国与西方发达国家在雷达技术上的差距,被历史性地拉开了。

3. 尝试研制预警机

20世纪60~70年代,我国开始尝试研制预警机空警一号。万事开头难,由于当时的技术基础薄弱,最后未能解决雷达抗杂波的问题,致使装备未能服役,最后收藏于中国航空博物馆。

最初,我们决定将当时先进的地面雷达进行小型化后搬上飞机。试飞结果表明,无论是在平原、沙漠或山区的地物回波都很强,雷达没有下视能力,但在青海湖湖面能发现低空目标。这说明,湖面的回波强度比陆地小得多。因此,可以推断此时的雷达在海面上空有下视能力。这一阶段,换装了更好的雷达发射机,进一步提高了接收机的灵敏度,加装了动目标显示装置,并且重返渤海进行了试飞。试飞结果表明,雷达在空中工作稳定,磁控管发射机无打火现象,抑制海浪杂波能力有所改善,但由于此时的动目标显示装置不能对飞机运动作出补偿。因此,飞机在海面上空飞行时的下视效果仍然不是很好,更别提在陆地上空了,仍不具备下视能力。

4. 奋起直追

20世纪70年代末开始,由于国家整体形势好转,我国在机载雷达领域奋起直追。

1980年6月,中国开始从英国引进"空中巡逻兵"-7M型测距器,同时安排国内试制生产。20世纪90年代以后,我国开始为歼-8II飞机立项研制机载脉冲多普勒火控雷达。我国之所以能够决策自行研制机载PD雷达,是因为此时我国已经在"三高"(高度相参、高增益低副瓣天线、高速信号处理)技术方面取得了突破。

5. 有了自己的火控雷达

20世纪90年代,通过近20年时间建立的技术储备和从国外吸收的部分先进技术与设计思想,我国机载脉冲多普勒火控雷达技术开始步入快速发展的新阶段。从1990年开始,先后有多台技术原理样机投入技术验证和系统完善工作中。通过5年左右的技术攻关,完成了从低脉冲重复频率的单脉冲体制到全波形脉冲多普勒体制之间的技术跨越。20世纪90年代中期,我国自行研制的中低重复频率脉冲多普勒火控雷达终于装备歼-8II飞机。我国自行研制的"飞豹"战斗轰炸机,也装备了我国自行研制的全波形机载火控雷达,这标志着我国用10年的时间,已将国产脉冲多普勒火控雷达由探索阶段发展到全面应用阶段。

在这一时期,我国开始引进俄罗斯PERO、SKOL两种无源相控阵天线。与此同时,国内开展了利用国产器件完成了无源相控阵试验样机研制。实际上,我国在20世纪70年代就开始了无源相控阵雷达原理样机的研究,并曾于1978年研制出用于水轰-5的无源相控阵水面搜索雷达。

1992年,我国正式恢复了发展预警机的计划。因为1991年的海湾战争,标志着世界军事技术开始全面深入发展。由于预警机在战争中的出色表现,以及当时的国际和国内环境,我国迫切需要作为信息化武器装备的预警机。由于当时国内关于能否自主研制预警机并没有形成统一意见,最后国家决策通过引进先进国家的装备来解决急需,同时在引进过程中提高自己的技术水平。在对世界各国预警机进行充分考察和研究的基础上,我国预警机的引进目标被定位在有源相控阵。

就在引进工作进入系统集成的关键时刻,我国的引进合同因为单方面被撕毁而中止。在对外合作过程中,我国坚持了"合作研制"的基本方针。一方面,技术方案由双方共同制定;另一方面,我国坚持很多关键性设备(例如雷达的收/发组件和天线罩)由自己生产。同时,国家另外投入一笔资金,同步安排国内包括雷达在内的其他任务系统的同步研制。当时,曾经有不少人认为没有必要,理由就是,现在不是能买到了吗?为什么还要自己搞?在每一种先进武器装备开始对外合作时,总是有不少人抱有这种能从国外买到,就不用自己搞的想法,这是国防工业发展的最大障碍之一。实际上,从对外引进到自力更生,常常是很多高新技术武器装备的发展建设之路,正是因为当时我们坚持了这样的基本方针,才使得后来外方撕毁合同时,我们已经具备了自行研制的基础。

6. 第四代的雷达

进入21世纪后,我国机载火控雷达进入了成熟应用的阶段,机械扫描体制的火控雷达技术水平与先进国家相当,也就是达到20世纪90年代中期国际机载火控雷达的先进水平,因为当时国外的无源或有源相控阵雷达都没有成熟应用。我军新型作战飞机装备的雷达系统以脉冲多普勒体制和平板缝阵天线为标志,已经由单纯的制空作战发展到了具备地形测绘、合成孔径、地形跟随等功能,具备较强对地、海目标作战能力,是现代化多功能火控雷达系统,完全可以满足我国第三代战斗机的需要。

与此同时,我国在机载预警雷达领域则处于世界先进水平。2010年2月,美国智库詹姆斯敦基金会发表文章称,中国人民解放军采用有源相控阵技术的空警-2000和空警-200预警机比美国E-3C和E-2预警机整整领先一代。这两型采用有源相控阵机载预警雷达的研制,大大促进了我国有源相控阵技术的发展。

2011年1月,中国第五代新型战斗机横空出世,应该说明我国机载火控雷达跨越了无源相控阵阶段,直接进入了有源相控阵机载火控雷达的研制。

2021年4月22~24日的第九届世界雷达博览会上,中国电科第十四研究所展出了KLJ-7A型雷达。该雷达是我国首个针对国际市场的机载有源相控阵火控雷达,自由度高、带宽广、抗干扰能力强。不仅能轻松地辐射多种波形对付不同种类目标,还能同时应对多个方向的干扰源。整体技术水平可与国际顶尖同类产品相媲美。KLJ-7A型雷达采用光纤传输信息,整体反应速度大大提高,对远距离目标探测能力是传统雷达的两倍。KLJ-7A型雷达可以同时跟踪多个目标,并引导导弹予以攻击,为战机实现"先发现、先打击"打下牢固基础。

通过对我国几十年来机载雷达技术发展脉络的勾勒,我们已经看到,其技术追赶的速度是越来越快,在有些领域,我们还在落后;在某些领域,我们已经完成追赶;在有的领域,我们已经实现领先。这也正是我国国防工业的整体写照。

本章思维导图

(见下页)

习　题

1. 画出雷达的基本组成方框图,并简述雷达的基本工作过程。
2. 雷达测量目标距离、角度、速度的基本原理是什么?
3. 频率不同,对雷达性能有哪些影响?
4. 分别计算P波段雷达和太赫兹雷达的波长范围。
5. 总结雷达的分类情况。
6. 查阅资料,列举雷达在飞机上的典型应用(至少三种),并介绍其作用。

第1章 概 述

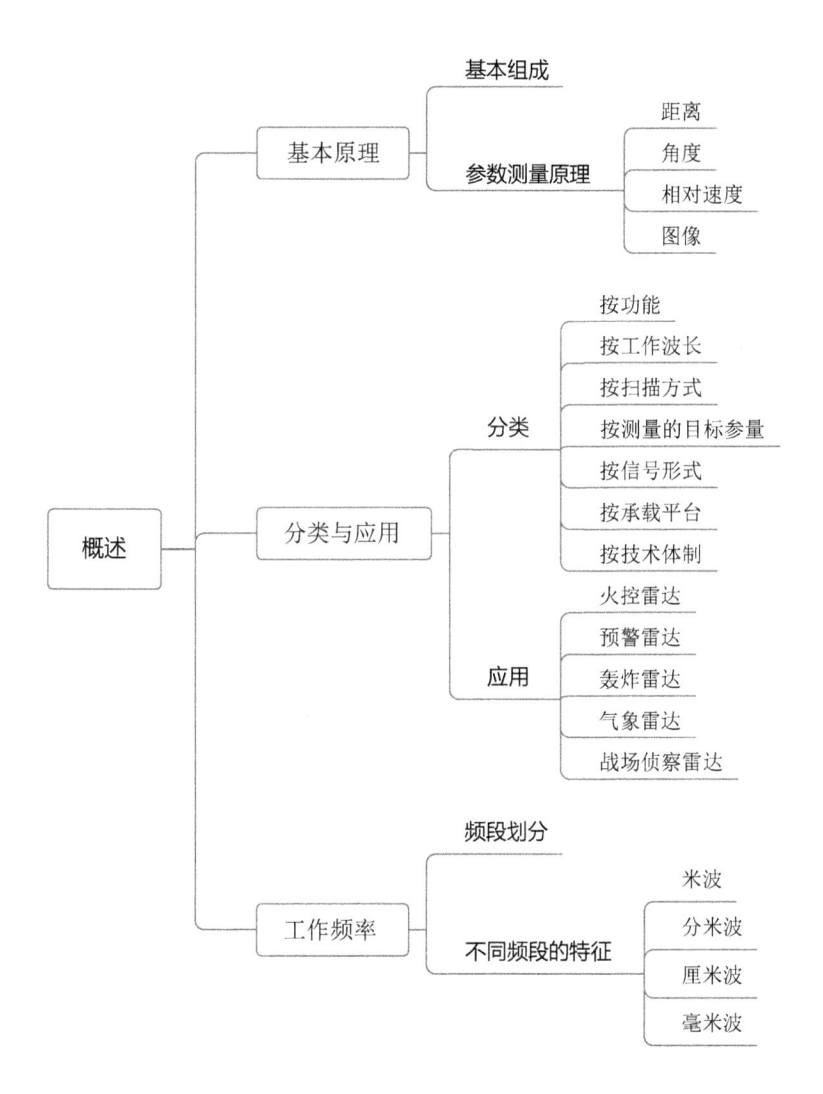

- 概述
  - 基本原理
    - 基本组成
    - 参数测量原理
      - 距离
      - 角度
      - 相对速度
      - 图像
  - 分类与应用
    - 分类
      - 按功能
      - 按工作波长
      - 按扫描方式
      - 按测量的目标参量
      - 按信号形式
      - 按承载平台
      - 按技术体制
    - 应用
      - 火控雷达
      - 预警雷达
      - 轰炸雷达
      - 气象雷达
      - 战场侦察雷达
  - 工作频率
    - 频段划分
    - 不同频段的特征
      - 米波
      - 分米波
      - 厘米波
      - 毫米波

013

第 2 章
发射机

发射机在雷达工作时产生满足雷达工作所需的电磁波信号,随着雷达技术的迅猛发展,对发射机性能指标提出了更高的要求,包括发射信号的功率、频率、波形、稳定性以及总效率和可靠性等方面均要满足雷达工作的需要。发射机在雷达系统中的成本、体积、重量、设计投入等方面都占有非常大的比重。

2.1 功能与组成

2.1.1 功能

雷达发射机的功能是为雷达系统提供一种满足特定要求的大功率射频发射信号,将低频交流能量(或直流电能)转换成射频能量,经过馈线和收发开关并由天线辐射到空间。

根据雷达信号的形式,雷达发射机通常分为脉冲发射机和连续波发射机。机载雷达应用最多的是脉冲发射机。脉冲发射机通常又分为单级振荡式发射机和主振放大式发射机两类。现代机载雷达几乎全部采用主振放大式发射机。

2.1.2 组成

主振放大式发射机的组成原理如图 2-1 所示,它由射频信号源、射频放大链、脉冲调制器及高压电源等组成。它的特点是由多级电路组成。从各级的功能来看,一是用来产生射频信号的电路,称为射频信号源;二是用来提高射频信号功率电平的电路,称为射频放大器(或射频放大链、射频放大阵)。"主振放大式"的名称就是由此而来。

图 2-1(a)中常用固态频率源作为射频信号源。固态频率源是雷达系统的重要组成部分。因为现代雷达要求射频信号的频率很稳定,用简单一级振荡器很难完成,所以起到射频信号源作用的固态微波源往往是一个比较复杂的系统。

射频放大链是主振放大式发射机的核心部分,它主要由前级放大器、中间射频功率放大器和输出射频功率放大器组成。前级放大器一般采用微波硅双极功率晶体管;中间射频放大器和输出射频功率放大器可采用高功率增益速调管放大器、高增益行波管放大器或高增益前向波管放大器等,或者根据功率、带宽和应用条件将它们适当组合构成。在机载领域中,机械扫描雷达普遍采用行波管放大器,有源相控阵雷达普遍采用固态放大器。

脉冲调制器也是主振放大式发射机的重要组成部分。对于脉冲雷达而言,在定时脉冲(即触发脉冲)的作用下,各级功率放大器受对应的脉冲调制器控制,将频率源送来的发射激励信号进行放大,最后输出大功率的射频脉冲信号。

图2-1(b)固态放大阵式发射机中的固态放大器通常由微波晶体管集成放大器构成,由于单个微波固态放大器的输出功率较小(几瓦至几百瓦),所以采用多个功率放大器输出进行合成,从而得到高功率射频信号输出。这种由微波晶体管集成放大器和优化设计的微波网络构成的阵列式发射机一般称为固态发射机。

(a) 放大链式发射机

(b) 固态放大阵式发射机

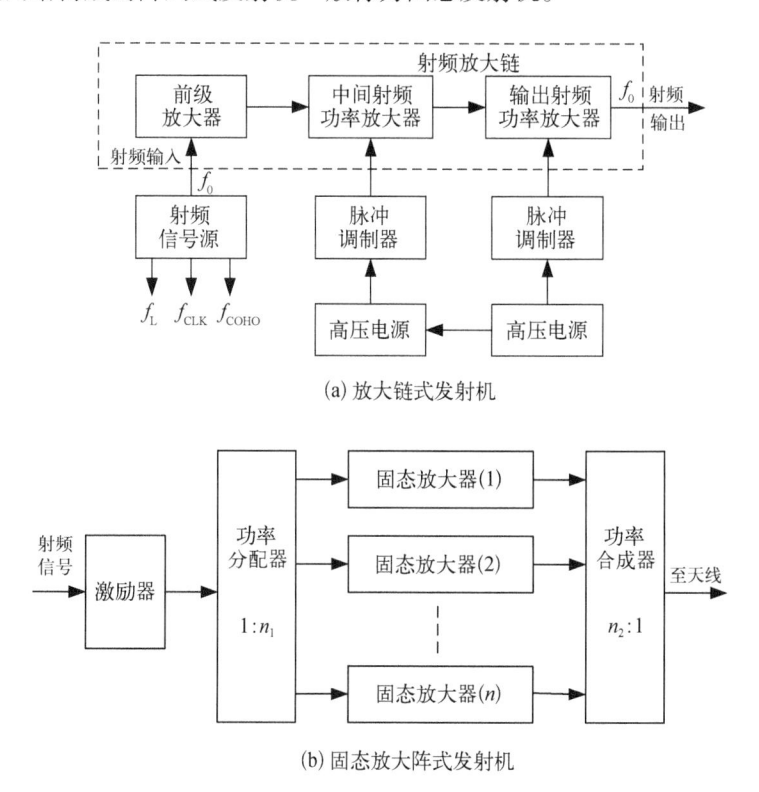

图 2-1 主振放大式发射机组成

2.2 主要技术指标

雷达的用途不同、体制不同,对发射机的技术指标要求也不同。发射机的主要技术指标能否达到规定值,将直接影响雷达探测距离的远近、分辨能力的高低及测距的精度。

2.2.1 工作频率和信号带宽

雷达的工作频率(f_0)是指发射机输出射频信号的频率。雷达的工作频率或波段是按照雷达的用途确定的。发射机的工作频率不同,雷达的结构、战术性能和用途也不同,机载雷达的工作频率通常在微波波段。

为了提高雷达系统的工作性能和抗干扰能力,有时还要求它能在多个频率上跳变工作或同时工作。选择工作频率还需要考虑的有关问题包括：电磁波传播受气候条件的影响(吸收、散射和衰减等因素)；雷达的测试精度、分辨力；雷达的应用环境(地面、机载、舰载或太空应用等)因素；目前和近期微波功率器件的技术水平。

雷达系统中发射或接收信号经过傅里叶变换后在频域的频带宽度即为信号带宽。理论上，对于有限长度的时域信号，其频率变化范围是无限的。因此通常取其频域中幅度下降到峰值的 0.707 倍或 -3 dB 处的频带宽度为信号的带宽。雷达信号带宽直接决定系统的分辨能力。信号带宽对系统采样率要求及硬件实现非常重要。

2.2.2 频率间隔

发射机输出信号频率一般不是连续的，而是分布在频率范围内的多个频率点。两个相邻频率点之间的最小间隔就是频率间隔。频率间隔的大小与雷达接收机的干扰抑制滤波器的宽度有关。在相邻多部雷达同时工作时(如编队内多部机载雷达同时工作的情况)，一般采用雷达工作频点按照组群分配的方法避免频点冲突，但是过小的频率间隔还是容易带来雷达间的相互影响。

传统机扫雷达工作带宽较窄，拥有的频点数较少。而有源相控阵雷达由于工作频率范围极大扩展，在相同频率间隔下，拥有更多的频点资源，就可以减少编队飞机间的雷达干扰，也有利于提高雷达的抗干扰能力。

2.2.3 信号形式和脉冲波形

2.2.3.1 信号形式

对于脉冲雷达，脉冲宽度和脉冲重复频率是其两个重要参数。

(1) 脉冲宽度(τ)：射频脉冲的持续作用时间称为脉冲宽度。

(2) 脉冲重复频率(f_r)：发射机每秒钟产生射频脉冲的次数称为脉冲重复频率(pulse repeating frequency，PRF)，其倒数称为脉冲重复周期(T_r)，即相邻两个射频脉冲之间的时间间隔。

目前应用较多的三种典型雷达信号形式和调制波形如图 2-2 所示。

图 2-2(a) 表示简单的固定载频矩形脉冲调制波形；图 2-2(b) 是脉冲压缩雷达中所用的线性调频信号；图 2-2(c) 示出了相位编码脉冲压缩雷达中使用的相位编码信号(图中所示为 5 位巴克码信号)，这里 τ_0 表示子脉冲宽度。

2.2.3.2 脉冲波形

在脉冲雷达中，脉冲波形既有简单等

(a) 固定载频矩形脉冲调制信号

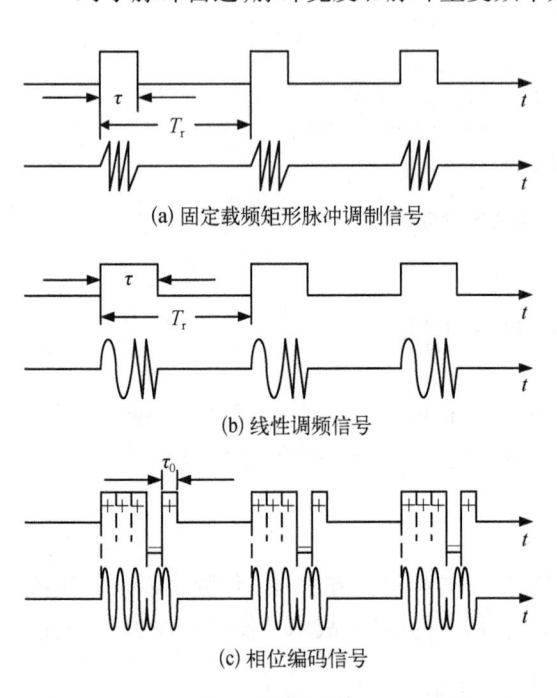

(b) 线性调频信号

(c) 相位编码信号

图 2-2　三种典型的雷达信号形式和调制波形

周期矩形脉冲串,也有复杂编码脉冲串。理想矩形脉冲的参数主要为脉冲幅度和脉冲宽度。然而,实际的发射信号一般都不是矩形脉冲,而是具有上升沿和下降沿的脉冲,而且还有顶部波动和顶部倾斜。

图 2-3 所示为发射信号的检波波形,其基本参数如下。

(1) 脉冲顶部振荡轴线:脉冲包络顶部衰减振荡的中心线(不包括上冲)。

(2) 脉冲幅度:脉冲顶部振荡轴线与脉冲上升边交点的幅度值,用 A 表示。

(3) 上冲:脉冲顶部振荡第一个峰超过脉冲幅度的最大值。

(4) 脉冲上升时间(脉冲前沿):脉冲幅度由 10% 上升至 90% 所需的时间,用 τ_r 表示。

(5) 脉冲下降时间(脉冲后沿):脉冲幅度由 90% 下降至 10% 所需的时间,用 τ_f 表示。

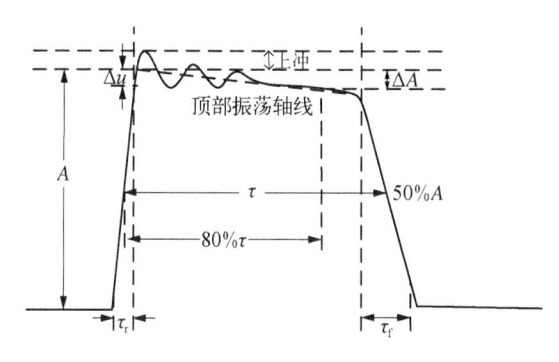

图 2-3 典型脉冲信号的包络波形示意

(6) 脉冲宽度:脉冲前沿上升到脉冲幅度 50% 时与脉冲后沿下降到脉冲幅度 50% 时的时间间隔,用 τ 表示。

(7) 脉冲幅度降落:脉冲幅度与脉冲宽度 80% 处的顶部振荡轴线交点的电压幅值之差,用 ΔA 表示。

(8) 顶降:脉冲幅度降落 ΔA 与脉冲幅度 A 的比值。

(9) 顶部波动:顶部振铃波形的幅度 Δu 与脉冲幅度 A 之比,通常以百分数或分贝表示。

2.2.4 输出功率

发射机的输出功率可用脉冲功率和平均功率来表示。脉冲功率(P_τ)是指射频脉冲持续时间内输出的功率,也称峰值功率。平均功率(P_{av})是指脉冲重复周期内输出功率的平均值。

如果发射脉冲信号是单一频率的矩形脉冲,则 P_τ 与 P_{av} 的关系为

$$P_{av} = \frac{\tau}{T_r} P_\tau \tag{2-1}$$

$$P_\tau = \frac{T_r}{\tau} P_{av} \tag{2-2}$$

式中,$\tau/T_r = \tau f$,称为雷达的工作比(或占空比) D。

发射机的输出功率直接影响雷达的探测距离和抗干扰能力。提高雷达脉冲功率,发射脉冲信号的能量增强,能够增加雷达的探测距离,并且受干扰的范围要小一些。但是增大发射功率就意味着发射机的工作电压和工作电流要增高,考虑到大功率器件的耐压和高功率打火击穿问题,因而不能过分增大发射机脉冲功率。

2.2.5 信号的稳定度

信号的稳定度是指发射信号的振幅(或功率)、频率(或相位)、脉冲宽度及脉冲重复频率等参数随时间作相应变化的程度。雷达发射信号的任何参数不稳定都会给雷达性能带来不利的影响。

发射信号参数不稳定可分为规律性的不稳定与随机性的不稳定两类。规律性的不稳定往往是电源滤波不善、机械振动等原因引起的;而随机性的不稳定则是由发射机的噪声和调制脉冲的随机起伏所引起的。

2.2.5.1 时域分析

对于信号确定性的不稳定量,比较容易分析。由于信号的不稳定量是周期性变化的,因此可以用傅里叶级数展开,取影响较大的基频分量的幅值作为信号稳定度的时域度量。为了方便起见,有时可以直接取信号不稳定的幅值和频率作为信号不稳定度的时域度量。

对于雷达信号的随机性不稳定性,可以分别用振幅、频率或相位、脉冲宽度和定时的采样方差进行度量。

2.2.5.2 频域分析

信号的稳定度可以用信号频谱纯度来表示。信号的频谱纯度就是指雷达信号在它应有的频谱之外的寄生输出的大小。图2-4是矩形射频脉冲信号的理想频谱,它是以载频 f_0 为中心的、包络呈辛克函数状的、间隔为脉冲重复频率的梳齿形频谱。实际上,由于发射机各部分的不完善,发射信号会在理想频谱谱线之外产生寄生输出。

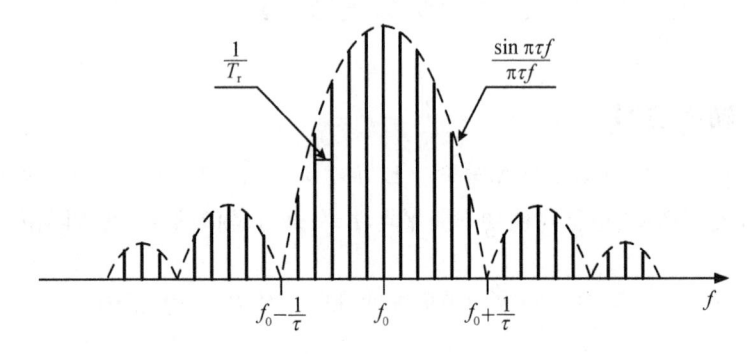

图 2-4 矩形射频脉冲信号的理想频谱

图2-5所示为实际发射信号的频谱。从图中可以看出,存在两种类型的寄生输出:一类是离散型寄生输出;另一类是分布型寄生输出。前者相应于信号的规律性不稳定,后者相应于信号的随机性不稳定。

对于离散型寄生输出,信号频谱纯度定义为该离散分量的单边带功率与信号功率之比。

对于分布型寄生输出,信号频谱纯度则定义为偏离载频若干赫兹的傅里叶频率(以 f_m 表示)上每单位带的单边带功率与信号功率之比。由于分布型寄生输出对于 f_m 的分布是不均匀的,所以信号频谱纯度是 f_m 的函数,常用相位噪声 $L(f_m)$ 表示。相位噪声

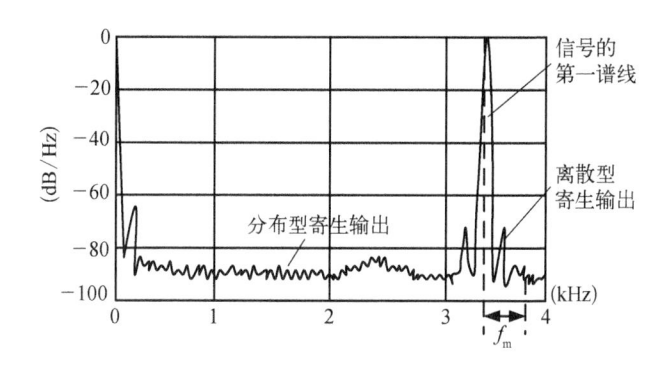

图 2-5 实际矩形脉冲的频谱

的边带是双边的。因其是以 f_0 为中心对称的，所以一般只取一个边带，称为单边带相位噪声，简称相位噪声。相位噪声 $L(f_m)$ 定义为偏移频率 f_m 处 1 Hz 带宽内的信号功率与信号总功率的比值，单位为 dBc/Hz，即在 1 Hz 带宽下的相对噪声电平。通常测量设备的有效带宽不是 1 Hz 而是 ΔB Hz，那么所测得的分贝值与 $L(f_m)$ 的关系可近似认为

$$L(f_m) = 10 \lg \frac{\Delta B \text{ 带宽内的单边带功率}}{\text{信号功率}} - 10 \lg \Delta B \qquad (2-3)$$

2.2.6 总效率

发射机的总效率是指发射机的输出功率与它的输入总功率（供电功率）之比。

连续波雷达的发射机效率较高，一般为 20%～30%。高峰值功率、低工作比的脉冲雷达发射机效率较低。因为发射机通常在雷达整机中是最耗电和最需冷却的部件，有高的总效率，不仅可以省电，而且对减轻整机的体积重量也具有重要作用。对于主振放大式发射机，要提高总效率，特别要提高高频功放输出级的效率。

2.2.7 可靠性

可靠性又叫可靠度，它是指设备执行规定任务的可靠程度，也可以用平均无故障时间来衡量。雷达发射机是大功率电子组件，不仅系统复杂性和密集度大，而且许多元件要在高压大电流条件下工作，必须使用寿命长的元器件和管子，否则，雷达发射系统的可靠性将会降低整个雷达系统的可靠性。设计良好的雷达发射机，其平均无故障时间可以达数千小时至上万小时，其执行 24 小时工作任务的可靠性可以达到 99.9% 以上。

除了上述对发射机的主要电性能要求之外，还有结构上、使用上及其他方面的要求。在结构上，应考虑发射机的体积重量、通风散热、防震防潮及调整调谐等问题；在使用上，应考虑控制、测试、便于检查维修、安全保护和稳定可靠等因素。

2.3 脉冲调制器

2.3.1 功能

脉冲调制器的作用是给发射机的射频各级提供调制信号,以使射频信号具有所要求的波形。脉冲调制器有多种类型,但各类调制器中普遍存在的中心问题是相同的,都是如何利用平均功率较小的电源来产生脉冲功率较大的调制脉冲,因而它们的组成部分和工作过程基本相同。

2.3.2 组成

脉冲调制器主要由调制开关、储能元件、隔离元件和耦合元件四部分组成,如图2-6所示。

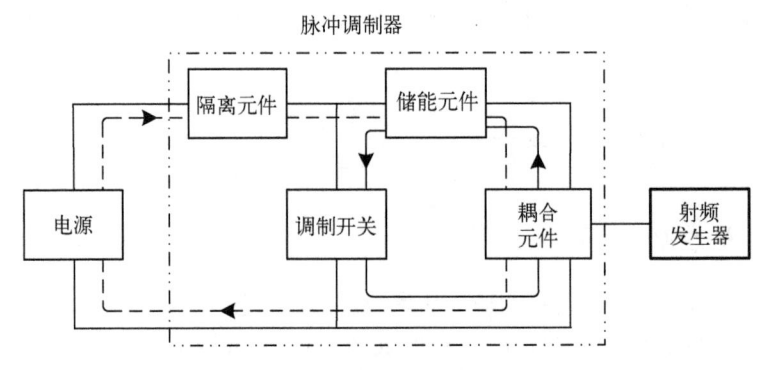

图 2-6 脉冲调制器组成

电源部分的作用是把初级电源变换成所需的直流电源。当发射机以脉冲调制方式工作时,在很短的脉冲持续时间内,脉冲调制器为射频各级提供能量;在脉冲重复周期的其余大部分时间内,发射机不工作,此时,由电源向储能元件补充能量,到下一个脉冲时,再把储存的能量释放出去。因此,储能元件在脉冲持续的时间内给负载(射频产生部分)加上高压脉冲信号。储能元件的存在降低了对电源部分高脉冲功率的要求。

储能元件的作用是在较长的时间内从高压电源获取能量,并不断地储存起来,从而在短暂的脉冲期间把能量集中地转交给振荡器。有了储能元件,高压电源就可以在整个脉冲间歇期间细水长流地供给能量,其功率容量和体积可以大为减小。

隔离元件的作用有二:一是控制充电电流的变化,使储能元件按照一定的方式进行充电;二是把高压电源同调制开关隔开,避免在调制开关接通时高压电源过载。

调制开关的作用是在外来触发脉冲的作用下,在短时间内接通储能元件的放电回路,使发射管输出脉冲信号;当没有外来触发脉冲时,它是断开的,使储能元件充电。

耦合元件的作用是构成储能元件的充电回路。在储能元件放电时,它所呈现的阻抗比振荡器的内阻大得多,对放电电流基本上没有影响。

脉冲调制器的工作过程可分充电和放电两个阶段,这两个阶段的转换,由调制开关控制。在调制开关断开期间,高压电源通过隔离元件和充电旁通元件向储能元件充电(充电回路如图2-6中虚线所示),使储能元件储存电能;在调制开关接通的短暂时间内,储能元件通过调制开关向射频振荡器放电(放电回路如图2-6中实线所示),使其产生大功率的射频振荡。

2.4 固态发射机

2.4.1 组成

自20世纪60年代以来,微波功率晶体管的设计和制造水平不断提高,在不断提高输出功率电平的同时,工作频率也不断扩展。随着微波功率晶体管迅速进入实用阶段,固态发射机应运而生。

固态发射机通常分为两种类型:一种是集中合成式全固态发射机;另一种是分布式空间合成有源相控阵雷达发射机。固态雷达发射机的典型组成如图2-7所示。

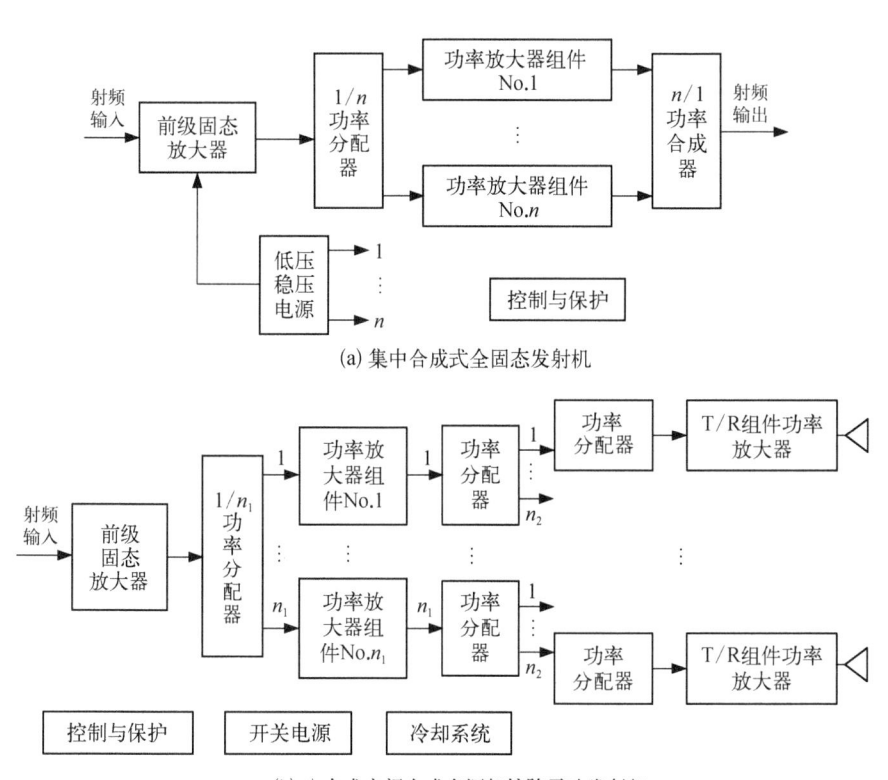

(a) 集中合成式全固态发射机

(b) 分布式空间合成有源相控阵雷达发射机

图2-7 固态雷达发射机的典型组成

图2-7(a)为集中合成式全固态发射机组成框图。射频输入信号经前级固态放大器

后送至 1：n 功率分配器,该功率分配器分别驱动 No.1~No.n 功率放大器组件。n：1 功率合成器将 n 路功率放大组件的输出合成并输出大功率的射频信号。功率放大器是集中式全固态发射机的关键部件,应根据要求输出的总的峰值功率和平均功率来确定放大器的组件数量 n。集中合成式结构可以单独用作中、小功率的雷达发射机,将多个这种集中合成输出结构作为基本单元再次进行集中合成或空间合成,构成超大功率的全固态雷达发射机。

图 2-7(b) 为分布式空间合成有源相控阵雷达发射机组成框图,其主要组成部件为：前级固态放大器、1：n_1 功率分配器和 n_1 个功率放大器组件、n_1 个 1：n_2 功率分配器和 $n_1 \times n_2$ 个 T/R 组件功率放大器、开关电源、控制保护和冷却系统等。从图 2-7(b) 看出,在分布式有源相控阵雷达发射机中,射频输入信号经过前级固态放大器和 n_1 个功率放大器组件放大,最后由 $n_1 \times n_2$ 个 T/R 组件输出的射频信号通过相对应的辐射阵元天线在空间合成为大功率射频信号,因此有时又称为空间合成式有源相控阵雷达发射机。分布式空间合成有源相控阵雷达发射机这种空间合成输出结构也可以作为全固态相控雷达的子阵,将多个子阵按设计要求组合,即可构成超大功率的全固态有源相控阵雷达发射机。固态雷达发射机中的微波功率放大模块(组件)是最重要的核心部件,设计和制造高性价比的功率模块,对全固态雷达发射机的性能和成本起着十分关键的作用。

需要说明的是,在图 2-7(a)、(b) 中功率放大器组件都是相同规格的标准化组件,而在图 2-7(b) 所示的空间合成结构中,1~n_2 个末级功率输出模块每一个与相应的辐射单元相接,从而减小了射频功率的馈线传输损失,提高了发射效率。

固态放大器常用的微波功率晶体管有两大类：一类为硅微波双极晶体管,工作频率从 HF 波段至 S 波段；另一类为场效应晶体管,包括第二代的砷化镓场效应晶体管,第三代的氮化镓场效应晶体管。

2.4.2 特点

目前工作频率在 4 GHz 以下的雷达有相当数量都可以采用全固态发射机。随着新型砷化镓、氮化镓、碳化硅器件工作频率的不断提高和输出功率的不断增加,在 C 波段、X 波段乃至毫米波波段也可以实现全固态发射机。全固态发射机与电真空管发射机(速调管、行波管、正交场管发射机等)相比具有下列优点：

(1) 固态发射机没有热阴极,不存在预热时间,因而节省了灯丝功率,其器件使用寿命几乎是无限的。

(2) 固态发射机都工作在低压状态,末级放大管的电源电压一般不会超过 50 V。因此不像真空管发射机那样要求几千伏至几百千伏的高电压,不存在需要浸在变压器油中的高压元器件,从而降低了发射机的体积和重量。

(3) 固态发射机与真空管发射机相比,具有更高的可靠性,其晶体管功率放大器模块的平均无故障时间可达 100 000~200 000 小时。固态发射机可实现模块化,即射频功率放大器模块化、低压直流电源模块化等。其发射机系统具有故障弱化功能(因为固态发射机的输出功率是由大量功率放大器组件并联相加输出或由有源阵的 T/R 组件发射支路功率放大器输出,然后在空间合成的),当少数功率放大器组件出现故障时,不会影响发射机系统的正常工作,仅是性能略有变化,若以分贝数表示,则总的输出功率仅降低 $20\lg r$(r 为正常工作的放大器与放大器总数之比值)。同时直流电源也可以并联运用,再采用冗余设计,个别电源出现故障也不影响系统的正常工作。

(4)固态发射机内部的故障监测系统可把故障隔离到每个可更换单元,并且可做到现场在线维修更换(用备份件模块)。这样大大缩短了维修时间,使发射机更可靠和实用。

(5)固态发射机不需要真空管发射机的大功率、高电压脉冲调制器,其功率器件通常工作在 C 类状态,属简单的放大性质。

(6)固态发射机可以达到比真空管发射机宽得多的瞬时带宽,如高功率真空管发射机瞬时带宽达到 10%~20% 就已经很宽了,而固态发射机瞬时带宽甚至可大于 30%。

(7)固态发射机在有些场合下的效率较高,一般可高于 20%,而高功率、窄脉冲、低工作比的真空管发射机的效率仅在 10% 左右。

(8)固态放大器功率放大器组件应用在相控阵雷达中具有很大的灵活性。每个天线辐射单元与单个有源 T/R 组件相连可以构成有源相控阵天线阵面,这样消除了高功率真空管发射机相控阵系统中高功率源与天线阵面之间的射频传输损耗,而且波束控制、移相等均可在低功率电平上的有源 T/R 组件输入端完成,避免了辐射单元移相器的高功率损耗,提高了整机效率。还可以用关断或降低某些有源 T/R 组件功率放大器输出功率来实现有源相控阵列发射波瓣的加权。

固态发射机虽然具有上述一系列优点,但想要全面替代真空管发射机还是不现实的。有时为了给行波管提供合适的输入功率激励使行波管能正常工作,需要使用固态放大器对激励信号进行初步放大。

2.5 电　源

2.5.1 功能

同一般电子设备一样,雷达发射机的放大管通常不能直接利用电网配电电源,电网配电必须经过变换装置后才能为放大器提供合适的电压、电流,这些变换装置称为电子功率高压电源变换器或电子电源,简称电源。电源是发射机中不可缺少的组成部分。而发射机是雷达设备中能量消耗量最大的部分,尤其是真空管发射机,其所需要的电源品种繁多,且电压高、电流大、负载变化范围宽。

随着现代雷达技术的发展,系统对发射机技术指标的要求也越来越高,而对于作为发射机的重要组成部分——电源的要求也随之提高。为了减小电源的体积和重量,在机载雷达中不得不采用 400 Hz 的发电机组供电,即使这样仍无法满足现代雷达发射机对电源的宽动态响应和小型化等方面的要求。

2.5.2 主要技术指标

根据发射机工作状态和电源性能对放大器工作特性的影响,系统对发射机电源的输入供电参数、输出参数提出了具体的要求。

2.5.2.1 输入供电参数

电源的输入供电参数与雷达设备的使用环境相关。

机载平台的供电多采用 400 Hz、输出电压为 115 V 单相或 200 V 三相供电系统,也有 28 V 直流供电系统。第五代战斗机一般采用 270 V 直流电源。

2.5.2.2 输出参数

1) 输出电压

输出电压是指电源在正常的输入电压范围内和正常的工作环境条件下所得到的输出电压值。电压值在数十伏以内的电源称为低压电源,电压值在数千伏以上的电源称为高压电源。

2) 输出电流

输出电流是指高压电源变换器在正常的输入电压范围内和正常的工作环境条件下,所能输出的电流值,它随负载而变化(稳流源除外)。

3) 电压源的输出稳定度

电压源的输出稳定度是指输出电压的稳定度,电流源的输出稳定度是指输出电流的稳定度。

无论是低压电源还是高压电源,其输出稳定度都包括两种情况:一种是输入电压从规定的最低值变化到最高值时,其输出稳定度称为电源对电网电压的调整率;另一种是指输出负载电流在额定范围内变化时,其输出稳定度称为电源对负载的调整率。这两个参数在工程上可以通过合理的电路设计得到实现。同时电源还有长期稳定度的指标,该指标指的是在所有其他因素保持不变的条件下,电源设备输出稳定度随时间变化的指标,并且它与元器件的老化程度有关。针对这些电压稳定度的指标,会因不同产品的适应性而提出不同侧重面的要求。

高性能雷达发射机的电源稳定度要求优于万分之一。大多数脉冲雷达发射机由于工作比是变化的,对电源而言即相当于负载在变。

4) 输出电压纹波和噪声

对于直流电源而言,除了电源的输出电压及其稳定度指标外,输出电压的纹波和噪声(ripple and noise)也是衡量电源性能优劣的另一个主要指标。电源的纹波和噪声是指电源直流输出端的交流分量的幅值,具体来说就是叠加在输出直流电压上的 0 Hz~20 MHz 频率范围内的所有交流成分的峰值。

2.5.2.3 输出调节范围

电源作为配电电网和发射机微波管之间的能量变换器和匹配器,应根据负载和输入的变化具有自动调整的功能,以保证发射机的正常工作。对于发射机而言,一般需要适应电网变化的±10%和负载变化从空载到满载的能力。

在常规电源中,电源的调整是通过改变输入和输出端之间有源器件的等效电阻来实现的。有源器件的等效电阻变化范围有限,因此电源的调节范围较窄,功耗较大。而开关电源则是通过调节高压电源变换器中功率开关器件的工作比来适应电网和负载变化的。由于功率管的工作比可以大范围变化,控制电路也可以逐个控制开关器件的驱动脉冲,所以开关电源允许输入电网电压和负载阻抗的变化范围宽,动态响应快,且功耗小。

2.5.2.4 负载适应能力

脉冲雷达发射机因微波管在未加调制脉冲或射频之前无电流,电源的负载相当于开路。为防止过压或打火,要求电源电压要稳定到微波管所要求的电压范围。因此,电源需要具有良好的负载开路适应性。

当微波管出现打火故障时,电源应能快速地终止高压电源变换器的工作,以保护微波管和高压电源变换器不受损坏。

在脉冲雷达中,为了保证脉冲持续期内电源能为放大管提供大的脉冲能量,通常的做法是在电源的输出端并联一大容量的输出电容。固态发射机的输出电容量可以高达几十万微法拉。由于这些电容在电源开启时,常等效为输出端短路,因此电源设计必须考虑到负载的这些特性,增加必要的控制、保护电路,以确保电源安全可靠地工作。

电源应具有开机浪涌电流抑制能力。浪涌是指由供电系统固有的调节作用和调节器的校正作用所引起的特性偏离受控稳态值的一种变化。

2.5.2.5 绝缘特性

由于发射机电源本身大都是高压电源,足够的耐压和绝缘设计尤为重要。一些电源虽然自身输出电压不高,但浮动在高电位上,也需要有较高的绝缘耐压要求。

2.5.2.6 效率及体积和重量

电源的效率是指总的输出功率与输入功率之比(用百分比表示)。通常规定是在额定输入电压和额定输出功率下,电源所能达到的最大效率。

由于发射机微波管的效率较低,使得大功率发射机的电源功率容量很大。因此,提高发射机效率的重要环节之一是提高电源的效率,从而可以降低能量损耗,减小体积和重量,减小发热量,提高系统的可靠性。用于机载平台的发射机,因载荷的限制,对电源的体积、重量及效率提出了更加苛刻的要求。

2.5.3 组合式大功率低压开关电源

固态脉冲雷达发射机的射频放大器通常工作在 24~50 V 的直流电压下。为其提供能量的低压电源系统不但需要大的功率容量,而且在雷达脉冲工作期间,还必须提供极高的峰值电流和具有较高的电压稳定度。目前供给固态发射机用的大功率电源系统,大多采用多模块组合的方式构成。

固态脉冲雷达发射机所用的低压电源,具有电压低、电流大的特点,其电源的稳定性和纹波等指标是影响发射机性能的重要指标。一般电源负载多为恒定负载,而固态脉冲雷达发射机低压电源的负载则等效为容性负载。在雷达脉冲工作期间,电容放电向负载提供能量;在雷达发射脉冲的间隔期间,该电源给负载电容充电以补充能量,其脉冲负载电压波形如图 2-8 所示。

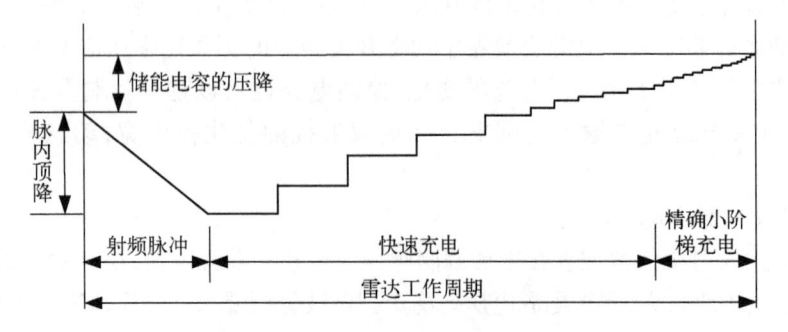

图 2-8 低压电源脉冲负载电压波形

多单元组合式固态发射机开关电源系统如图 2-9 所示。该电源系统根据固态发射机的功率需求及冗余的要求，可以将多个电源单元进行并联工作。电源系统监测及均流控制电路承担电源系统的故障检测、与各单元电源监控间的通信及均流控制等功能。

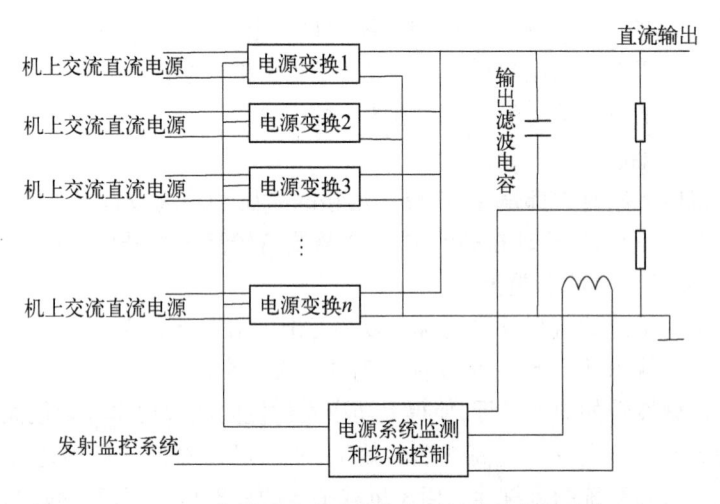

图 2-9 多单元组合式固态发射机开关电源系统

由于开关电源的交流—直流部分一般是采用全桥整流后接大电容的方式，因而这种整流器和滤波电容对于输入配电而言是一个非线性元件和储能元件的组合。虽然输入电压是正弦波，但输出电流为脉冲，这些脉冲电流含有大量谐波成分，由此造成电网的输入伏安数较大而负载功率较小的情况，即功率因数低。如果不采取任何措施，这些脉冲电流所含的大量谐波一方面使噪声电平提高，另一方面使大量电流谐波分量倒流入输入电网，造成线路发热、谐振的后果。当高次谐波电流流过配电设备的高压电容时，会使之过热或过流而损坏，同时干扰其他电子设备的正常工作；各相的谐波电流将在三相四线制的中线里叠加，使中线电流过大、电位抬高，从而形成安全隐患；过大的谐波电流通过较细的中线（中线一般远比相线细），将造成中线过热，甚至引发火灾事故。而功率因素低还会增加配电设备的功率容量，造成浪费。功率因数补偿的方法主要包括多脉冲整流法、有源滤波器法两种。

(1) 多脉冲整流法。在传统的雷达发射机开关电源中为了得到所需的电压,在配电和负载之间接有变压器。利用变压器对各次不同谐波电流移相,使其谐波在变压器次级相互叠加而抵消,如 6 脉冲整流、12 脉冲整流等的功率因数。这些方法在变压器输出平衡的情况下,对减小输入端的谐波分量是有效的,但它的体积大,比较笨重。

(2) 有源滤波器法。在整流电路和负载之间插入一个电流反馈型的 DC-DC 变换器,使输入的电流波形跟踪输入的正弦波的电压变化。这种方法可以将输入的谐波分量减少到 5% 以下,从而获得高达 0.99 或更高的功率因数。该方法的特点是可使开关电源体积小、重量轻,输出的电压稳定。虽然这种方式因引入有源电路而使得电路复杂、成本高、可靠性下降,以及整个开关电源的效率有所下降,但远比不补偿时的功率损耗要小。因此,有源滤波器法已在目前的开关电源中广泛使用。

国产无人机装备氮化镓雷达

中国电科第十三研究所和电子科技大学完成的"新型氮化镓高频/高速射频芯片关键技术及应用"项目获河北省 2021 年度科学技术进步奖。该项目的创新点在于:新型氮化镓高频功率放大器、倍频器、高速调制器芯片技术和高频段射频前端模块集成小型化技术。项目多项技术指标实现国际领先,受到国际同行高度评价,制定了首个氮化镓国际标准。成果应用到无人机前置雷达,分辨力和探测距离实现跨越式提升。该项目表明,我国实现了氮化镓高频/高速射频芯片自主可控,扭转了高端射频芯片受制于人的被动局面。

本章思维导图

(见下页)

习　　题

1. 某型雷达工作频率为 9.3 GHz,脉冲宽度为 2 μs,脉冲重复频率为 200 kHz,发射系统输入信号功率为 -50 dBmW,输出的平均功率为 1 500 W,请计算其峰值功率和发射系统的放大倍数。

2. 查阅资料,分析行波管发射机在功率方面的特点。

3. 简述脉冲调制器的组成和工作原理。

4. 分析发射机的主要技术指标及其含义。

5. 查阅资料,说明固态发射机的发展现状。

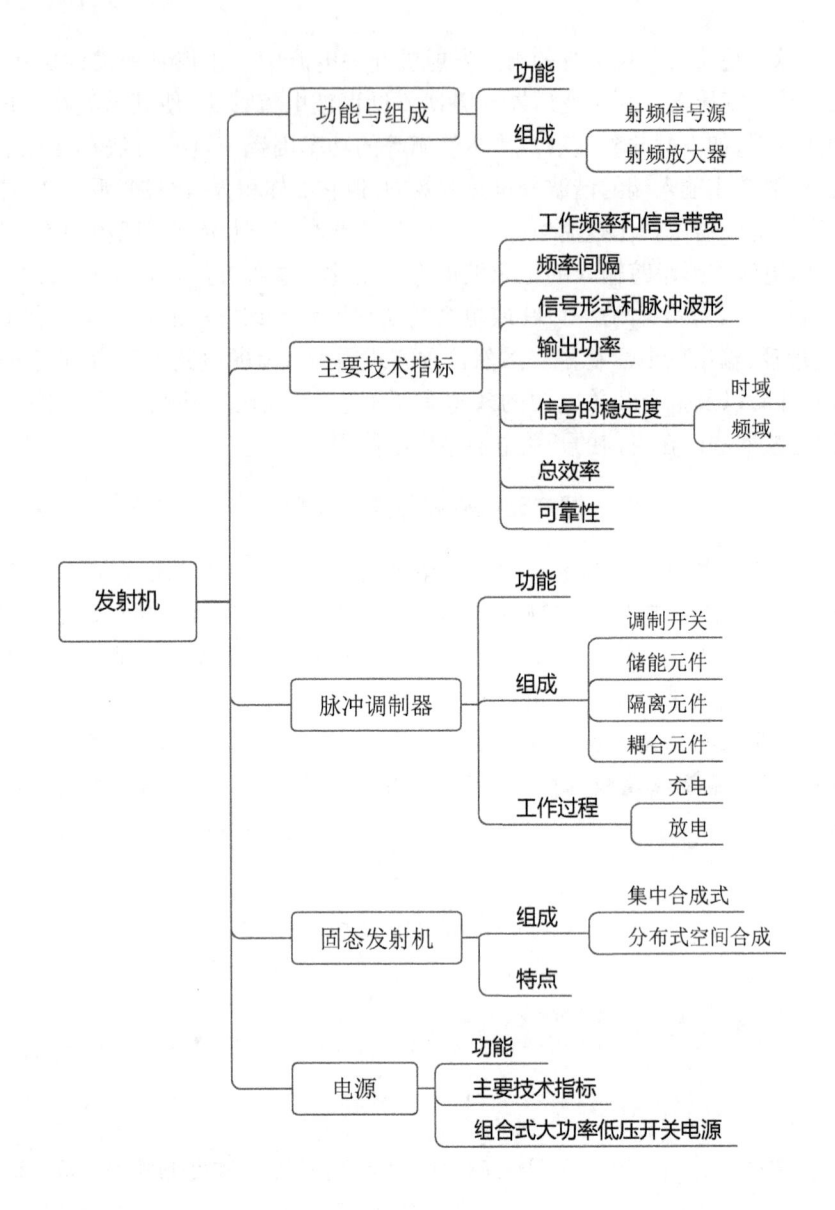

```
发射机
├── 功能与组成
│   ├── 功能
│   └── 组成
│       ├── 射频信号源
│       └── 射频放大器
├── 主要技术指标
│   ├── 工作频率和信号带宽
│   ├── 频率间隔
│   ├── 信号形式和脉冲波形
│   ├── 输出功率
│   ├── 信号的稳定度
│   │   ├── 时域
│   │   └── 频域
│   ├── 总效率
│   └── 可靠性
├── 脉冲调制器
│   ├── 功能
│   ├── 组成
│   │   ├── 调制开关
│   │   ├── 储能元件
│   │   ├── 隔离元件
│   │   └── 耦合元件
│   └── 工作过程
│       ├── 充电
│       └── 放电
├── 固态发射机
│   ├── 组成
│   │   ├── 集中合成式
│   │   └── 分布式空间合成
│   └── 特点
└── 电源
    ├── 功能
    ├── 主要技术指标
    └── 组合式大功率低压开关电源
```

第3章
接收机

雷达发射机产生的信号功率虽然很大,天线也能把能量集中朝目标辐射,但是电磁波在空间进行了两次远距离传输,而且不同目标对电磁波的反射能力不同,雷达接收到的回波信号是很微弱的。为了满足雷达对回波信号进一步处理的要求,需要对回波信号进行选择和放大等处理,这是由雷达接收机来完成的。

3.1 功能与组成

3.1.1 功能

雷达接收机的主要功能是放大和处理所需要的目标回波,并在有用的回波和无用的干扰中以获得最大鉴别率的方式对回波进行滤波。接收机通过预选、放大、变频、滤波、解调和数字化处理,同时抑制外部干扰、杂波以及机内噪声,使回波信号尽可能多地保持目标信息,以便进一步进行信号处理和数据处理。因此,接收机是一个低功率的射频单元。

现代雷达系统一般都采用全相参体制。发射信号的产生一般都是由波形产生、上变频和小功率放大等几部分组成,它们均在小功率量级进行,所以常常把这几部分内容都划入低功率射频单元。因此,接收机功能还包括产生系统所需的各种工作波形和高稳定频率源。

3.1.2 组成

当前的雷达系统一般都采用超外差式接收机,如图3-1所示。

图3-1示出了超外差式雷达接收机的基本工作原理和各种功能,实际应用的雷达接收机并不一定包括图中的全部内容。为了保证雷达系统更高的性能要求,实际的雷达接收机可能更为复杂。例如,为了保证接收机在宽带工作,通常需要采用二次变频方案;为了保证接收机的频率稳定度和宽带频率捷变,稳定本机振荡器应采用高性能的频率合成器等。

雷达接收机的基本组成可分为接收前端、中频接收机和频率源三部分,如图3-2所示。

接收前端包括开关、限幅器、低噪声放大器、射频滤波器(又称预选器)、混频前置中放及滤波、射频灵敏度时间控制电路等。中频接收机包括线性中频放大、对数中频放大、

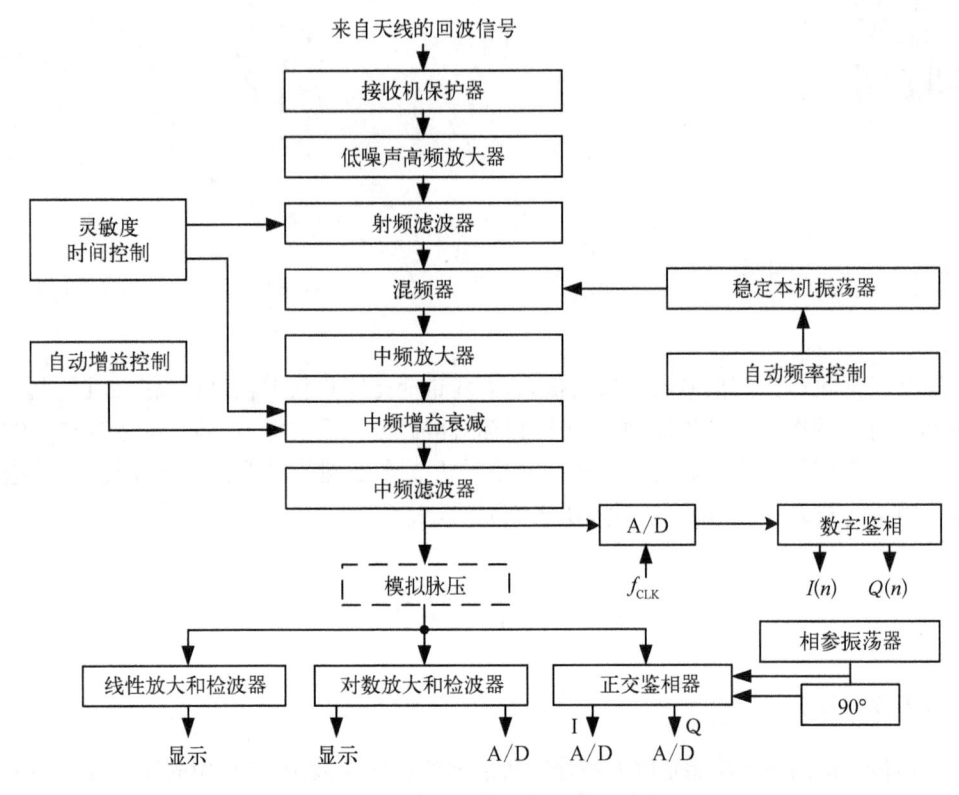

图 3-1 超外差式雷达接收机原理

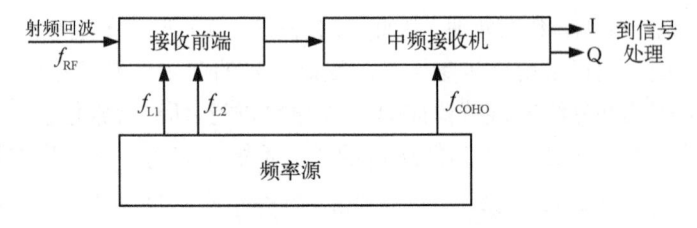

图 3-2 雷达接收系统方框图

视频放大、匹配滤波、中频灵敏度时间控制电路和增益控制电路、正交鉴相、"宽-限-窄"反干扰电路及 A/D 转换器等。在具有模拟脉冲压缩体制的雷达中,脉冲压缩电路也在中频接收机中。接收前端和中频接收机组成接收通道。接收系统除了由接收前端和中频接收机组成的接收通道外,另一个很重要的组成部分就是频率源。频率源包括频率合成器、波形产生器、发射激励器和定时器。其中,频率合成器里包含有本振信号、相参振荡信号和全机时钟。波形产生器主要是根据雷达总体的要求产生各种调制形式的中频脉冲信号,其中包括线性调频信号、非线性调频信号、编码信号等。波形产生和中频接收分别具有中频信号调制和解调的功能。发射激励一般包括上变频滤波和功率放大等,有时还包括射频测试信号的产生。由于发射激励基本属于小功率线性系统,所以雷达系统把这一部分功能包含在接收系统范围之内。在某些雷达系统中,有时也把频率源称为信号产生和时基分系统。

这里需要说明的是,以上雷达接收系统组成方框图是指全相参(或称全相干)雷达接收系统,这也是现代雷达系统的主要工作方式。相参指的是在一段时间内(这个时间指的是相参时间),两个信号之间的相位具有一致性或连续性。如果初始相位是随机的,则是不相参的。如果雷达的全部信号(发射信号、本振信号、相位比较基准信号、定时信号等)在不同的重复周期内都与高频率稳定度的本振信号保持严格相位关系,则称为全相参雷达。全相参雷达为了从回波信号中取得运动目标的多普勒信息,雷达发射信号、本振信号和中频相参检波信号必须由同一个高稳定、高纯度的信号源产生,这样就可能利用多普勒信息将同一距离单元的固定目标回波和运动目标区分开。

3.1.2.1 接收机前端

接收机前端将信号频率下变频到中频。下变频过程带来的好处是:在远低于微波频段的频率(但远大于 0 Hz,以避免靠近直流的强闪烁噪声)更容易以低成本获得对雷达回波的必要放大和滤波。在前面讲述雷达接收机工作原理时,为了方便起见,只示出了一次变频的原理方框图。然而在实际的雷达接收机应用中,尤其在工作频段较高而带宽又较宽时,大多采用二次变频方案。因为对于具有一定射频带宽的雷达接收机,一次变频的镜像频率一般都会落在信号频率带宽之内,只有通过提高中频频率才能使镜像频率落在信号频带之外。镜像频率的信号和噪声是不需要的,它会使接收机的噪声系数变高,必须通过射频滤波器(预选器)滤除。在早期的雷达接收机中,通常采用一次变频方案,为了抑制镜像,一般需要采用镜像抑制混频器。

图 3-3 示出了接收机前端组成方框图。图 3-3(a)给出了早期雷达接收机采用的一次变频接收机前端组成方框图,它主要由限幅器、射频低噪声放大器、预选器、镜像抑制混频器和前置中放等组成。

(a) 一次变频接收机前端

(b) 二次变频接收机前端

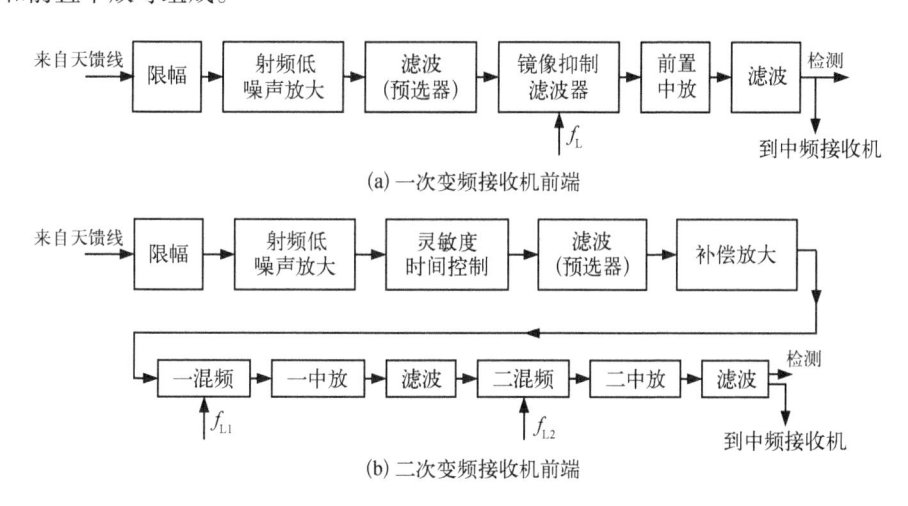

图 3-3　接收机前端组成

图 3-3(b)给出了二次变频接收机前端的组成方框图。在实际应用中,还需要根据雷达的总体要求和结构布局进行适当的调整或增减。灵敏度时间控制和预选器的位置应根据接收机总动态范围和抗干扰要求来安排,可以放置在低噪声放大器之前,也可以放在

其后。在有些应用中(如X波段至毫米波段等)为了减小馈线损耗,需要将低噪声放大器置于靠近天线的接收机输入口,低噪声放大器后的输出则需要补偿放大器进行补偿。超外差接收机采用二次变频,是为了减少组合频率干扰,提高抗干扰能力。噪声干扰会产生镜像频率,所以变频时要求镜像频率大于输入信号频率,且越大越易分离出输入信号与镜像信号。因此,10 GHz机载火控雷达的第一中频设置为1 GHz左右。但在低频段,低噪声系数、高增益等易实现,所以第二中频设置在50 MHz左右。

3.1.2.2 中频接收机

中频接收机的组成如图3-4所示。图3-4(a)为具有对数放大和"零中频"的中频接收机组成方框图。这是近年来雷达中频接收机最常用的中频接收机组成方框图。图3-4(a)中采用模拟脉冲压缩滤波器(表声脉压),表声脉压输出的一路送至对数放大检波,通常对数放大器具有80~90 dB的动态范围;另一路经过可编程数控衰减器后,送至零中频鉴相器(又称为正交相位检波器),它输出同相基带信号$I(t)$和正交基带信号$Q(t)$,而参考信号则是由相参振荡器提供的。零中频鉴相的优点是电路简单,缺点是I/Q的正交度和振幅平衡度较差。声表面波脉冲压缩滤波器是目前常用的模拟脉冲压缩电路。随着数字技术和数字信号处理芯片的不断发展,现代雷达大多数都采用数字脉压技术来实现脉冲压缩,数字脉压最大的优点是精度高,能进行波形捷变,而波形捷变则是现代雷达抗干扰的重要措施。

(a) 具有对数放大和"零中频"的中频接收机

(b) 中频直接采样接收机

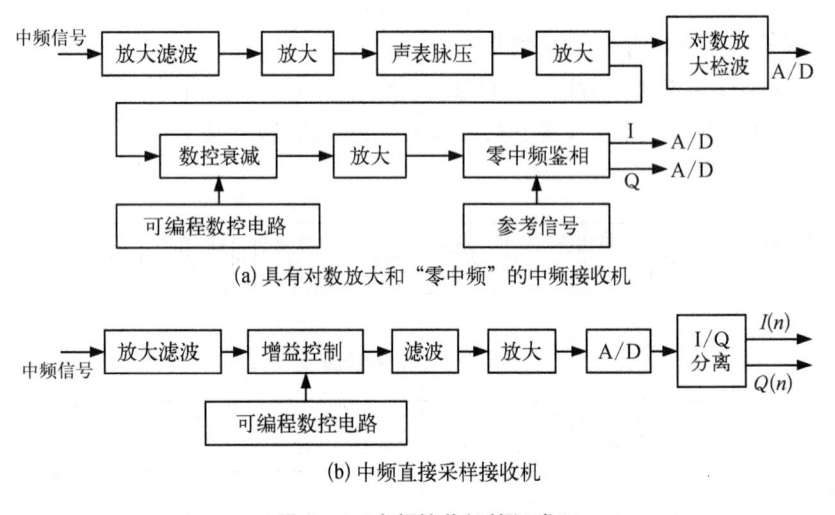

图3-4 中频接收机的组成

图3-4(b)是中频直接采样接收机组成方框图,它直接用A/D变换器对中频信号进行采样,然后进行I/Q分离,输出为同相数字信号$I(n)$和正交数字信号$Q(n)$,并将其送至数字信号处理器。现代雷达大多数都采用中频直接采样接收机,这种方案的最大优点是I/Q的正交度和幅度平衡度可以做得很高。此外,随着A/D变换器位数的不断增加(如14~16位),可以使接收机的瞬时动态范围不断提高。

3.1.2.3 频率源

频率源是雷达接收机的重要组成部分。图3-5示出了典型的全相参雷达频率源组成原理方框图,它主要由基准源、频标、频率合成器、波形产生器和发射激励器等部分组成。

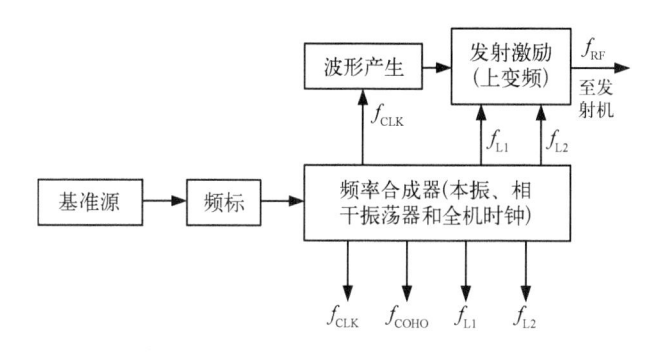

图 3-5　全相参雷达频率源原理

基准源提供一个基准频率,一般由恒温、抗震的晶振构成。频标产生频率合成器需要的频率标准信号,是用作精确频率参考用的频率发生器。高精度的频率标准一般是针对有着特殊要求的频率源而制定的标准频率。频标可通过不断地倍频、混频、分频等方式产生频率标准信号。产生的等间隔频标的多少决定输出频率的带宽,混频分频的次数决定输出频率的间隔,即频率分辨率。基准源与频标合起来,有时也称为参考源。频率合成器是全相参频率源的核心部分,输出高稳定全相参的本振频率(f_{L1} 和 f_{L2})、相参振荡频率 f_{COHO} 和全机时钟 f_{CLK} 等。波形产生器产生各种调制与非调制中频信号波形,能实现波形捷变,包括不同的脉冲宽度、脉冲重复周期等。发射激励器主要对信号进行上变频,将信号频率从中频搬移到射频。射频信号经过分路和调制分别获得发射激励信号和测试信号。

图 3-6 示出了一种常用的直接频率合成器组成原理方框图,它主要由基准频率振荡器、谐波产生器、倍频器、控制器和上变频发射激励器等部分组成。图 3-6 中基准频率振荡器产生高稳定的基准信号频率 F,发射信号频率为 $f_0 = (N_i F + MF)$,稳定本振频率为

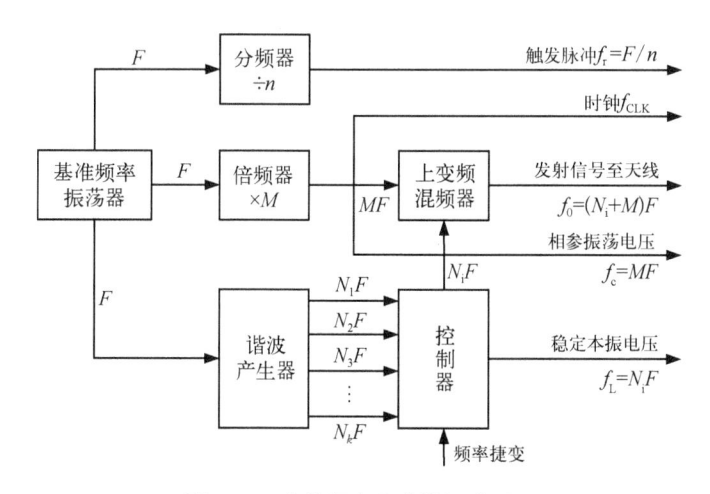

图 3-6　直接频率合成器组成原理

$f_L = N_i F$,相参振荡器频率 $f_{COHO} = MF$,这些频率之间有确定的相位关系,所以是一个全相参系统。

3.2 主要技术指标

3.2.1 灵敏度和噪声系数

灵敏度表示接收机接收微弱信号的能力。接收机接收信号的强度一般可用功率来表示,雷达接收机的灵敏度通常用最小可检测信号功率 $S_{i\,min}$ 来表示。当接收机的输入信号功率达到 $S_{i\,min}$ 时,接收机就能正常接收并在输出端检测出这一信号。当信号功率低于 $S_{i\,min}$ 时,信号将被淹没在噪声干扰之中,不能被可靠地检测出来。由于雷达接收机的灵敏度受噪声电平的限制,因此要想提高它的灵敏度,就必须尽力减小噪声电平。减小噪声电平的方法,一是抑制外部干扰,二是减小接收机噪声电平。因此雷达接收机一般都需要采用预选器、低噪声高频放大器和匹配滤波器。

噪声系数 F 表示接收机输入端的信号噪声功率比 (S_i/N_i) 与输出端的信号噪声功率比 (S_o/N_o) 的比值,是表示接收机内部噪声大小的一个重要质量指标。

3.2.1.1 噪声系数

根据定义,噪声系数 F 可表示为

$$F = \frac{S_i/N_i}{S_o/N_o} \tag{3-1}$$

噪声系数有明确的物理意义,它表示由于接收机内部噪声的影响,使接收机输出端的信噪比相对其输入端的信噪比变差的倍数。

因为噪声是电子随机运动造成的,所以接收机输入端的噪声本质上是随机的,可等效为电阻热噪声,即 $N_i = kT_0 B_n$。其中,k 为玻耳兹曼常数,$k = 1.38 \times 10^{-23}$ J/K;T_0 为电阻的绝对温度(K);B_n 为设备的通频带(Hz)。

式(3-1)可以改写为

$$F = \frac{N_o}{N_i G_a} \tag{3-2}$$

式中,G_a 为接收机的额定功率增益;$N_i G_a$ 是输入端噪声通过理想接收机后,在输出端呈现的额定噪声功率。

因此噪声系数的另一定义为:实际接收机输出的额定噪声功率 N_o 与理想接收机输出的额定噪声功率 $N_i G_a$ 之比。

实际接收机的输出额定噪声功率 N_o 由两部分组成,其中一部分是 $N_i G_a$($N_i G_a = kT_0 B_n G_a$),另一部分是接收机内部噪声在输出端所呈现的额定噪声功率 ΔN,即

$$N_o = G_a N_i + \Delta N = kT_0 B_n G_a + \Delta N \tag{3-3}$$

将 N_o 代入式(3-2)可得

$$F = 1 + \frac{\Delta N}{kT_0 B_n G_a} \tag{3-4}$$

从式(3-4)可更明显地看出噪声系数与接收机内部噪声的关系，实际接收机总会有内部噪声（$\Delta N > 0$），因此 $F > 1$，只有当接收机是理想接收机时，才会有 $F = 1$。

3.2.1.2 级联电路的噪声系数

实际的雷达接收机是多级电路构成的。为了简便，先考虑两个单元电路级联的情况，如图3-7所示。图中 F_1、F_2 和 G_1、G_2 分别表示第一、二级电路的噪声系数和额定功率增益。为了计算总噪声系数 F_0，先求实际输出的额定噪声功率 N_o。由式(3-2)可得

$$N_o = kT_0 B_n G_1 G_2 F_0 \tag{3-5}$$

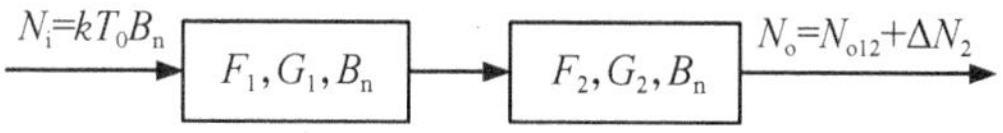

图3-7 两级电路的级联

而

$$N_o = N_{o12} + \Delta N_2 \tag{3-6}$$

N_o 由两部分组成：一部分是由第一级的噪声在第二级输出端呈现的额定噪声功率 N_{o12}，其数值为 $kT_0 B_n F_1 G_1 G_2$；第二部分是由第二级所产生的噪声功率 ΔN_2，由式(3-4)可得

$$\Delta N_2 = (F_2 - 1) kT_0 B_n G_2 \tag{3-7}$$

于是，

$$N_o = kT_0 B_n G_1 G_2 F_0 = kT_0 B_n G_1 G_2 F_1 + (F_2 - 1) kT_0 B_n G_2 \tag{3-8}$$

化简后可得两级级联电路的总噪声系数：

$$F_0 = F_1 + \frac{F_2 - 1}{G_1} \tag{3-9}$$

同理可证，n 级电路级联时接收机总噪声系数为

$$F_0 = F_1 + \frac{F_2 - 1}{G_1} + \frac{F_3 - 1}{G_1 G_2} + \cdots + \frac{F_n - 1}{G_1 G_2 \cdots G_{n-1}} \tag{3-10}$$

式(3-10)给出了重要结论：为了使接收机的总噪声系数小，要求各级的噪声系数小、额定功率增益高。而各级内部噪声的影响并不相同，级数越靠前，对总噪声系数的影响越大。所以总噪声系数主要取决于最前面几级，这就是接收机要采用高增益低噪声高放的主要原因。

3.2.1.3 灵敏度

噪声总是伴随着微弱信号同时出现，要能检测信号，微弱信号的功率应大于噪声功率或者可以和噪声功率相比。因此，灵敏度用接收机输入端的最小可检测信号功率 $S_{i\,min}$ 来表示。在噪声背景下检测目标，接收机输出端不仅要使信号放大到足够的数值，更重要的是使

其输出信号噪声比 S_o/N_o 达到所需的数值。通常雷达终端检测信号的质量取决于信噪比。

已经知道,接收机噪声系数 F_0 为

$$F_0 = \frac{S_i/N_i}{S_o/N_o} \tag{3-11}$$

因此,

$$\frac{S_i}{N_i} = F_0 \frac{S_o}{N_o} \tag{3-12}$$

此时,输入信号额定功率为

$$S_i = N_i F_0 \frac{S_o}{N_o} \tag{3-13}$$

式中,$N_i = kT_0 B_n$ 为接收机输入端的额定噪声功率。于是进一步得到

$$S_i = kT_0 B_n F_0 \frac{S_o}{N_o} \tag{3-14}$$

为了保证雷达检测系统发现目标的质量(如在虚警概率为 10^{-6} 的条件下发现概率是 50% 或 90% 等),接收机的中频输出必须提供足够的信号噪声比,令 $(S_o/N_o) \geq (S_o/N_o)_{min}$ 时对应的接收机输入信号功率为最小可检测信号功率 $S_{i\,min}$,即接收机实际灵敏度为

$$S_{i\,min} = kT_0 B_n F_0 \left(\frac{S_o}{N_o}\right)_{min} \tag{3-15}$$

通常,把 $(S_o/N_o)_{min}$ 称为识别系数或可见度因子,并用 M 表示。所以灵敏度又可以写成

$$S_{i\,min} = kT_0 B_n F_0 M \tag{3-16}$$

为了提高接收机的灵敏度,即减少最小可检测信号功率 $S_{i\,min}$,应做到:尽量降低接收机的总噪声系数 F_0,所以通常采用高增益、低噪声高频放大器;接收机中频放大器采用匹配滤波器,以便得到白噪声背景下输出最大信号噪声比;式中的识别系数 M 与所要求的检测质量、天线波瓣宽度、扫描速度、雷达脉冲重复频率及检测方法等因素均有关。在保证整机性能的前提下,尽量减小 M 的数值。

为了比较不同雷达接收机线性部分的噪声系数 F_0 和带宽 B_n 对灵敏度的影响,需要排除接收机以外的诸因素,通常令 $M = 1$,这时接收机的灵敏度称为临界灵敏度,其值为

$$S_{i\,min} = kT_0 B_n F_0 \tag{3-17}$$

3.2.2 工作频带宽度和滤波特性

接收机的工作频带宽度表示接收机的瞬时工作频率范围。在复杂的电子对抗和干扰环境中,要求雷达发射机和接收机具有较宽的工作带宽,例如频率捷变雷达要求接收机的

工作频带宽度为 10%~20%。接收机的工作频带宽度主要决定于高频部件(馈线系统、高频放大器和本机振荡器)的性能。

滤波特性是接收机的重要质量指标。接收机的滤波特性主要取决于中频频率的选择和中频部分的频率特性。中频的选择与发射信号波形的特性、接收机工作带宽及高频和中频部件的性能有关。中频的选择范围可在 30 MHz~4 GHz 之间。对于宽频带工作的接收机应选择较高的中频。在现代雷达中大多采用二次甚至三次变频方案。当需要在第二中频增加某些信号处理功能时,如声表面波脉冲压缩滤波器、对数放大器等,从技术实现考虑,第二中频选择在 30~500 MHz 更为合适。

减少接收机噪声的关键是中频的滤波特性。如果中频滤波特性的带宽大于回波信号带宽,则过多的噪声进入接收机。反之,如果所选择的带宽比信号带宽窄,则信号能量将会损失。这两种情况都会使接收机输出的信噪比减小。在白噪声(接收机热噪声)背景下,接收机的频率特性为匹配滤波器时,输出的信号噪声比最大。

3.2.3 动态范围和增益

动态范围表示接收机正常工作时所允许的输入信号强度变化的范围。最小输入信号强度通常取为最小可检测信号功率 $S_{i\,min}$,而所允许最大的输入信号强度则根据正常工作的要求而定。当输入信号太强时,接收机将发生过载饱和,从而使较小的目标回波显著减小,甚至丢失。因此要求接收机具有大的动态范围,以保证信号不论强弱都能正常接收。在实际的应用中,对数放大器是扩展接收机动态范围的一项重要措施。

接收机的增益表示对回波信号的放大能力,通常表示为输出信号功率与输入信号功率之比,称为功率增益。有时(如在米波或分米波)也用输出信号与输入信号的电压比表示,称为电压增益。接收机的增益应根据接收机的系统要求来确定。接收机的增益直接确定了输出信号的幅度。为了防止接收机饱和、扩展动态范围和保持接收机增益的稳定性,应增加灵敏时间控制和自动增益控制。

3.2.3.1 动态范围

接收动态范围的表示方法有多种,在此仅介绍用增量增益定义的动态范围。

对一般放大器,当信号电平较小时,输出电压 U_{om} 随输入电压 U_{im} 线性增大,放大器工作正常。但信号过强时,放大器发生饱和现象,失去正常的放大能力,结果输出电压 U_{om} 不再增大,甚至反而会减小,致使输出-输入振幅特性出现弯曲下降,如图 3-8 所示。这种现象称为放大器发生过载。图 3-8 中表示宽脉冲干扰和回波信号一起通过中频放大器的

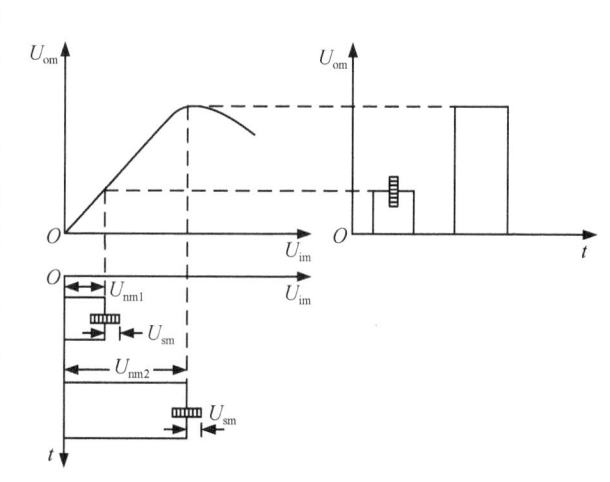

图 3-8 宽脉冲干扰和回波信号一起通过中频放大器的示意图

示意图,为了简便起见,仅画出它们的调制包络。当干扰电压振幅 U_{nm} 较小时,输出电压中有与输入信号 U_{im} 相对应的增量;但当 U_{nm} 较大时,由于放大器饱和,致使输出电压中的信号增量消失,即回波信号被丢失。同理,视频放大器也会发生上述的饱和过载现象。

因此,对于叠加在干扰上的回波信号来说,其放大量应该用增量增益表示,它是放大器振幅特性曲线上某点的斜率。

$$K_d = \frac{dU_{om}}{dU_{im}} \qquad (3-18)$$

由图3-8所示的回波信号振幅特性,可求得 $K_d - U_{im}$ 的关系曲线,如图3-9所示。从图中可以看出,只要接收机中某一级的增量增益 $K_d \leq 0$,接收机就会发生过载,即丢失目标回波信号。

接收机抗过载性能的好坏,可用动态范围 D 来表示,它是当接收机不发生过载时允许接收机输入信号强度的变化范围,其表达式为

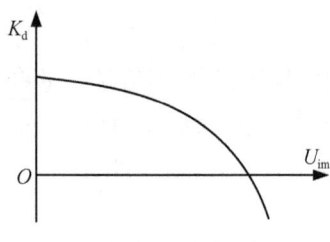

图3-9 增量增益与输入电压振幅的关系曲线

$$D = 10\lg \frac{P_{i\,max}}{P_{i\,min}} \quad (\text{dB}) \qquad (3-19)$$

或者

$$D = 20\lg \frac{U_{i\,max}}{U_{i\,min}} \quad (\text{dB}) \qquad (3-20)$$

式中,$P_{i\,min}$、$U_{i\,min}$ 为最小可检测信号功率、电压;$P_{i\,max}$、$U_{i\,max}$ 为接收机不发生过载所允许接收机输入的最大信号功率、电压。

3.2.3.2 增益

接收机的增益控制主要包括灵敏度时间控制和自动增益控制。灵敏度时间控制主要用来扩展接收机动态范围,防止近程杂波使接收机过载。自动增益的种类很多,主要包括常规自动增益控制、瞬时自动增益控制、噪声自动增益控制、单脉冲雷达接收机自动增益控制和多通道接收机自动增益控制等。

1) 灵敏度时间控制

灵敏度时间控制又称为近程增益控制,它用来防止近程杂波干扰使接收机过载饱和。在探测远距离目标时使接收机保持原来的增益和灵敏度,以保证正常发现和检测弱小目标回波信号。

雷达在实际工作中,不可避免地会受到近程地面或海面分布物反射的干扰,即面杂波。例如,在舰船上的雷达接收机会遇到海浪反射的杂波干扰;地面雷达接收机会受到丛林或建筑物等地面物体反射的杂波干扰。这些分布物体反射的干扰功率通常在方位上相对不变,随着距离的增加而相对平滑地减小。根据试验结果,面杂波干扰功率 P_{im} 随距离 R 的变化规律为

$$P_{\text{im}} = KR^{-\alpha} \tag{3-21}$$

式中,K 为比例常数,它与雷达的发射功率等因素有关;α 为由试验条件所确定的系数,它与天线波束形状等因素有关,一般 $\alpha = 2.7 \sim 4.7$。

灵敏度时间控制的基本原理是:当发射机每次发射信号之后,接收机产生一个与干扰功率随时间的变化规律相匹配的控制电压,控制接收机的增益按此规律变化。因此灵敏度时间控制电路实际上是一个使接收机灵敏度随时间而变化的控制电路,它可以使接收机不受近距离的杂波干扰而过载。

图 3-10 示出了灵敏度时间控制电路中控制电压与最小可检测信号功率 S_{imin} 的关系曲线。在有杂波干扰时,如果接收机的增益较高(同样接收机灵敏度也较高),则近程的杂波干扰会使接收机饱和而无法检测目标回波;如果把接收机增益调得太低,虽然杂波干扰中的近程目标不过载,但接收机的灵敏度太低,从而影响对较远区域目标的检测。为了解决这个矛盾,需要在每次发射脉冲之后,产生一个负极性的随时间逐渐趋于零的控制电压,加至可调增益的射频放大器的控制极,使接收机的增益按此规律变化。此控制电压 U_c 与接收机的最小可检测信号功率 S_{imin} 随时间 t 或距离 $R(t)$ 变化的曲线如图 3-10 所示。由于近程分布目标的杂波干扰很强,如果控制电压太强,则有可能使接收机的增益减小到零而不工作,这就需要在开始时有一个"平台"。

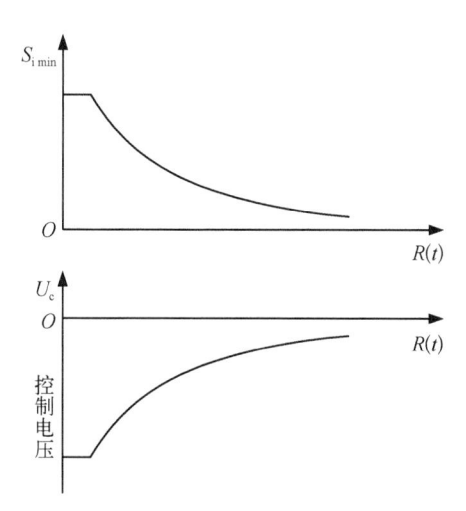

图 3-10 灵敏度时间控制电路中控制电压与灵敏度的关系曲线

在现代雷达中,灵敏度时间控制往往用数控衰减器来完成。数控衰减器的优点:一是控制灵活,控制信号可以根据雷达周围的杂波环境来确定;二是灵敏度时间控制可以设置在中频、射频,甚至可以放置在接收机输入端的馈线里,可使接收机的抗饱和性(动态范围)大大地提高。

2) 自动增益控制

自动增益控制(automatic gain control, AGC)的典型组成如图 3-11 所示。它主要由门限电路、脉冲展宽电路、峰值检波器和低通滤波器、直流放大器和隔离放大器等组成。

在图 3-11 中,接收机视频放大器输出的脉冲信号加至门限电路。门限电路是一个比较电路,加有门限电压 E_d,只有当输入脉冲信号幅值 U_o 超过门限电压 E_d 时,视频电压才能通过,这时自动增益控制电路才有控制电压 E_{AGC} 送到受控级去进行增益控制。脉冲展宽电路用来展宽视频信号,提高峰值检波器的效率,以保证在脉冲重复周期较低和脉冲宽度较窄时,仍能输出足够大的检波电压。峰值检波器用来提取视频脉冲的包络信号,低通滤波器则是为了滤去不必要的较高频率成分,以保证输出电压就是所需要的自动增益控制电压 E_{AGC}。直流放大器的作用是提高自动增益控制电路的环路增益。隔离放大器主要用来做前后级之间的隔离。

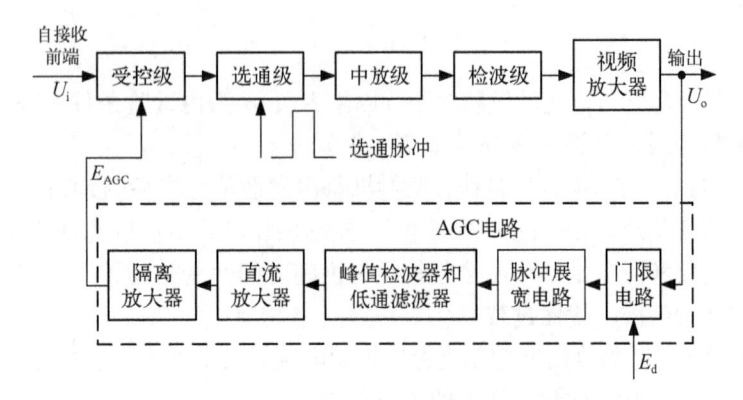

图 3-11 自动增益控制的典型组成方框图

3.2.4 正交鉴相器的正交度

对于现代雷达接收机所获得的回波信号,不仅需要提取幅度信息,还需要提取相位信息。在雷达接收机中,相位检波通常采用同步检波器,以便同时保留回波信号的幅度信息和相位信息,可以用一对正交的同步检波器工作。

正交同步检波器电路组成原理框图如图 3-12 所示。

正交同步检波器由两路相同的同步检波器组成,其差别仅在于基准的参考信号相位相差 90°,这两路分别称为同相支路(I)和正交支路(Q)。同时需要 I 和 Q 两个通道的原因在于:这两个通道中单独任何一个都不能提供足够的信息,以无模糊地确定相位调制 $\theta(t)$。图 3-13 说明了这个问题。

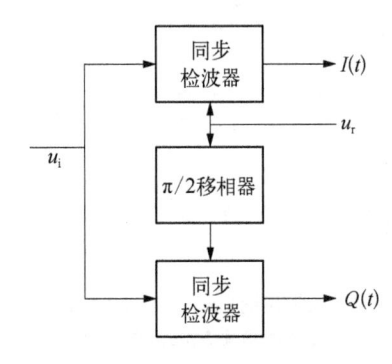

图 3-12 正交同步检波器电路组成原理

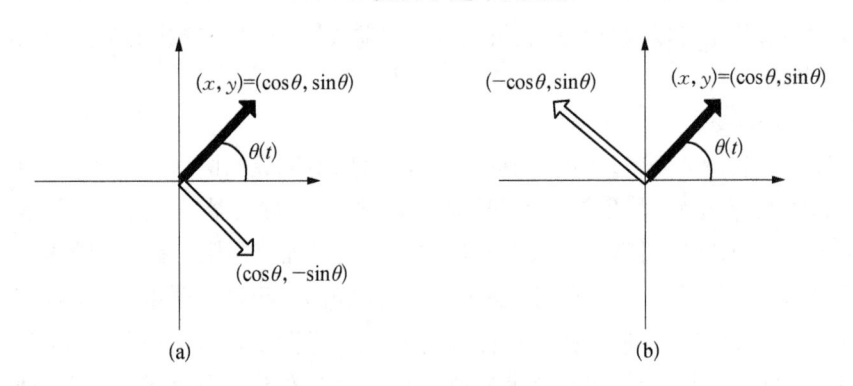

图 3-13 *IQ* 通道特性

考虑图 3-13(a)的情况,在复平面中将信号相位 $\theta(t)$ 表示成黑色实线矢量箭头。如果接收机只有 I 通道,那么只能测量出相位 $\theta(t)$ 的余弦值。这样,真实的相位矢量就不能和空心的矢量 $-\theta(t)$ 相区分。同样,如果接收机中只有 Q 通道,那么只能测量出相位

$\theta(t)$ 的正弦值,如图 3-13(b) 所示,就无法将真实的相位矢量和空心的 $\pi-\theta(t)$ 进行区分。只有同时采用 I 通道和 Q 通道,才能无模糊地确定相位矢量的象限。

正交鉴相器的正交度表示鉴相器保持信号幅度和相位信息的准确程度。由于鉴相器的不正交产生的幅度误差和相位误差将导致信号失真,在频域中,幅度和相位误差将产生镜像频率,影响雷达系统的动目标改善因子;在时域中,幅度和相位失真将会使脉冲压缩信号的主副瓣比变坏。

从名校生到"金牌蓝天工匠"

赵燕,空军某航修厂机载雷达修理技术员。从澳门科技大学硕士毕业后,赵燕放弃留校机会选择了这家航修厂。有人说,每天与机器零件打交道,对一位高才生来说,是大材小用。但在赵燕看来,从事国防军工事业,为部队服务,这是她一直想做的事情。在任务攻关中成长,在操作实践中磨炼。赵燕认为,航修工匠不是简单地对零件敲敲打打,还要往前"走"一步,把别人没想过的事情做成。

一次,某新型雷达接收机突发故障。这种情况厂里还是第一次遇到,任务十分棘手,赵燕决心啃下这块硬骨头。缺数据支持,她便查阅相关资料,一遍遍进行检测;没有自动程序,她就自己动手设计。最终,一些关键性问题得以解决。然而,赵燕又有了新打算:"我们不能只满足于故障的排除,还要实现技术突破。"赵燕的想法让人不解,技术突破没那么简单,既要拓展功能,还得规避系统融合产生的干扰。她决定到部队找灵感,有时候一待就是一整天。功夫不负有心人,最终经过反复调试,赵燕编写的代码,一举解决了雷达测控难题,为战机飞行提供了有力保障。赵燕不仅搞科研在行,手上功夫也是一流。焊接、压接、布线都是她的拿手活。在参加航修系统职业竞赛时,她用娴熟的操作,在数十名精英选手中夺得电器标准施工项目第一名。

2017 年,空军评选首届"金牌蓝天工匠"。赵燕脱颖而出,创下了一项新纪录:唯一的"80 后",最年轻的获奖者。

本章思维导图

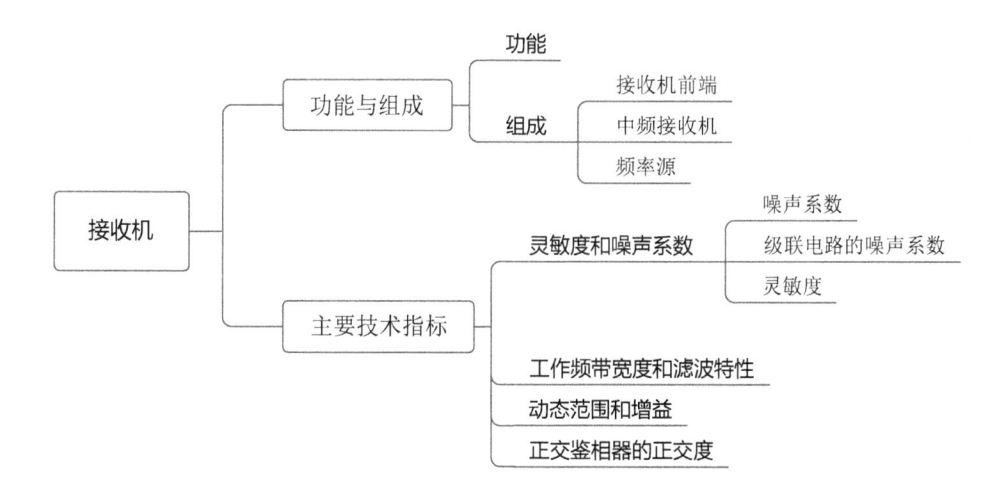

习 题

1. 简述雷达接收机的基本工作原理。
2. 列举雷达接收机的主要技术指标。
3. 简述灵敏度时间控制的原理。
4. 某雷达接收机第一级为二极管混频器,其功率增益为 0.2,噪声系数为 10 dB,中放噪声系数为 6 dB,功率增益为 100 dB,求这两级总的噪声系数?若混频器前加噪声系数为 3 dB 的高放,且要使总的噪声系数比不加高放时降低 10 倍,这时高放增益至少要多少 dB?
5. 一部超外差雷达接收机的噪声系数 $F_0 = 6$ dB,带宽 $B_n = 1$ MHz,可检测因子 $M = 2$,该雷达的灵敏度 $S_{i\,min}$ 为多少 dBmW?

第4章
天馈伺与终端

发射机产生的大功率电磁波信号需要经过微波馈电传输系统传送给天线后向空间辐射。天线接收的目标回波信号也需经过微波馈电传输系统传送到接收机,最终在终端进行显示或送到任务电子系统其他设备中进一步处理。

4.1 天　　线

4.1.1 功能

任何一种无线电装置都包含有天线设备,天线是必不可少的组成部分。天线的作用是在发射时把发射机产生的导波能量转换为空间电磁波能量,在接收时将从自由空间接收到的电磁波能量转换成导波能量,由传输线送给接收设备。雷达天线除了完成在一般无线电设备中的功能外,还应当满足定向和高功率的要求。在发射时将电磁波集中在窄的空间里定向发射,在接收时进行定向接收,以期确定要探测的目标所在的方向。

机载雷达常为脉冲雷达,所以通常采用一部收发共用的天线,分时完成发射和接收功能。某些单基地雷达也采用收发分离天线,双基地雷达都采用收发分离天线。

4.1.2 主要技术指标

4.1.2.1 波束宽度

天线向一定方向集中地辐射和接收电磁波的能力,称为天线的方向性。天线的方向性越强,能量的辐射越集中,在一定的条件下,雷达的探测距离越远,测向的精确度越高,分辨目标角度位置的能力越强。雷达天线都是定向天线,都有较好的方向性。天线的方向性通常用方向图、波束宽度来表示。

天线的方向图是表示离开天线等距离且不同方向的空间各点辐射场强的变化图形。图4-1所示为雷达天线辐射强度的立体示意图,称为立体方向图。

将立体方向图在水平面和垂直面切开,可得到水平方向图和垂直方向图,如图4-2所示。

在方向图上一般不标场强(功率密度)的具体数值,而标以各方向场强同最大辐射方向场强的比值(即相对场强),这样的方向图称为相对方向图。最大辐射方向的相对场强为1,其他方向的相对场强小于1,如某个方向的相对场强为0.707,说明该方向的场强为

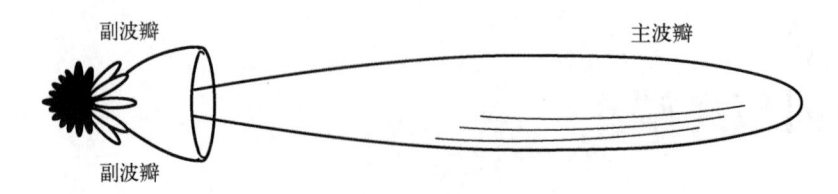

图 4-1 天线辐射强度的立体示意图

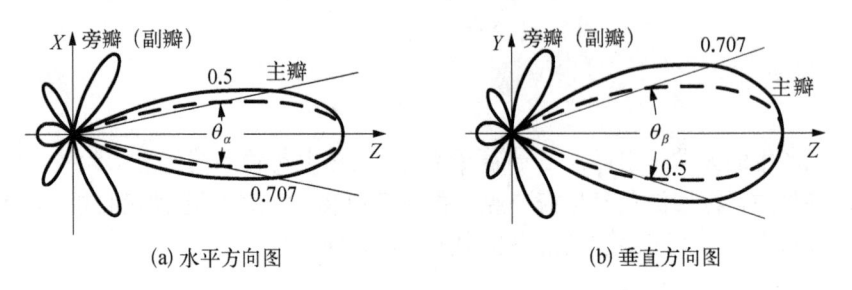

图 4-2 天线的水平方向图和垂直方向图

最大辐射方向场强的 0.707 倍，即为半功率点。由于方向图呈花瓣状，又称为波瓣图。最大的波瓣称为主瓣，其他方向的则称为副瓣或旁瓣。

主瓣上能量集中的程度用波束宽度 θ 来表示，它是指主瓣两个半功率点方向之间的夹角，也就是相对场强等于 0.707 的两方向之间的夹角。波束宽度越小，天线的方向性越好。图 4-2 中 θ_α 平表示水平波束宽度，θ_β 垂直表示垂直波束宽度。副瓣的最大值相对于主瓣最大值的比值，称为副瓣电平。天线波束最大副瓣电平相对主瓣电平低于定比值（$-30 \sim -55$ dB）的天线，称为低副瓣天线。

有时也采用直角坐标来绘制方向图，横坐标是方向角 α 或 β，纵坐标是场强的相对值。雷达天线的水平方向图如图 4-3 所示。

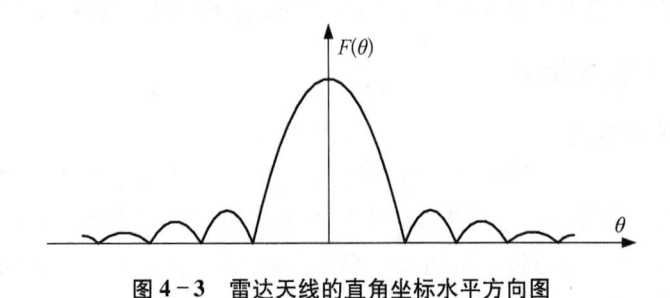

图 4-3 雷达天线的直角坐标水平方向图

雷达天线的波束宽度 θ（角度）的大小，主要与天线面的尺寸（天线口径）、雷达工作频率及天线孔径上的幅度和相位分布有关。天线波束宽度可以表示为

$$\theta = k\lambda/D \tag{4-1}$$

式中，k 为常数，与天线的加权有关；λ 为雷达的工作波长；D 为天线口径尺寸。

4.1.2.2 增益

天线增益描述的是一副天线将能量聚集于一个窄的空间角度范围内的能力。天线增益有两种不同但相关的定义：方向增益和功率增益。前者通常称为方向性系数，后者则为传统意义的天线增益。

天线的功率增益考虑了雷达系统中与天线有关的所有损耗。通常是将实际天线与一个无损耗、在所有方向都具有单位增益的理想天线比较而得，即天线增益定义为

$$G = \frac{实际天线最大辐射功率}{具有相同输入功率的无损耗各向同性天线的辐射功率} \tag{4-2}$$

天线的增益 G 与天线的有效面积 A 和波长 λ 有关，即

$$G = 4\pi A/\lambda^2 \tag{4-3}$$

如果波束在水平面和垂直面内的宽度都很窄，则为针状波束（又称为笔状波束）。这种波束形状的增益最高。针状波束可同时测量目标的方位角和高低角，而且测角精度和角分辨能力都很高。其主要缺点是波束较窄，扫描一定的空域所需要的时间比较长，即雷达的搜索能力较差。

机载火控雷达在空空状态，常采用针状波束，进行景幅式分行扫描，在方位上快速扫描，俯仰上慢速扫描，如图4-4所示。波束在俯仰上的方位扫描行又称为方位扫描线，它包括一线扫描、二线扫描和四线扫描等。有的雷达为了提高方位搜索速度，采用发射方位宽波束，接收方位多波束的方法，同时降低了波束形状损失。有的雷达在近距格斗中，采用单个宽波束发射多个窄波束接收的方式，使得目标很难逃逸。

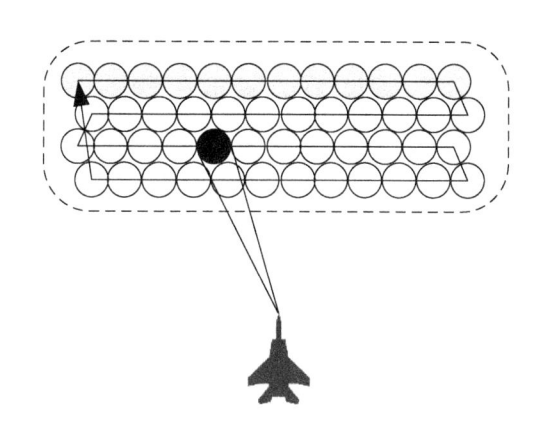

图4-4 对空波束分行扫描图形 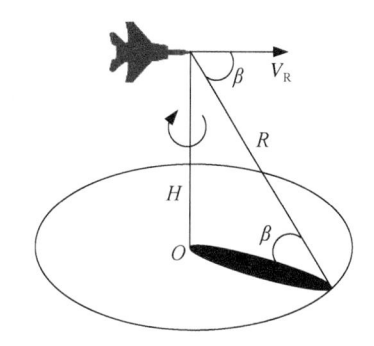　　　图4-5 对地余割平方波束图形

机载火控雷达在空地成像状态，为了获得最大的距离覆盖范围，通常采用余割平方波束，在俯仰方向仅进行一行扫描，如图4-5所示。这种波束合理利用功率，使不同距离地面目标的回波强度基本相同。

回波功率 P_r 为

$$P_r = K_1 \frac{G^2}{R^4} \tag{4-4}$$

式中，G 为天线增益；R 为斜距；K_1 为常数。若载机高度为 H，波束俯仰角为 β，忽略地球曲率的影响，则斜距 $R=H/\sin\beta=H\csc\beta$，代入式(4-4)得

$$P_r = K_1 \frac{1}{H^4} \frac{G^2}{\csc^4\beta} \qquad (4-5)$$

若载机高度 H 一定，要保持图 4-5 中阴影部分地面任何一点的回波功率 P_r 不变，则要求 $G/\csc^2\beta = K$（常数），故

$$G = K\csc^2\beta \qquad (4-6)$$

即天线增益 $G(\beta)$ 为余割平方形。当对某一区域需要特别仔细观察时，波束可在所需方位角范围内往返运动，即做扇形扫描。

大多数机载预警雷达的天线垂直高度受限（过高则空气阻力大，对飞机平台影响大），因此垂直方向波束宽度大。

4.1.2.3 极化方式

极化方式指电磁波的电场强度的取向和幅度随时间而变化的方式。天线的极化方向定义为所辐射和接收电场矢量的方向。极化表征了空间给定点上电场强度矢量随时间变化的特性。

现代雷达天线都是线极化的，一般采用水平极化或垂直极化。以大地作为参考，若电场矢端运动轨迹与地面平行，即为水平极化；若电场矢端运动轨迹垂直于地平面，称为垂直极化。由于天线的互易性，设计成某种极化方式辐射的天线也能接收同样的极化波。在规定方向上天线的接收极化与该方向上接收来波的极化相同，则称为极化匹配（如果没有规定方向，就假设为在空间所有方向上接收功率最大的方向）。两个信号的极化方式完全失配时称为极化正交。天线不能接收与其正交的极化分量。极化失配意味着功率损失。为了衡量这种损失，特定义极化失配因子，其值在 0~1 之间。通过改变雷达的极化方式可达到抗干扰、滤波等目的。

机载火控雷达一般采用垂直极化方式，这与飞机等空中目标的特性和地杂波特性相关。随着技术的发展和雷达向多功能的发展，未来可以采用多极化方式，即同时拥有垂直和水平极化辐射器，可根据需要选择垂直、水平和交叉极化方式。多极化方式可提高雷达的抗干扰和抗目标的雷达散射截面积闪烁的能力，并且是未来实现多输入多输出雷达正交波形的重要方法。

4.1.2.4 工作频带宽度

天线的所有电参数都和工作频率有关。任何天线的工作频率都有一定的范围，当工作频率偏离中心工作频率时，天线的电参数性能将变差，其变差的容许程度取决于天线设备系统的工作特性要求。

天线的工作带宽是指天线在保证增益、副瓣等指标情况下的最大工作频率范围。天线的工作频率范围越宽，越有利于提高雷达系统的抗干扰能力，因此在设计中总是希望获得大的工作带宽。

4.1.3 机载雷达典型天线

4.1.3.1 缝隙天线

缝隙天线结构简单,外形平整(没有突出部分),很适合在高速飞机和导弹上应用。在波导上开一个或几个缝隙,用以辐射或接收电磁波的天线,称为缝隙天线。缝隙天线又称裂缝天线或开槽天线,其结构如图4-6所示。电磁能由同轴线经探针激励送入波导,在波导中传播时,波导壁上有电流流动。缝隙截断壁上的电流时,在缝隙上就形成位移电流,它就能向空间辐射电磁波。

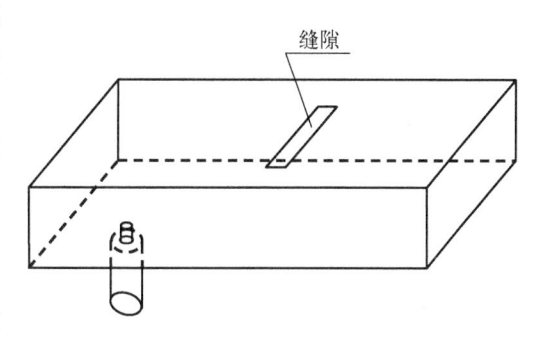

4.1.3.2 宽带开槽天线

1) 渐变开槽天线

以维瓦尔第天线为代表的宽带开槽天线得到了广泛的应用。维瓦尔第天线是一种宽带天线,该天线和由它变形衍生的多种

图4-6 缝隙天线结构

天线在宽带相控阵天线中得到广泛的应用。维瓦尔第天线单元主要由馈电结构、匹配结构、含渐变开槽的辐射结构等组成。维瓦尔第天线馈电结构中导行的电磁信号,经匹配结构耦合至渐变开槽结构的耦合段,大部分能量直接通过逐渐变宽的开槽结构以电磁波的形式辐射到自由空间中,另一部分传输至匹配结构槽后反射,最终通过逐渐变宽的开槽结构将能量辐射出去。

维瓦尔第天线基本组成如图4-7所示,馈电结构为渐变的带状线结构。匹配结构由末端为扇形带状线和倒T字形金属开槽结构组成。维瓦尔第天线的特点在于辐射槽的形状,最早采用指数函数作为槽口曲线的函数,如式(4-7)所示。

$$y = \pm 0.125\exp(0.052x) \qquad (4-7)$$

图4-7 维瓦尔第天线基本形式 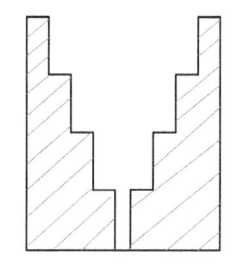　　图4-8 阶梯开槽天线基本形式

2) 阶梯开槽天线

阶梯开槽天线是渐变开槽天线的一种变形,如图4-8所示。采用阶梯槽线形式获得了良好的匹配特性。天线中每一节不同宽度的槽线都具有不同的特性阻抗,而多节不同特性阻抗的传输线依次连接在一起,可以实现宽带阻抗匹配。根据滤波器理论,阶梯形式的多枝节阻抗变换线,可以在很宽的带宽内实现非常良好的匹配特性。在整个扫描空域

内,绝大多数频点的驻波都小于 2。阶梯开槽天线的阵元结构形式和制作工艺与渐变开槽天线基本相同。

4.1.3.3 微带天线

微带天线由一块厚度远小于波长的介质板(称为介质基片)和(用印制电路或微波集成技术)覆盖在它的两面上的金属片构成,其中完全覆盖介质板一片称为金属地板,而尺寸可以和波长相比拟的另一片称为辐射贴片,如图 4-9 所示。辐射元的形状可以是方形、矩形、圆形和椭圆形等。

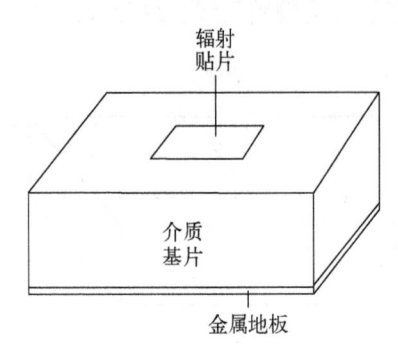

图 4-9 微带天线的结构

如图 4-10 所示,微带天线的馈电方式分为两种:一种是侧馈,也就是馈电网络与辐射元刻制在同一表面;另一种是底馈,就是以同轴线的外导体直接与接地板相接,内导体穿过接地板和介质基片与辐射元相接。

微带天线的主要特点有:体积小、重量轻、低剖面。因此容易做到与高速飞行器共形,且电性能多样化(如双频微带天线、圆极化天线等),尤其是容易和有源器件、微波电路集成为统一组件,因而适合大规模生产。

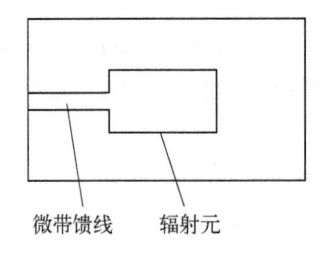

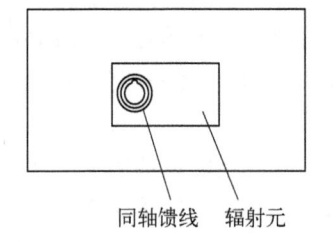

图 4-10 微带天线的馈电

4.1.3.4 喇叭天线

喇叭天线是由一段均匀波导和另一段截面逐渐增大的渐变波导构成的,其形状主要有扇形、角锥形和圆锥形三种。

在厘米波波段中,常用波导管来传输电磁能。如果波导的末端没有封闭,则电磁波就从波导管开口的一端向空间辐射。利用这种特性就可做成天线,这种天线称为波导口天线。它与振子式天线不同,整个波导口平面都辐射电磁波。因此,又称为面型天线。波导口天线辐射电磁波的方向性不好,为了改善天线的方向性,常在波导口的末端加一渐变的金属喇叭口,这样就可使天线辐射面增大,方向性增强,而且可以改善波导与自由空间的匹配。

喇叭天线是一种宽频带特性较好的定向天线,结构简单而牢固,损耗小。

4.1.3.5 抛物面天线

抛物面天线是一种具有窄波瓣和高增益的微波天线。

抛物面天线主要由辐射器和金属抛物面反射体(简称抛物面)两部分组成。辐射器用以向抛物面辐射电磁波;抛物面则使电磁波聚集成束,集中地射向空间某一个方向。

旋转抛物面是以抛物线围绕其轴线旋转一周而形成的曲面。所以抛物面的基本特性是以抛物线的几何性质为基础的。

由几何定理知道,抛物线是指与一定点 F 和一定直线 PQ 等距离的点的轨迹,如图 4-11 所示。定点 F 称为抛物线的焦点,定直线 PQ 称为抛物线的准线,动点为 A(或 B),线段 $AF = AM$, $BF = BN$,通过焦点 F 垂直于准线 PQ 的直线 ZZ' 称为抛物线的焦轴,焦轴与抛物线的交点 O,称为抛物线的顶点。

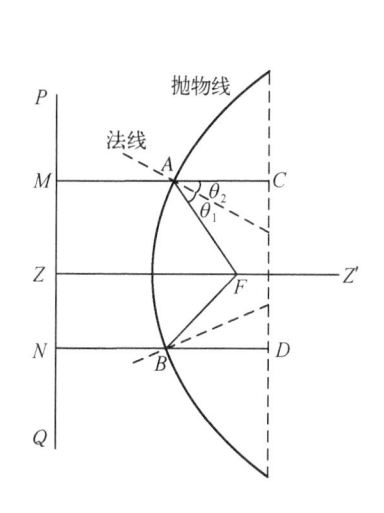

图 4-11　抛物线的几何特性　　**图 4-12　卡塞格伦天线几何图形**

抛物面天线的辐射器常用喇叭口辐射器或振子辐射器。抛物面天线的方向性主要取决于抛物面反射体的尺寸和形状,也同辐射器的方向性有关。也可以增加反射面以改善抛物面天线的应用,如卡塞格伦天线。

卡塞格伦天线是由主反射器和副反射器组成的双反射面天线。在经典的卡塞格伦设计中,主反射器是一个抛物面,而副反射器是一个双曲面,如图 4-12 所示。

双曲面的一个焦点是双反射面系统的实焦点,并安置在馈源的相位中心;另一个是虚焦点并安置在抛物面的焦点上。由实焦点射出的所有射线经两个反射面反射后到达天线前面的任一平面时,均已为同相。

应用于雷达的卡塞格伦天线的主要优点是能将辐射器馈电系统放置在主反射器的后面,从而简化波导装置的复杂性及机械运动。这种天线重量轻、生产加工容易。缺点是比较复杂的几何形状和副反射器的遮挡效应,效率低、副瓣电平高。

4.1.3.6　阵列天线

在许多场合,由单个天线就可以很好地完成发射和接收电磁能量的任务,如常用的各种线天线、面天线、反射面天线等,其本身就可以独立工作。但这些天线形式一旦选定,其辐射特性便是相对固定的,如波瓣指向、波束宽度、增益等。这就造成在某些特殊应用场合,如一般要求雷达天线具有较强的方向性、较高的增益、很窄的波束宽度、波束可以实现电扫描及其他一些特殊指标,单个天线往往不能达到预定的要求,这时就需要多个天线联合起来工作,共同实现一个预定的指标,这种组合造就了阵列天线。

阵列天线是根据电磁波在空间相互干涉的原理,把具有相同结构、相同尺寸的某种基本单元天线按一定规律或随机排列在一起组成的,也称天线阵。阵列天线通过适当激励获得预定辐射特性。组成天线阵的独立单元称为阵元或天线单元。

阵列天线一般按照单元的排列方式进行分类。各单元中心沿直线排列的阵列天线为线阵,单元间距可以相等或不等。若各单元中心排列在一个平面内,则称为平面阵。若平面阵所有单元按矩形栅格排列,则称为矩形阵;若所有单元中心位于同心圆环或椭圆环上,则称为圆阵。平面阵也可以有等间距及不等间距排列。若各单元的中心排列在球面上就构成球面阵。还有一类称为共形阵,即与某一表面共形的天线或阵列,该表面的外形不是由电磁因素,而是由空气动力或水动力等因素确定的。按照辐射能量集中的方向又可分为侧射阵及端射阵。侧射阵的最大辐射方向垂直于阵列直线或阵平面,也称为边射阵。端射阵的最大辐射方向沿阵列直线或阵平面。

1) 二元线形阵

考虑由两个各向同性阵元组成的最简单线形阵,两阵元间距为 d,如图 4-13 所示。如果两个阵元辐射等幅且等相位的信号,那么对沿垂直线形阵的方向传播的信号而言,产生的电场强度最大值等于由单个阵元产生的电场强度的两倍,如图 4-13(a)所示。

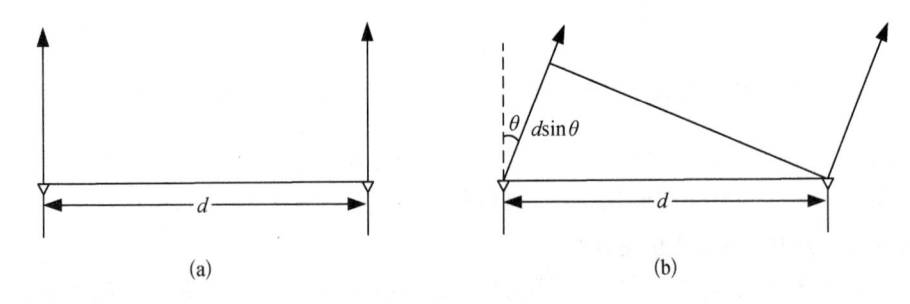

图 4-13 二元线形阵

由于该线形阵的对称性,在与此信号相反的传播方向上也存在电场强度最大值,但是在实际中,天线的支承结构会消除该波束。垂直于该线形阵的线是阵列的机械视轴,与阵列辐射方向图视轴的方向一致。该线形阵称作垂射天线阵。传播方向与阵列机械视轴成角度 θ 的两信号所具有的相位差为

$$\Delta\varphi = \frac{2\pi}{\lambda}d\sin\theta \tag{4-8}$$

并且此时由两阵元辐射的电场发生部分对消,导致总电场强度降低。如果 $d = \lambda/2$,那么两阵元所发射信号的对消发生在角度 $\theta = \pm 90°$ 处。换言之,该天线方向图在沿阵列轴线上具有零点。因此,其波束的形状是关于阵列几何结构和波长的函数。

但是,如果 $d = \lambda/2$ 且馈给两阵元的信号等幅却反相,那么在 $\theta = 0°$ 的方向上将产生完全对消或侧向零点,并且当信号沿阵列轴线向两端传播时(即 $\theta = \pm 90°$),产生的电

场强度最大值等于由单个阵元产生的电场强度的两倍。此时的阵列天线称作端射天线阵。

同样,两个阵元接收到的到达角为 θ 的信号将在每个阵元中产生相位差等于式(4-8)的电流。如果将来自两个阵元的电流在幅度和相位上进行等权重相加,那么接收阵列将具有与垂射天线阵相同的天线方向图。但是,如果将来自两个阵元的电流在幅度上等权重相加,而在相位上反相等权重相加,那么接收阵列将具有与端射天线阵相同的天线方向图。

2) 平面阵列

线形阵可进行二维扩展,形成阵元位于一个平面内的平面阵列。平面阵列的远场电场方向图可由阵面照射函数的二维傅里叶变换给出。

阵元的排列方式可以是正方形或三角形,如图4-14所示。等边三角形排列所需单元数比正方形排列所需的单元数少13%。

典型的机载雷达平面阵列天线有平板缝阵天线和相控阵天线。

图 4-14 平面阵列的排列方式

目前,雷达天线的发展重点为阵列天线,较之抛物面等连续口面天线更易实现大口径和高增益,同时可保持天线的副瓣和极化等性能。阵列天线降低副瓣的一个重要方法是幅度加权,即调整每个阵元激励的幅度。

4.2 馈　　线

4.2.1 功能

雷达馈线也称雷达馈线系统、馈线网络,是天线与发射机和接收机之间传输和控制电磁信号的传输线、元器件与网络的总称。由于大部分雷达工作在微波频段,雷达馈线常简称为微波馈线。馈线通常由能量传输、信号分配/合成、波束形成与扫描、变极化、监测控制等功能模块组成。其主要作用是传输、控制、分配(或合成)和提取(或供给)射频信号,将发射机发出的导波场能量按特定方式分配给天线,将天线收到的目标回波信号按特定方式合成后送给接收机进行处理。在发射机与接收机的组成中,馈线也起重要作用,如在固态发射机中,用多路功率分配/合成器这一必不可少的馈线器件来组合多个放大模块,实现大功率输出;接收机各通道中也包含了各种滤波器、隔离器、耦合器、功分器等馈线器件。

天线与馈线的关系极其密切,阵列天线中两者更是十分紧密地融为一体、难分难舍,所以人们习惯于将两者一并称为天馈系统。但天线和馈线毕竟不是一回事,前者主要用于能量转换,将交变的电路电能转换为空间电磁波或者相反;而馈线的主要任务则是能量传输,既不希望它发射,也不希望它接收保留电磁波,只要求它在较宽的频带范围内,以最小的损耗,长期可靠地传输电路电能。

馈线系统通常包括发射馈线、接收馈线、收发共用馈线与监测馈线等。对于阵列天线而言,从发射机输出端将信号送至天线或将天线接收到的信号送到接收机,通常被称为馈电;而将为阵列中各个天线单元通道提供实现波束扫描或改变波束形状所要求的相位分布称为馈相。

4.2.2 组成

图4-15是馈线系统的基本组成原理框图。

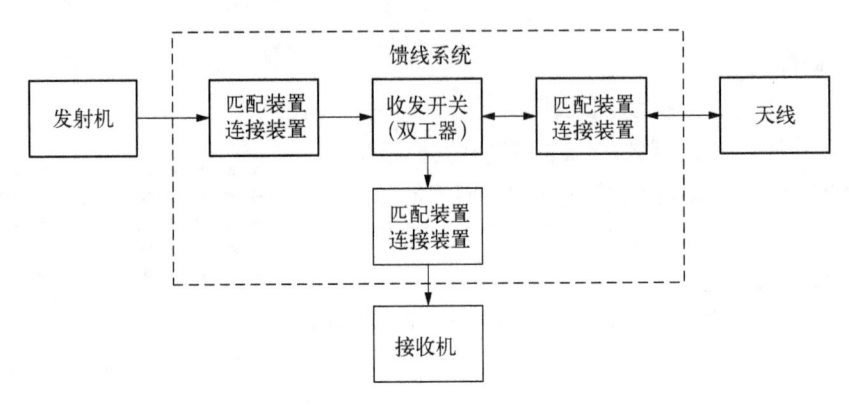

图4-15 馈线系统的基本组成

匹配装置用来使高频传输系统同发射机、天线和接收机相匹配。同发射机匹配,是为了使发射机的输出功率最大;同天线和接收机匹配,则是为了使高频能量以行波状态在高频传输系统中传输,从而保证传输效率最高。

连接装置的作用是使各段传输线之间保持良好的电气连接,以便有效地传输能量。

在收发共用一个天线的雷达中,为了使收、发互不影响,需要采用收发转换装置。收发转换装置又称为收发开关(双工器),其作用是:发射高频能量时,使发射机同天线接通,同接收机断开;接收高频能量时,使天线同接收机接通,同发射机断开。

天线馈电的方式可分为强迫馈电、空间馈电两大类。

4.2.2.1 强迫馈电

强迫馈电简称强馈,面天线馈线与相控阵天线的大部分馈线都是强馈,电磁场能量的传输、波束形成与扫描控制、变极化、监测等都在封闭场内完成。强馈系统有多个连接点,对于高性能的低副瓣天线系统,要求馈线的每一环节都在频带内匹配良好,以保证传输幅相频响平坦,并减小反射。

强馈的优点是给天线馈电的方法灵活、组成多样,波束赋形精度高,天线系统纵向尺寸小,适合于高集成阵面结构设计,缺点是馈电网络复杂,成本偏大。

强馈大量应用于相控阵天线的无源馈电与有源馈电,对雷达而言,无源馈电比有源馈电设备量少、成本低。有源相控阵的馈线虽然复杂、成本高,但实现的功能与指标远优于无源相控阵。

根据馈线与被馈电天线单元间的关系,强馈可进一步分为串联馈电(也称级联馈电)和并联馈电,如图4-16所示。

(a) 串联馈电　　　　　(b) 并联馈电

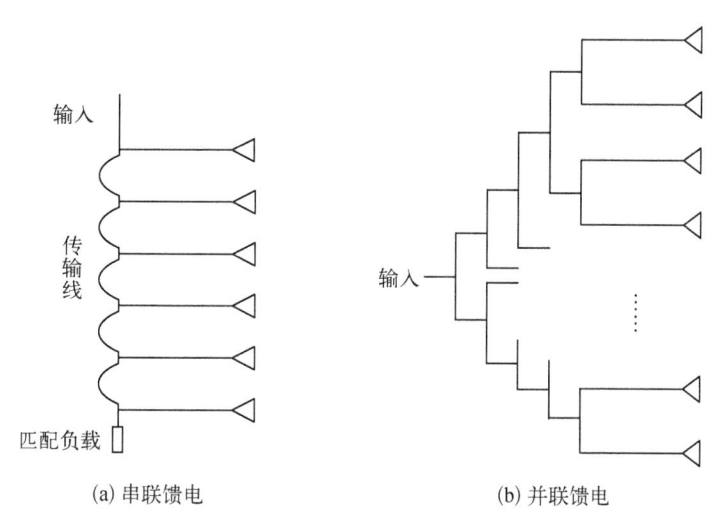

图 4-16　强馈方式分类

4.2.2.2　空间馈电

空间馈电简称空馈,因具有几何光学特性,故也称为光学馈电,电磁场能量传播、波束形成等在开放场内完成。空馈天线可以采用透镜式,也可以采用反射镜式。

4.2.3　主要技术指标

4.2.3.1　传输功率

对于远程雷达,要求馈线对集中式发射机的高功率进行高效率传输。当发射机在天线转台下面时,还要实现天线旋转时的高功率传输。

对于机载雷达,要考虑极低气压环境下馈线的耐功率因素,结合体积、重量、结构与散热限制,从传输线到电路器件都要合理选型、设计,并对工艺制造过程严格控制。

4.2.3.2　传输效率

高传输效率包括低损耗、小驻波与耐功率,这些要求都与雷达威力有关。馈线损耗包含有功损耗与无功损耗,有功损耗主要包括导体的电阻损耗、介质损耗,无功损耗主要由各种失配产生。几乎所有雷达都要求位于天线与接收、发射系统之间的馈线做到低损耗,其好处明显:对于发射通道,可减少发热、降低能耗、简化热设计,耐功率相应提高;对于接收通道,可减少热噪声,减轻放大器的增益压力,提高接收系统信噪比。驻波小即无功损耗小,不仅可以避免能量反射与浪费,保护发射机、接收机,还可减小网络内部多点反射造成的对幅度、相位传输系数的干扰,改善频响特性。

4.2.3.3　馈电精度

对于面天线,波束馈源网络的精度决定了天线和差波束赋形精度、极化隔离度与和差通道隔离度。

对于阵列天线,由馈线网络实现天线波束的幅相分布,馈线网络包括功分器/合成器、耦合器、电桥等,因天线辐射单元众多,馈线网络庞大复杂,各元件的幅度、相位分布及其误差直接影响天线波束赋形与精度。对于相控阵,移相器与衰减器的位数及精度对馈电精度也附加了影响,有源相控阵的T/R组件的误差进一步影响了幅相加权,需要系统控制、修正与评估。

4.2.3.4 扫描精度

对于机械扫描天线,馈线网络的旋转关节在转动时的驻波、幅度与相位稳定度等决定了机械扫描天线的扫描精度。

对于电扫描天线,移相器的位数及精度决定了天线波束的扫描角精度。

4.2.3.5 抗干扰性

在馈线网络里提供抗干扰的措施如下。

1) 自适应阵列天线馈线网络

通过实时自适应控制调整微波馈线网络中的电控移相器、衰减器,可以灵活地降低阵列天线波束的副瓣、改变阵列天线波束的零点,可直接在微波频域对付电子干扰,并减小从副瓣进入雷达接收机的地面、海浪杂波。雷达通常都加装了各种带通、带阻及带有不同开关选择的滤波器,在微波频域抑制电子干扰。

2) 低副瓣、超低副瓣天线馈线网络

低副瓣、超低副瓣天线可大大抑制电子干扰机从副瓣方向对雷达的干扰效果,抑制地面、海浪杂波从副瓣进入雷达接收机,使雷达仍可探测与分辨目标。对于阵列天线馈线网络幅度、相位,经精确控制调整,以及用电控移相器、衰减器实时自适应调整,可实现低副瓣、超低副瓣指标。对于面天线,馈线网络与面天线的馈源一起决定了单脉冲和差波束之间的精度关系,共同确保低副瓣指标。

4.2.4 机载雷达典型馈线

4.2.4.1 传输线

1) 同轴型馈线

同轴型馈线是一种由内、外导体构成的双导线传输线。最常用的是圆同轴线,其结构如图4-17所示。它由两个同心的金属圆导体组成,其间用绝缘物体支撑,保证同心及隔开,内、外导体半径分别为a和b。电磁波就在内、外导体间传播,所以没有电磁波辐射出去。同轴电缆一般指采用编织或皱纹方式制作外导体的软线。同轴电缆便于弯曲和敷设,使用和连接方便,辐射损耗和干扰小,介质损耗较大。同轴线一般指机械加工的硬线,使用中不能任意弯曲,但损耗比软同轴线低。同轴线及同轴电缆的频带很宽,可在短波乃至毫米波范围内广泛用作传输线。

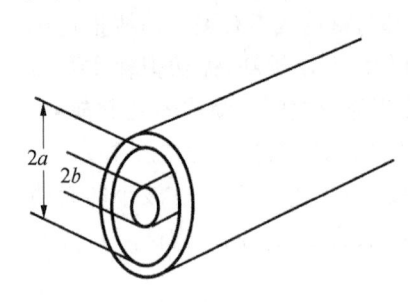

图4-17 圆同轴线结构

电缆的主要性能参数有频率范围、插入损耗、幅度和相位稳定性、功率容量、温度范围、最小外径尺寸、重量、抗拉强度、弯曲性、柔韧性、屏蔽性和密封性等。

2) 波导型馈线

金属波导是一根光滑、均匀的金属空管,它可以看成是抽去内导体的封闭传输线。波导的传输功率大,损耗小。矩形波导是横截面形状为矩形的空心金属管,如图4-18所示。a和b分别表示波导宽边和窄边的内壁尺寸。

波导可分为硬波导和软波导两种。硬波导的波导体是金属片制作的,不能弯曲,传输特性好。软波导的波导体是用薄金属制作的,体身做成皱纹形,使波导管可以一定程度地弯曲,适合在机身内安装,但是传输特性不如硬波导,一般只用在机身结构限制,安装位置有一定程度振动的场合。

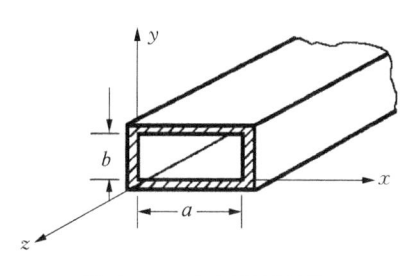

图4-18 矩形波导结构

3) 带状线

带状线由三层导体构成,也称为三板线、对称微带线。它由一个矩形截面的芯线和上下两个对称的接地板构成。带状线的几何结构及电磁场分布如图4-19所示。一条宽度为W的薄导体放置在两块相距为b的宽导体接地平面之间,导体的厚度t,芯线周围媒质可以是空气也可以是介质。带状线可以看作由同轴线演变而来。首先把圆形截面变成方形,再变成矩形,当侧壁距芯线很远时,去掉侧壁对场分布影响很小,便形成带状线。带状线属于双导体传输线,常见的有介质带状线和空气带状线两种。带状线具有低辐射和低损耗等特点,广泛应用于宽带电路和系统中。

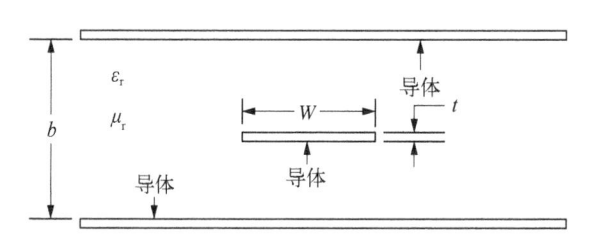

图4-19 带状线几何结构

4) 微带线

微带线在微波集成电路和混合微波集成电路中广泛应用,它体积小、重量轻、稳定性好,又能方便地与微波固体器件连接成一个整体。微带线由介质基片上面的金属导带和底面的单接地板构成。基片采用介电常数高、高频损耗小的陶瓷、石英或蓝宝石等介质材料,导带采用良导体材料。微带线属于半敞开式部分填充介质的双导体传输线,它可以看作由平行双线演变而成,如图4-20所示。

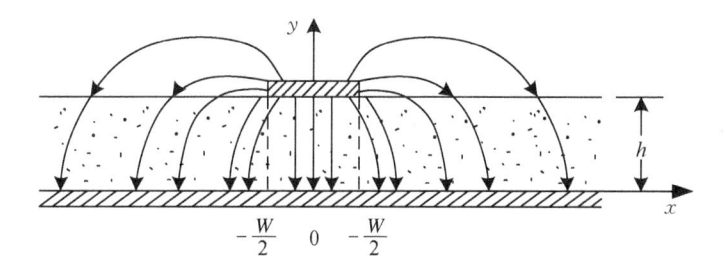

图4-20 微带线横截面图

先在双线的对称面(零电位)上放一薄导电板,由于导电板的镜像作用可以去掉下导线而不影响上部空间的场分布。再将圆柱导线换成薄导带,就形成空气微带线,导带与接地板之间填充介质就构成常用的微带线。

5) 光纤

随着光电子技术与光纤技术的发展,已开始采用光纤作为传输线,成为阵列天线的一种强制馈电网络,但光纤传输只能在低功率电平上进行。图 4-21 是光纤用于阵列天线馈线系统的示意图。

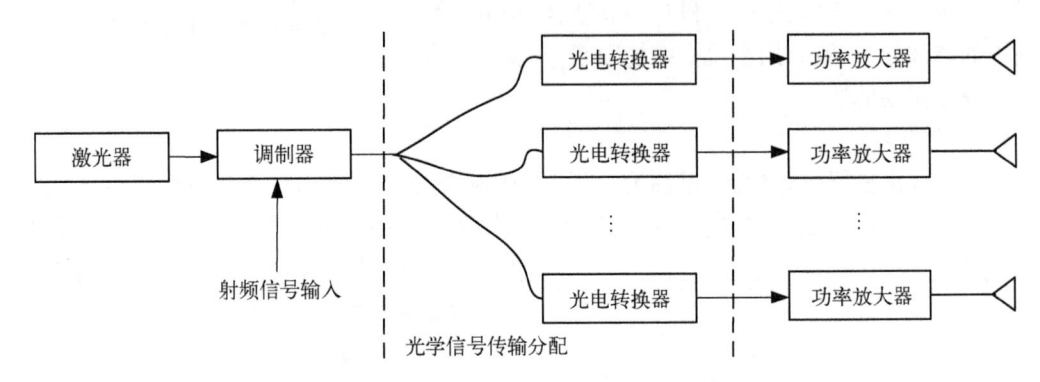

图 4-21 含有光纤功率分配网络的阵列天线馈线系统

为了利用光纤来传输射频信号,雷达发射射频信号先要经过电光调制器(强度调制器)将射频信号调制到光载波上,然后再通过功率分配网络分配至各个子天线阵或天线单元通道,然后经光探测器检波,重新恢复射频信号。

光纤传输线的采用,除了在结构设计上能提供方便外,在电信上也能带来一些潜在的好处:有利于将超大型相控阵天线进行分散布置;有利于将发射天线与接收天线分开;对发射天线,有利于将天线阵面部分与其驱动、控制部分在空间上分开;对接收天线,便于实现多个接收波束的形成;便于采用光纤实现的实时时间延迟单元。

4.2.4.2 连接和转换器件

1) 连接器件

把两段相同的传输线连接在一起的装置,叫作连接器件,又称接头。常用的接头有同轴接头和波导接头等。对接头的基本要求是:连接点接触可靠,不引起电磁波的反射,输入驻波比小(一般在 1.2 以下),工作频带宽,电磁能量不会泄漏到接头外,结构牢靠,装拆方便,容易加工等。

2) 转换器件

不同类型的传输线或元件连接时,不仅要考虑阻抗匹配,还应考虑模式的转换,这就需要一些转换器件。最常用的转换接头有同轴-波导、同轴-微带等形式。

3) 旋转关节

雷达天线通常需要一个很窄的波束宽度,而所覆盖的扫描范围往往比一个波束宽度大得多。对机械扫描雷达来说,这就需要天线在水平面内连续旋转,某些场合还需天线能上下运动。一般情况下,不希望把所有的微波设备都放在天线平台上,所以需在给天线馈电的传输线中加进旋转关节。对机扫和相扫相结合的机-相扫雷达馈线,旋转关节也是必不可少的。

旋转关节又称为交连或转动交连,是输入端口和输出端口可以相对旋转的一种微波器件。旋转关节处于信号与能量传输的咽喉要道。在机械扫描雷达中,旋转关节的作用就是在天线转动的情况下确保馈线中电磁能量的正常传输。因此,它是机械扫描雷达中的重要部件之一,起着承上启下的枢纽作用。

4.2.4.3 收发开关

1) 放电管

放电管是一种波导器件,其内部充有易电离的气体。

放电管的性能应保证收发开关能迅速而有效地完成收发转换作用。最理想的情况是,在发射脉冲到来时,放电管立即放电,阻抗下降到零;发射脉冲终止时,放电立即停止,阻抗变为无穷大。但是,放电管由不放电转为放电,或者由放电转为不放电,都必须经历一个量变的过程,需要一定的时间。放电管的性能可用极间电压的变化情况来说明,如图 4-22 所示。

当发射脉冲加到放电管使其极间电压上升到着火电压时,极间的气体发生电离,放电管开始放电。经过一段电离时间,电极间形成弧光放电,极间电压下降到维持电压的数值。

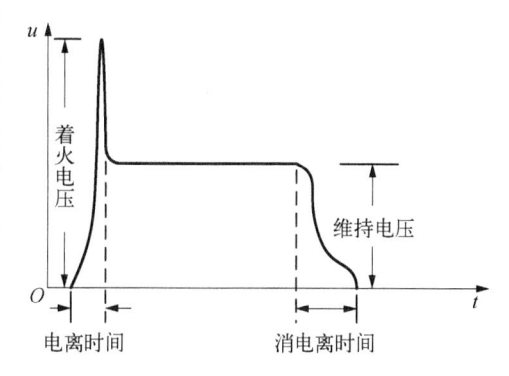

图 4-22 放电管极间电压的变化特性

发射脉冲结束以后,极间气体又要经过一段消电离时间才能全部中和,极间电压才下降到零。

对放电管性能的要求是着火电压和维持电压越低越好,电离时间和消电离时间越短越好。因为放电管的极间电压就是送到接收机的电压,如果着火电压和维持电压电离时间长,漏到接收机的高频能量就大,这样会造成接收机输入电路元器件的烧毁。消电离时间长,则会使接收机不能迅速与天线接通,近距回波不能进入接收机,造成雷达近距盲区加大。

2) 环形器

环形器是一种具有环行作用的微波器件,也称环流器。一个理想环形器的功能是如果从端口 1 输入功率,则功率全部从端口 2 输出,端口 3 无输出,依此类推,即 1 进时 2 出,2 进时 3 出,3 进时 1 出,如图 4-23 所示。环形器用于雷达天馈系统中,能使收发通道之间相互隔离、各自独立工作。

图 4-23 环行器的环行方向

4.2.4.4 辅助装置

1) 限幅器

限幅器的主要用途有:防止雷达发射机功率直接进入接收机导致的输入级烧毁;保护接收机不受邻近雷达发射机工作的影响;减小扫频振荡器和相位检测等系统中的幅度调制。理想的限幅器在低的输入功率时没有衰减,输入功率超过限幅门限电平时,随着输入功率的增加，其衰减也增加，直至保持输出功率为一常数。

2）衰减器

衰减器主要用于电路和系统的增益控制、电平控制、收发电路的隔离保护等。传输系统必须接入衰减器，以此变换传输功率的功率电平。衰减器在结构上由开关管和电阻、微带线组合而成，通过控制开关的通断使信号经过不同的路径产生不同的插损，两路插损的差值即衰减量。

3）移相器

移相器是只改变被传输电磁波的相位而其幅度衰减很小的一种微波器件。移相器有固定式和可变式两种。任何一种可以改变传输线长度的机构都能做成可变式移相器。

4）阻抗变换器

微波系统中经常遇到相同类型但不同特性的阻抗传输线连接的情况，会引起电磁波的反射，损失传输功率，影响系统正常工作。因此，必须在两段需要匹配的传输线之间插入一段或多段传输线段，完成不同阻抗的变换，获得良好匹配。这就是阻抗变换器。按其结构形式可分为同轴型、波导型、微带线阻抗变换器等。

5）滤波器

滤波器是频率选择性器件，它只允许一定范围内的频率通过，对其他频率的信号则阻止通过，具有区分频率、选择信号、防止干扰等作用，用途广泛。滤波器还能将接收到的信号按不同的频段分开，送入各自的通道，或者将来自通道的信号综合起来一起输送出去，而不互相干扰。按滤波特性的不同，微波滤波器可分为低通、高通、带通和带阻滤波器。

6）功率分配器

功率分配器也称功分器，其基本功能在于将微波功率等量或不等量地分成几路，同时供若干负载使用。

7）定向耦合器

定向耦合器是一种输出能量具有方向性的耦合装置。它接入微波馈电系统中，可以输出其中向某一方向传输的电磁波能量。定向耦合器还具有衰减的特性，它只输出微波馈电系统中的一小部分能量。这是一种具有方向性的四端口器件。

4.3 伺服系统

4.3.1 功能

雷达天线伺服系统用来控制天线沿着方位或俯仰(有的还有横滚)方向的转动，以实现雷达的全方位扫描，是自动控制系统的一个分支。它是机械扫描雷达搜索和跟踪目标所必须的部分。

快速捕获目标，按特定要求平稳跟踪目标，并精确定位是雷达最基本的要求，也是对伺服系统的基本要求。

伺服系统与其他控制系统的区别是被控制的输出量是机械位移(包括角位移)、速度(包括角速度)或加速度(包括角加速度)。给定的输入量往往是小功率的信号。信号一般都是随时间而变化的时间函数。

对于机载雷达,由于有天线罩,所以天线伺服系统的主要负载是惯性负载和摩擦阻力。对于机载预警雷达,天线一般平稳运转,惯性负载很小,摩擦阻力是主要因素;对于机载火控雷达,天线快速扫描,尤其是载机进行大机动时,惯性负载很大,是主要因素,摩擦阻力也不能忽略。

4.3.2 组成

雷达天线伺服系统包括机械结构和电气控制部分,其原理组成如图4-24所示,本质是一个负反馈机构。

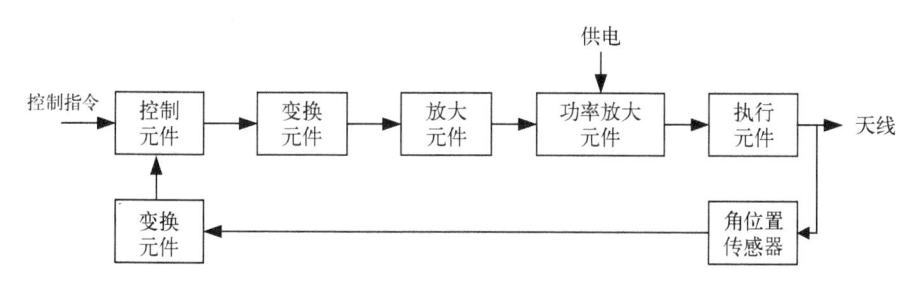

图 4-24 雷达天线伺服系统组成

(1) 控制元件。对天线的转动输入控制信号和转速反馈信号进行比较,得到被调整量与给定值的偏差,并把此偏差变成控制信号作用于调整系统。

(2) 变换元件。变换元件是指将交流信号变换成直流信号,或者与此相反,将直流信号变换成交流信号的器件。

(3) 放大元件。将误差敏感元件所产生的信号加以放大的元件。

(4) 功率放大元件。将小功率的信号放大成强功率信号,以满足执行机构(驱动器件)的需要。

(5) 执行元件。用来调整被调整对象(天线)的器件,为伺服系统的终端装置。它将功率放大元件输出的电能转化为力、速度、位移等机械能表示形式,实现对设备的控制。执行元件常用的有液压马达、力矩电机、直流电机和交流电机。

液压驱动系统的驱动力矩大,而且伺服控制性能好。技术难点是伺服控制分配阀生产、研制、调试比较困难,需配备专用的液压检调设备。另外液压系统的防漏油问题解决难度大,限制了其在许多场合的运用。

力矩电机直接带动负载天线运转的最大优点是中间没有减速传动装置。雷达使用力矩电机驱动,避免了齿轮减速传动的精度误差和回差等影响,而且扭转刚度比较高,相应的伺服机械结构设计的谐振频率也比较高。天线座方位、俯仰传动结构设计,由于没有电机、减速箱的布局安装问题,结构设计简单、紧凑。力矩电机的选用受到驱动功率的限制,适用于中小型雷达天线座。随着高性能的磁性材料的出现,功率较大、精度较高的力矩电机不断面世,因而力矩电机驱动系统的应用正在扩大。

(6) 角位置传感器。用来敏感转轴的角度位置,输出或传送反映转轴角度位置的信号。这类元件包括感应同步器、旋转变压器、光电轴角编码器等。

感应同步器是利用电磁感应原理把机械位移量转换成数字量的传感器。感应同步器可分为直线感应同步器和圆感应同步器,前者用于线性测量,后者用于角位移的测量。

旋转变压器是一种输出电压随转子转角成一定函数关系的信号类电机。旋转变压器分单极旋转变压器和双通道多极旋转变压器,并有接触式和非接触式之分。

光电轴角编码器是利用圆形光学码盘及一套光电转换装置,通过数字处理电路的信号处理,将机械转角变换为数字量的角度传感器。其系统主要由光电传感头(俗称码盘)及数字处理电路两部分组成。光电轴角编码器的特点为:精度高,分辨率高,可靠性高。其最高分辨率目前已达27位。光电轴角编码器按编码格式可分为:绝对式和增量式两种。绝对式中还可分为:自然二进制码式和循环二进制码式(格雷码)。循环二进制码式中还可分为标准循环二进制码式及矩阵码两种。

4.3.3 主要技术指标

4.3.3.1 系统的稳定性

伺服系统在工作中由于被控器件(天线)有一定的惯性,当转动到使输入控制信号为零时,它不会立即静止下来,而要左右摆动几次,形成追摆振荡。追摆时,若转动机构的摩擦阻力较大,则天线可能追摆几下很快就停止了;如阻力较小,则可能追摆很久。在这种情况下,一方面被控器件的转动已不能按正常要求加以控制;另一方面剧烈的追摆,将使各部分机件受到严重的损伤。由此可见,伺服系统要能正常地工作,首先必须保证它有高度的稳定性。

4.3.3.2 跟踪精确度

伺服系统的跟踪精确度是指输出轴跟随输入轴角转动时,两者之间角度误差的大小。

4.3.3.3 响应速度

系统中各种电气元件和机械元件,在传递信号的过程中都有一定的惰性,故当输入轴转动一个角度时,输出轴不会立即跟上,而总会有一定的时间滞后,这种滞后时间的存在,将使得系统反应迟缓,这是不希望的。上述滞后时间越短,输出轴的响应速度就越快,即跟得越快。因此要求滞后时间越短越好,也就是响应速度越快越好。

4.4 终　　端

4.4.1 显示模式

根据所显示的目标参数、画面形式的不同,传统雷达显示器有多种不同的形式,每种都对应着不同的用途。在机载应用领域,最具代表性和最常用的雷达显示器为平面显示器和高度显示器。

4.4.1.1 平面显示器

平面显示器为二维显示方式(距离-方位维)。其画面表现方式为:用屏幕上目标符号的位置表示目标的平面位置坐标。

平面显示器能够提供平面范围的目标分布情况,是使用最广泛的雷达显示器。人工录取目标坐标时,通常在平面显示器上进行。常用的平面显示器如图4-25所示。

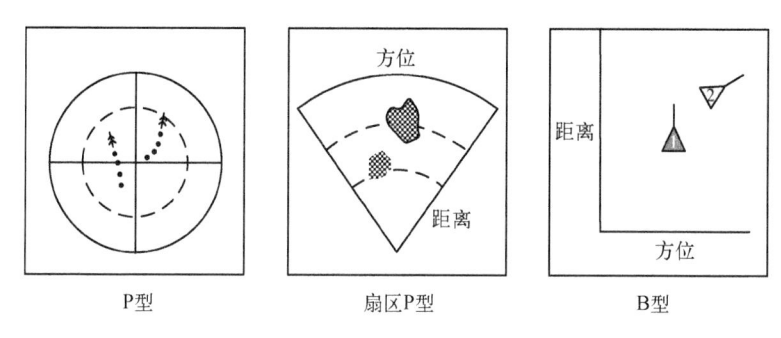

图4-25 三种平面位置显示器画面

(1) P型显示器,简称P显。采用径向扫描极坐标显示方式。以雷达所在位置为圆心(零距离),以正北或其他方向作为方位角基准(零方位角)。径向扫描线方向为目标方位,沿顺时针方向度量。圆心作为距离基准,半径长度为距离量程,目标符号点距圆心的距离为目标斜距,沿半径度量。P显的画面分布情况与通用的平面地图是一致的(有时候目标信息叠加在地图显示),提供了360°范围内平面上的全部信息,所以P显也称为全景显示器或环视显示器。P显是预警机雷达常见的显示类型。

(2) 扇区P型显示器。雷达工作在空面状态(包括对地成像、对海探测等)时,一般采用扇形显示,简称为扇区P型。这是一种极坐标显示画面,极轴表示距离,画面底边的中心一般为极坐标系原点,代表载机的位置。画面上有扇形线,其弧线表示距离刻度,两侧直线表示方位最大覆盖角度。

(3) B型显示器,简称B显。平面显示器也可以用直角坐标方式来显示距离和方位,用横坐标表示方位,纵坐标表示距离,即B型显示器。通常横坐标不取全方位,而是雷达所监视的一个较小的方位范围。若距离也不是全距离量程,则称为微B型显示器,用于观察某一距离范围内的目标情况。B显在战斗机中得到广泛应用。

4.4.1.2 高度显示器

高度显示器为二维显示方式(距离-高低角或距离-高度维),其画面表现方式为:用平面上目标符号点的横坐标表示距离或方位,纵坐标表示目标高低角或高度。与B显配合,可实现目标的三维显示。高度显示器主要有三种形式,如图4-26所示。

图4-26 三种高度显示器画面

(1) C 型显示器,简称 C 显。C 显和 B 显类似,主要区别在于纵坐标为高低角。因为显示对应于飞行员透过挡风玻璃的观察,所以在近距格斗中得到广泛应用,通常作为平视显示器的显示内容。

(2) E 型显示器:用屏面上符号点的横坐标表示距离,纵坐标表示高低角。

(3) RHI 型显示器(range-height indicator):用屏面上符号点的横坐标表示距离,纵坐标表示高度。

4.4.2 显示器类型

在三代以上战斗机中,雷达可用的显示设备主要包括平视显示器和多功能显示器。近距格斗时主要采用平视显示器,中远距作战时主要采用多功能显示器。在预警机中,雷达显示主要采用显控台。

4.4.2.1 平视显示器

平视显示器,简称平显,是一种将飞行参数、瞄准攻击、自检测等信息,以图像、字符的形式,通过光学部件投射到座舱正前方组合玻璃上的光/电显示装置。飞行员透过组合玻璃和座舱的挡风玻璃观察舱外场景时,可以同时看到叠加在外景上的字符、图像等信息。

平显投射的主要信息有人工地平线、俯仰角、飞行高度、飞行速度、航向、垂直速率变化及飞机倾斜角度等,使用于战斗环境时,还会加上武器、目标、瞄准及发射相关信息,如图 4-27 所示。这些显示的信息能够根据不同状况进行切换。在现代战斗机上,平视显示器与武器瞄准系统综合构成平视显示器/武器瞄准系统。

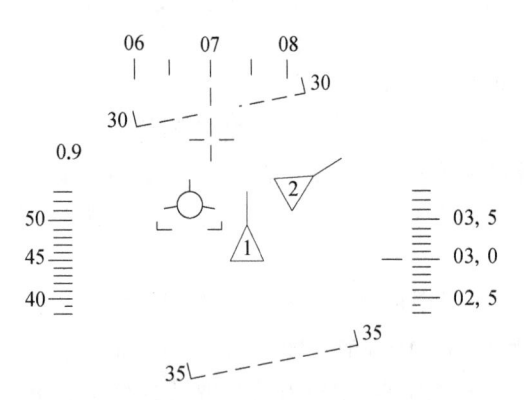

图 4-27 平视显示器画面

4.4.2.2 多功能显示器

近年来随着平板固态显示器件(如液晶显示器、等离子体显示器、场致发光显示器等)的发展,它们已经成为雷达终端显示器件。特别是液晶显示器,由于体积小、重量轻、功耗低且可靠性高,逐渐成为机载雷达显示器主流,如图 4-28 所示。

多功能显示器不仅显示目标信息,其周边还有按键(称为周边键)。这些按键的功能由航电显控系统的软件定义,在不同的使用状态代表了不同的命令和功能。在显示状态,这些周边键用于对雷达的设置和操控,例如用于选择雷达的工作模式、选择量程(距离、速度、方位等)、选择扫描行数等,还用于设置雷达的工作参数,例如雷达的工作频点、跳频模式、重复频率、手动增益控制等。现代战斗机的多功能显示器还可以采用触摸屏控制。

中国广角域雷达

2018 年 11 月,在第十二届中国国际航空航天博览会上,由中国电科第十四所研发的

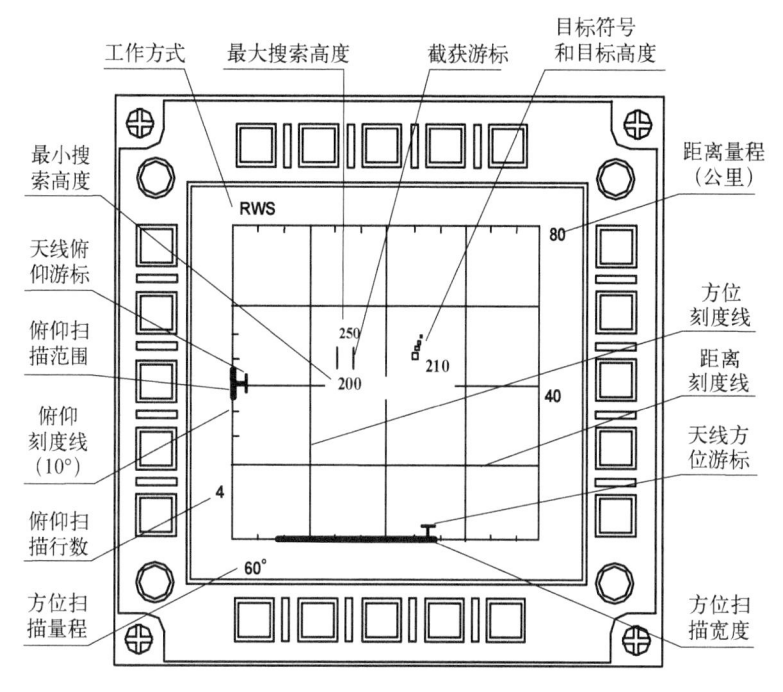

图 4-28 多功能显示器画面

机载广角域火控雷达受到广泛关注,并给予高度评价。广角域火控雷达将机械扫描与相控阵天线相结合,拓展雷达波束的空域覆盖范围。该雷达突破传统视角局限,能让战机获得最广的探测视野,处于国际领先水平。广角域雷达在有源相控阵雷达的背面加关节(姿态连续调整系统)实现二维的机械扫描,相当于给飞机的"眼睛"增加了"脖子",极大地增大了扫描范围。该雷达具有广角域搜索、跟踪目标,大侧视跟踪目标,大离轴制导导弹,正侧视先敌攻击,战机敏捷脱离,攻防兼备的特点,助力我国主力战机的生存能力和作战能力突破新高度,是现有战机的力量倍增器。

2022 年 11 月,在第二届"雷达与未来"全球峰会上,由中国航空工业集团公司雷华电子技术研究所研发的广角多功能风冷有源相控阵雷达参展。展位前人气十足。该雷达采用旋转斜盘伺服与先进的数字多通道子阵化技术,满足广域态势感知和复杂战斗环境下大机动作战需求;具备强大的对空/面多目标探测与跟踪、斜/侧视高分辨率测绘、辅助导航等功能;具备探测/侦收/干扰一体化工作能力及辅助电子战功能。

2022 年 11 月,在第十四届中国国际航空航天博览会上,由中国航空工业集团公司雷华电子技术研究所研发的无人机预警/侦察/火控一体化系统一经展出就深受专业人士关注。其雷达采用主阵面和侧阵面协同的方式,实现大范围空空、空海、空地探测。主阵面采用方位机械扫描+二维相位扫描的方式。侧阵面采用两块相位扫描天线分布于机身两侧。主阵面和侧阵面可以在同一平台内模块化组合使用,也可以在不同平台进行分布式作战。安装于同一平台组合使用时,既能兼顾火控,又兼顾预警侦察的优点,可在远距离预警探测后,引导火控进行有效跟踪,发射导弹进行打击。分布式安装时,预警机雷达可置于后方,火控雷达与携带导弹的无人机可在前方进行火控引导导弹打击。

本章思维导图

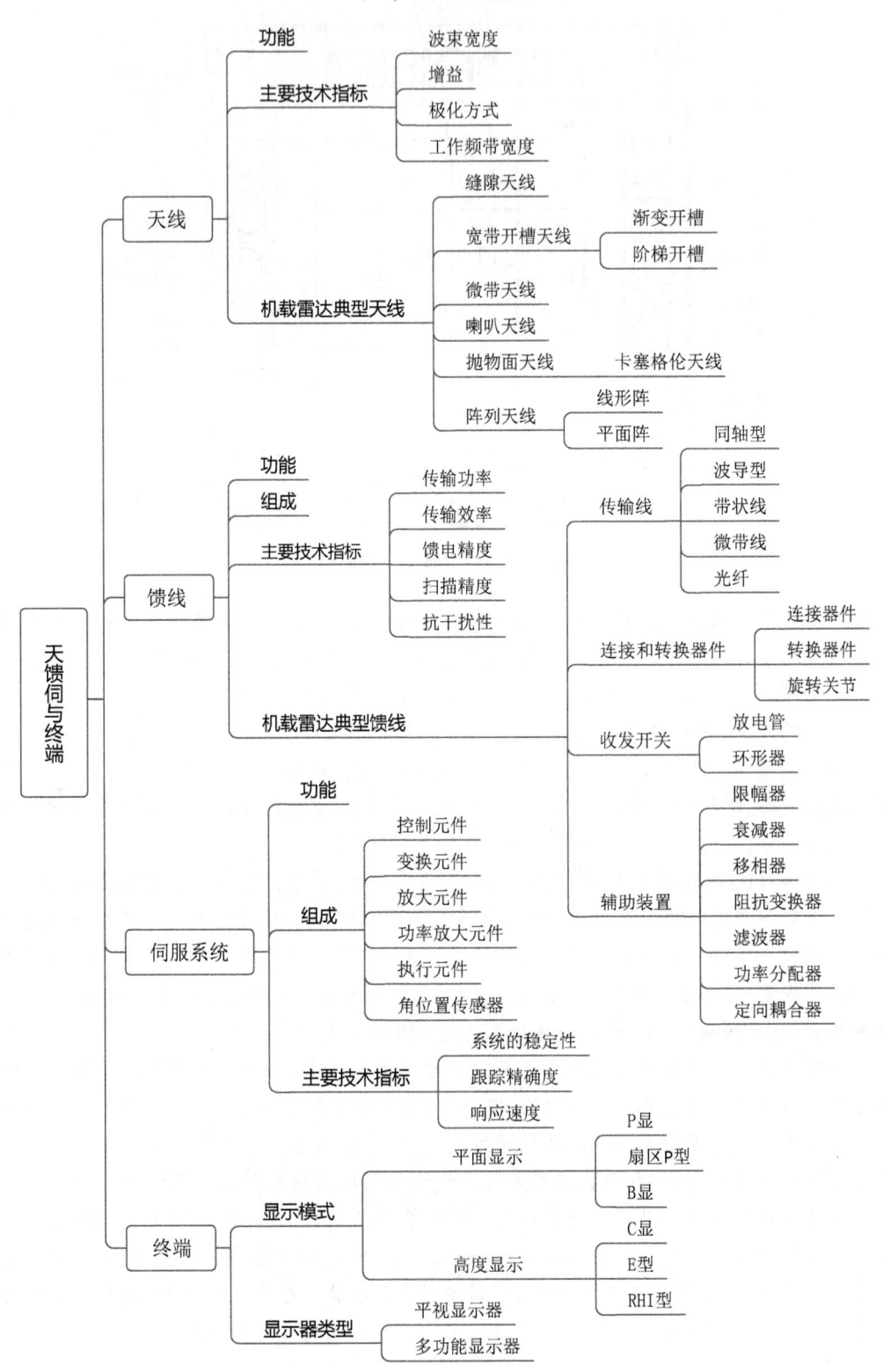

- 天馈伺与终端
  - 天线
    - 功能
    - 主要技术指标
      - 波束宽度
      - 增益
      - 极化方式
      - 工作频带宽度
    - 机载雷达典型天线
      - 缝隙天线
      - 宽带开槽天线
        - 渐变开槽
        - 阶梯开槽
      - 微带天线
      - 喇叭天线
      - 抛物面天线
        - 卡塞格伦天线
      - 阵列天线
        - 线形阵
        - 平面阵
  - 馈线
    - 功能
    - 组成
    - 主要技术指标
      - 传输功率
      - 传输效率
      - 馈电精度
      - 扫描精度
      - 抗干扰性
    - 机载雷达典型馈线
      - 传输线
        - 同轴型
        - 波导型
        - 带状线
        - 微带线
        - 光纤
      - 连接和转换器件
        - 连接器件
        - 转换器件
        - 旋转关节
      - 收发开关
        - 放电管
        - 环形器
      - 辅助装置
        - 限幅器
        - 衰减器
        - 移相器
        - 阻抗变换器
        - 滤波器
        - 功率分配器
        - 定向耦合器
  - 伺服系统
    - 功能
    - 组成
      - 控制元件
      - 变换元件
      - 放大元件
      - 功率放大元件
      - 执行元件
      - 角位置传感器
    - 主要技术指标
      - 系统的稳定性
      - 跟踪精确度
      - 响应速度
  - 终端
    - 显示模式
      - 平面显示
        - P显
        - 扇区P型
        - B显
      - 高度显示
        - C显
        - E型
        - RHI型
    - 显示器类型
      - 平视显示器
      - 多功能显示器

习 题

1. 简述典型雷达天线的主要形式和特点。
2. 对比分析阵列天线与面天线的优缺点。
3. 简述机载雷达典型馈线的类型及作用。
4. 伺服驱动系统维修保障需要注意的问题有哪些?
5. 简述雷达显示器的主要类型及其特点。

第 5 章
目标信号检测

雷达接收的信号中,不但有目标回波信号,也存在内部噪声、杂波以及干扰等信号,所以雷达目标信号检测是在内部噪声、杂波和干扰的条件下进行的。在本教材中,将内部噪声、杂波和干扰统称为噪声。由于噪声的起伏特性,判断目标回波信号是否出现也成为一个统计问题,必须按照某种统计检测标准进行判断。

5.1 门 限 检 测

由于噪声的起伏特性,判断信号是否出现也成为一个统计问题,必须按照某种统计检测标准进行判断。接收检测系统首先在中频部分对单个脉冲信号进行匹配滤波,接着进行检波,通常是在 n 个脉冲积累后再检测,故先对检波后的 n 个脉冲进行加权积累,然后将积累输出与某一门限电压进行比较,若输出包络超过门限,则认为目标存在,否则认为没有目标,这就是门限检测。图 5-1 画出了信号加噪声的包络特性。由于噪声的随机特性,接收机输出的包络出现起伏。A、B、C 表示信号加噪声的波形上的几个点,检测时设置一个门限电平,如果包络电压超过门限值,则认为检测到一个目标。在 A 点信号比较强,要检测目标是不困难的。在 B 点和 C 点,虽然目标回波的幅度是相同的,但叠加了噪声之后,在 B 点的总幅度刚刚达到门限值,也可以检测到目标;而在 C 点时,由于噪声的影响,其合成振幅较小而不能超过门限,这时就会丢失目标。当然也可以用降低门限电平的办法来检测 C 点的信号或其他弱回波信号,但降低门限后,只有噪声存在时,其尖峰超过门限电平的概率也增大了。噪声超过门限电平而误认为信号的事件称为虚警(虚假的警报),是需要设法避免或减小的事件。检测时门限电压的高低,影响两种错误判断的多少:一是有信号而误判为没有信号(漏警);二是只有噪声时误判为有信号(虚警)。应根据两种误判的影响大小来选择合适的门限。

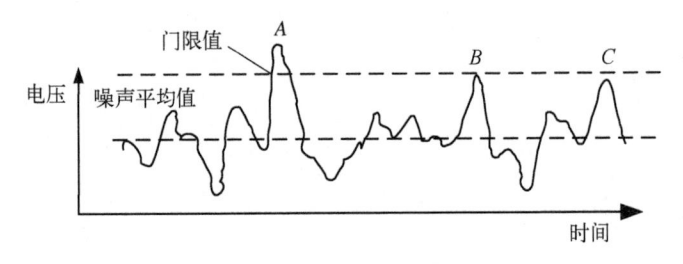

图 5-1 接收机输出典型包络

门限检测是一种统计检测,由于信号叠加有噪声,所以总输出是一个随机量。在输出端根据输出振幅是否超过门限来判断有无目标存在,可能出现以下四种情况:

(1) 存在目标时,判为有目标,这是正确判断,称为发现,它的概率称为发现概率 P_d;

(2) 存在目标时,判为无目标,这是错误判断,称为漏报,它的概率称为漏报概率 P_{la};

(3) 不存在目标时判为无目标,称为正确不发现,它的概率称为正确不发现概率 P_{an};

(4) 不存在目标时判为有目标,称为虚警,这是错误判断,它的概率称为虚警概率 P_{fa}。

显然四种概率存在以下关系:$P_d + P_{la} = 1$,$P_{an} + P_{fa} = 1$。每对概率只要知道其中一个就可以了。奈曼-皮尔逊准则在雷达信号检测中应用较广,这个准则要求在给定信噪比条件下,满足一定虚警概率 P_{fa} 时的发现概率 P_d 最大。

描述虚警的参数除了虚警概率,有时候还用虚警数和虚警时间 t_{fa} 表示。虚警数指在规定的条件下,出现虚警的次数。虚警时间指两次虚警之间的平均间隔时间。

5.2 雷达方程

对于同一个目标,随着目标距离的增加,雷达接收的回波信号逐渐减小。当回波信号减小到雷达刚好检测不到时,雷达对此目标的探测距离达到最大。随着目标距离的进一步增加,回波信号进一步减小,雷达不再能够检测到该目标。这个最大探测距离即为雷达最大作用距离。分析雷达作用距离的工具便是雷达方程。雷达方程集中反映了与雷达探测距离有关的因素以及它们之间的相互关系。研究雷达方程可以用它来估算雷达的作用距离,同时可以深入理解雷达工作时各分机参数的影响,对于雷达系统设计中正确地选择分机参数有重要的指导作用。

5.2.1 基本方程

雷达辐射的电磁波照射到目标引起反射回波被雷达天线接收,如图 5-2 所示。

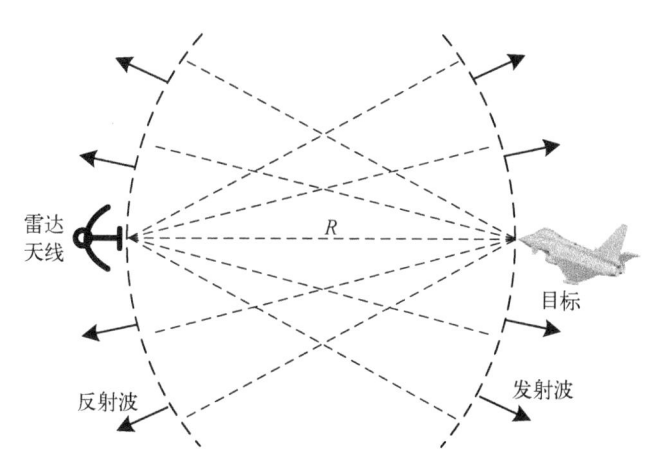

图 5-2 雷达波的发射和反射

设雷达发射功率为 P_t,雷达天线的增益为 G_t,则在自由空间工作时,距雷达天线 R 远的目标处的功率密度 S_1 为

$$S_1 = \frac{P_t G_t}{4\pi R^2} \tag{5-1}$$

目标受到发射电磁波的照射,因其散射特性而将产生散射回波。散射功率的大小显然和目标所在点的雷达发射功率密度 S_1 以及目标的特性有关。暂时用目标的雷达散射截面积 σ(其量纲是面积)来表征其散射特性。目标的雷达散射截面积可等效为一个具有一定反射面积的平面,该平面能够将雷达发射的电磁波以镜面反射的形式反射至雷达天线。则可得到由目标散射(二次辐射)的功率为

$$P_2 = \sigma S_1 = \frac{P_t G_t \sigma}{4\pi R^2} \tag{5-2}$$

又假设 P_2 均匀地辐射,则在接收天线处收到的回波功率密度为

$$S_2 = \frac{P_2}{4\pi R^2} = \frac{P_t G_t \sigma}{(4\pi R^2)^2} \tag{5-3}$$

如果雷达接收天线的有效接收面积为 A_r,则在雷达接收处接收回波功率为 P_r,而

$$P_r = A_r S_2 = \frac{P_t G_t \sigma A_r}{(4\pi)^2 R^4} \tag{5-4}$$

单基地脉冲雷达通常收发共用天线,即 $G_t = G_r = G$,$A_t = A_r = A$,将此关系式代入以上两式即可得

$$P_r = \frac{P_t G \sigma A}{(4\pi)^2 R^4} \tag{5-5}$$

对于无源天线,天线增益 G 和天线有效面积 A、雷达工作波长 λ 之间的关系为

$$G = \frac{4\pi A}{\lambda^2} \tag{5-6}$$

由式(5-5)可看出,接收的回波功率 P_r 反比于目标与雷达间的距离 R 的四次方,这是因为一次雷达中,反射功率经过往返双倍的距离路程,能量衰减很大。接收到的功率 P_r 必须超过最小可检测信号功率 $S_{i\min}$,雷达才能可靠地发现目标,当 P_r 正好等于 $S_{i\min}$ 时,就可得到雷达检测该目标的最大作用距离 $R_{\max}$。因为超过这个距离,接收的信号功率 P_r 进一步减小,就不能可靠地检测到该目标。它们的关系式可以表达为

$$R_{\max} = \left[\frac{P_t G \sigma A}{(4\pi)^2 S_{i\min}} \right]^{1/4} \tag{5-7}$$

根据接收机的知识,接收机最小可检测的信号功率 $S_{i\min}$,即接收机的灵敏度,可表

示为

$$S_{\text{i min}} = kT_0 B_n F_0 \left(\frac{S}{N}\right)_{\text{o min}} \tag{5-8}$$

将式(5-8)代入雷达方程的基本表达式中,雷达方程改写为

$$R_{\max} = \left[\frac{P_t G \sigma A}{(4\pi)^2 kT_0 B_n F_0 \left(\frac{S}{N}\right)_{\text{o min}}}\right]^{1/4} \tag{5-9}$$

对于发射脉冲具有矩形包络的情况,最佳接收机能够输出最大的信号噪声比,此时接收机的带宽约等于信号脉冲宽度的倒数,即

$$B_n \approx \frac{1}{\tau} \tag{5-10}$$

当用信号能量

$$E_t = P_t \tau = \int_0^\tau P_t \mathrm{d}t \tag{5-11}$$

代替脉冲功率 P_t,用检测因子 $D_0 = (S/N)_{\text{o min}}$ 替换雷达距离方程式(5-9)时,即可得到用检测因子 D_0 表示的雷达方程为

$$R_{\max} = \left[\frac{P_t \tau G \sigma A}{(4\pi)^2 kTF_0 D_0 C_B}\right]^{1/4} = \left[\frac{E_t G \sigma A}{(4\pi)^2 kTF_0 D_0 C_B}\right]^{1/4} \tag{5-12}$$

式(5-12)中增加了带宽校正因子 $C_B \geq 1$,它表示接收机带宽失配所带来的信噪比损失,匹配时 $C_B = 1$。L 表示雷达各部分损耗引入的损失系数。

用检测因子 D_0 和能量 E_t 表示的雷达方程有以下优点:

(1) 当雷达在检测目标之前有多个脉冲可以积累时,由于积累可改善信噪比,故此时检波器输入端的 $D_0(n)$ 值将下降。因此可表明雷达作用距离和脉冲积累数 n 之间的简明关系,可计算和绘制出标准曲线供查用。

(2) 用能量表示的雷达方程适用于当雷达使用各种复杂脉压信号的情况。只要知道脉冲功率及发射脉宽就可以用来估算作用距离而不必考虑具体的波形参数。

5.2.2 目标的雷达散射截面积

不同的目标,对电磁波的反射能力不同;同一个目标,在不同条件下,对电磁波的反射能力也不相同。常用目标的雷达散射截面积(radar cross section, RCS)来衡量目标对雷达电磁波的散射能力,用符号 σ 来表示。RCS 是一个假想面积,该面积截获雷达发射的电磁波并向所有方向均匀散射,使得单位立体角内雷达接收到的回波功率与来自目标反射的回波功率相等。

在雷达接收点处单位立体角内的散射功率为

$$P_\Delta = P_2/4\pi = \sigma S_1/4\pi \qquad (5-13)$$

从而可得

$$\sigma = 4\pi \frac{P_\Delta}{S_1} \qquad (5-14)$$

此即 RCS 的通用定义。

5.2.3 方程讨论

能否根据雷达方程计算出雷达在自由空间的最大探测距离呢？单从雷达方程式计算还不行，实际的最大探测距离同计算结果不相符合，往往是小于理论计算结果。其原因有二：一是雷达方程只是一种理想情况，还没有考虑雷达实际工作中存在的各种损耗（有雷达机本身的损耗，还有电波传播过程中的损耗）。另外一个因素是雷达方程中某些参数的统计性质。目标散射截面积 σ 和最小可检测信噪比 $(S_o/N_o)_{\min}$ 便具有统计性质，电波传播的大气损耗也具有统计性质。这样就不能要求只用一个数值来表示雷达对某种目标的发现距离，而是只能这样来表述：在自由空间雷达对某种特定目标，在特定的距离上，发现的概率是多少。

雷达实际工作中的各项损耗如下：

1) 发射传输损耗和接收传输损耗

发射传输损耗指从发射机末级输出端至发射天线的一切损耗，包括馈线损耗、收发开关损耗以及其他器件的吸收和损耗。接收传输损耗是从接收天线至接收机输入端的一切损耗。大型的结构复杂的雷达，这些损耗必然大，简单的雷达则较小，其差别很大。

2) 天线方向图损耗

雷达天线在扫描时，波束扫过目标，回波脉冲幅度被天线方向图形所调制。只有当天线波束中心线对准目标时才有最大的回波幅度，相当于雷达方程中的最大天线增益 G，而在其两侧回波脉冲幅度均小于最大值。这种影响用天线方向图损耗来估计。

3) 大气衰减损耗

电磁波在大气中传播有衰减现象，由此造成损耗。此项损耗与雷达工作波长有很大的关系。一般波长在 20 厘米以上的电磁波，大气衰减很小；波长小于 20 厘米，尤其是在 10 厘米以下，大气衰减损耗就明显增加。这就是往往一部分超短波雷达的发射功率小于微波雷达，而其探测距离却大于微波雷达的原因之一。产生大气衰减的原因是大气中的云、雨、雾等水滴将雷达波散射了一部分，也有一部分被其吸收变成热量损耗。此外，大气中的氧、氮、水蒸气等分子也会吸收一部分雷达波能量。而且大气衰减是双程的。

4) 设备的非理想性所引起的损耗

在整个雷达系统中，发射管的输出功率、接收机的噪声系数等并不完全等于额定值，接收机的特性偏离最佳匹配滤波特性，还有成批产品的每个器件性能不完全一致等，均会造成一定的损耗。此种损耗难以估算。

以上列出的损耗是不完全的，特殊的雷达均有其特殊的损耗项目需要加上。当把这些损耗项目都加以估算，包括到雷达方程中去，才使它较为接近实际一些。这样看来，精确计算雷达的最大探测距离是比较复杂的事情。在实用上,常常通过试验来获得 R_{max} 的数据。

5.3 脉冲积累

实际工作的雷达都是在多个脉冲观测的基础上进行检测的。对 n 个脉冲观测的结果是一个积累的过程,积累可简单地理解为 n 个脉冲叠加起来的作用。早期雷达的积累方法是依靠显示器荧光屏的余辉结合操纵员的眼和脑的积累作用而完成的,而在自动门限检测时,则要用到专门的电子设备来完成脉冲积累,然后对积累后的信号进行检测判决。

多个脉冲积累后可以有效地提高信噪比,从而改善雷达的检测能力。积累可以在包络检波前完成,称为检波前积累或中频积累。信号在中频积累时要求信号间有严格的相位关系,即信号是相参的,所以又称为相参积累。零中频信号可保留相位信息,可实现相参积累,是当前常用的方法。此外,积累也可以在包络检波后完成,称为检波后积累或视频积累。由于信号在包络检波后失去了相位信息而只保留下幅度信息,因而检波后积累就不需要信号间有严格的相位关系,因此又称为非相参积累。

5.3.1 相参积累

将 M 个等幅相参中频脉冲信号进行相参积累,可以使信噪比 S/N 提高为原来的 M 倍。这是因为相邻周期的中频回波信号按严格的相位关系同相相加,因此积累相加的结果信号电压可提高为原来的 M 倍,相应的功率提高为原来的 M^2 倍,而噪声是随机的,相邻脉冲重复周期的噪声满足统计独立条件,积累的效果是平均功率相加而使总噪声功率提高为原来的 M 倍。这就是说相参积累的结果可以使输出信噪比提高 M 倍。相参积累也可以在零中频上用数字技术实现,因为零中频信号保存了中频信号的全部振幅和相位信息。脉冲多普勒雷达的信号处理是实现相参积累的一个很好实例。

对于理想的相参积累,M 个等幅脉冲积累后对检测因子 D_0 的影响是

$$D_0(M) = \frac{D_0(1)}{M} \tag{5-15}$$

式中,$D_0(M)$ 表示 M 个脉冲相参积累后的检测因子。因为这种积累使信噪比提高到 M 倍,所以在门限检测前达到相同信噪比时,检波器输入端所要求的单个脉冲信噪比 $D_0(M)$ 将减小到不积累时的 $D_0(1)$ 的 M 倍。

需要注意的是,相参积累不能应用于数目很大的脉冲,特别是如果目标的 RCS 变化很快时。另外,如果目标的径向加速度能够被补偿,相参积累时间可以扩大。

5.3.2 非相参积累

M 个等幅脉冲在包络(幅度)检波后进行理想积累时,信噪比的改善达不到 M 倍。这是因为包络检波的非线性作用,信号加噪声通过检波器时,还将增加信号与噪声的相互作用项而影响输出端的信号噪声比。特别当检波器输入端的信噪比较低时,在检波器输出

端信噪比的损失更大。非相参积累后信噪比的改善在 M 和 $\sqrt{M}$ 之间,当积累数 M 值很大时,信噪功率比的改善趋近于 $\sqrt{M}$。因而,非相参积累的信噪比改善要小于相参积累的信噪比改善。相参积累的性能常用积累损失的大小来表征。

积累损失 L 的定义是:在一定的虚警概率的条件下,为了达到所需的检测概率,M 个脉冲经非相参积累时折算到积累前所需的单个脉冲信噪比 SNR_1 与 M 个脉冲经相参积累时折算到积累前所需的单个脉冲信噪比 SNR_2 的比值被定义为积累损失。

$$L = 10\lg(SNR_1/SNR_2) \tag{5-16}$$

脉冲积累损失 L 不但与虚警概率、发现概率、积累脉冲数有关,还与信号能量有关。如果目标回波起伏不一样,非相参积累后信号能量的增加也是不一样的。因此,脉冲积累损失还与目标的起伏情况有关。

虽然视频积累的效果不如相参积累,但在许多场合还是采用它。其理由是:非相参积累的工程实现比较简单;对雷达的收发系统没有严格的相参性要求;对大多数运动目标来讲,其回波的起伏将明显破坏相邻回波信号的相位相参性,因此就是在雷达收发系统相参性很好的条件下,起伏回波也难以获得理想的相参积累。事实上,对快起伏的目标回波来讲,视频积累还将获得更好的检测效果。

脉冲串的非相参积累的实现方法较多,如滑窗积累器、反馈积累器、双极点滤波器等。图 5-3 所示为滑窗积累器,当输入信号被送入由 L 个延迟单元组成的延迟线时,每个单元的延迟时间等于脉冲重复周期。从接收机得到的新输出累加到先前的和上,且前面的 L 个脉冲接收到的输出被减掉以实现 L 个脉冲的滚动和。L 一般小于或等于脉冲串的总脉冲数 M。

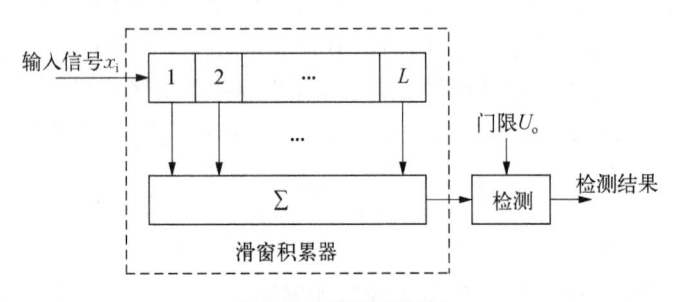

图 5-3 滑窗积累器

例如,当脉冲重复频率的数值很高时,在雷达天线波束扫过目标的驻留时间内,回波脉冲的数目可能很多,也许是一次相参积累脉冲数的几倍,所以在处理上可以用滤波后积累的方式提高探测性能。

中国反隐身雷达

中国电科首席科学家、反隐身雷达总师吴剑旗运用一种全新的雷达体制成功研制我国首型固定式和首型机动式米波反隐身雷达,从无到有形成了我国对隐身飞机预警监视和拦截引导作战能力的跨越,推动了我国反隐身米波雷达技术研究从"跟跑"到"领跑"的转变。在此之前,一些在武器装备上比较领先的国家,他们都认为米波这条路是走不通的,但是中国做到了。吴剑旗做客央视财经《对话》时表示:中国在2016年举行了珠海航展,先进米波雷达首次以实物的形式参加了珠海航展,国际上最有权威的武器杂志《简氏防务周刊》报道说,中国已经成为反隐身雷达的全球引领者;另外,2017年美国海军在制定2018年预算时,专门拨出了20亿美元,用于新型干扰机当中增加反先进米波雷达的对抗能力,这个主要是针对中国的先进米波雷达。以前美国认为米波雷达不会构成威胁,现在已经认为其对隐身飞机构成了威胁。

吴剑旗连续30多年从事反隐身先进米波雷达理论探索、预先研究和工程研制,守望蓝天30年,做了很多努力,反隐身雷达诞生时他并没有自满,他说他感觉这些年自主探索形成的路子走对了,沿着这条路未来还有很多事情要做。需要把这个事情做得更好,把整个国家反隐身的能力真正实现全覆盖还要做很大的努力。突破反隐身雷达技术是一场攻坚战。没有任何经验参考,吴剑旗团队的反隐身米波雷达技术研究,一切从零开始。从课题研究到理论建模,从设计方法到技术实现,都需要耐心的突破,吴剑旗带着他的团队一做就是三十多年。

2021年11月18日,吴剑旗当选为中国工程院院士。

本章思维导图

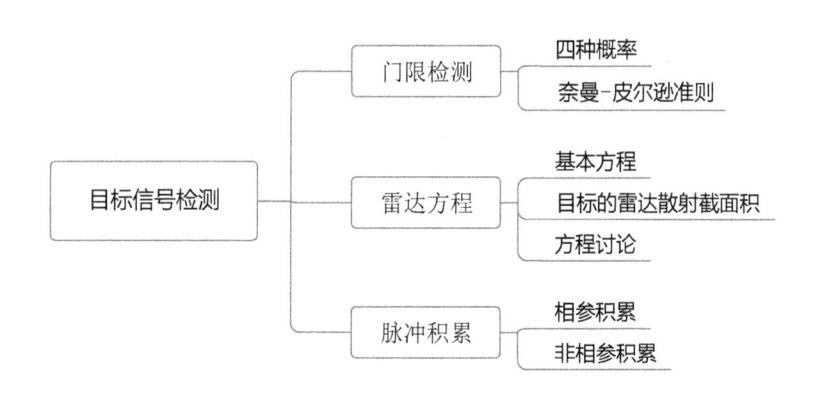

习　题

1. 简述门限检测的基本原理。
2. 简述雷达方程的作用。
3. 分析各类损耗对雷达作用距离的影响。
4. 查阅资料,分析第五代战斗机缩减雷达散射截面积的方法有哪些。
5. 分析相参脉冲积累对雷达作用距离的影响。
6. 对比分析相参积累与非相参积累的原理。
7. 某雷达工作频率为 5.6 GHz,天线增益 45 dB,峰值功率 1.5 MW,脉冲宽度 0.2 μs,接收机的标准温度 290 K,噪声系数 3 dB,系统损耗 4 dB。假设目标的 RCS 为 0.1 m²,雷达波束指向目标时,目标的距离为 75 km。

(1) 计算目标所在位置的雷达辐射功率密度;

(2) 计算雷达天线接收的目标散射信号功率;

(3) 若要求检测门限 $(SNR)_{min}$ 为 15 dB,计算雷达的最大作用距离。

第6章
目标参数测量

雷达在完成目标信号检测的基础上,实现对目标空间位置和运动速度等参数的基本测量,甚至提取更多的目标参数信息。对空中目标而言,雷达获取的原始参数主要为以雷达天线为中心的极坐标系下的斜距、方位角、高低角、径向速度。

6.1 距离测量

目标距离的测量是通过测定目标回波延迟时间 t_R 实现的。机载雷达常用的测量方法有脉冲延时法和调频法。

6.1.1 脉冲法测距

6.1.1.1 基本原理

对脉冲雷达来说,目标回波迟后发射脉冲的时间 t_R 通常是很短的,测距计时是微秒量级的。测量这样数量级的时间需要采用快速计时的方法。现代雷达常常采用电子测量电路系统自动地测量目标回波的延迟时间 t_R,这种系统常称为测距系统。这种系统通常用来对一个目标的距离进行连续、精确地测定(距离自动跟踪),并将目标距离数据以电信号的形式表示出来,并输出给任务系统使用。

先进的采用计算机控制的数字处理现代雷达是采用距离门的方法来测定目标回波的迟后时间的。将雷达的一个发射周期等分为 N 个小单位时间,每个小单位时间(通常等于最小发射脉冲宽度)就称为距离单元,或称为距离门,如图 6-1 所示。只要测知哪个距离门内有目标回波脉冲,则目标回波的迟后时间(距离)就可由该距离门的距离单元序号与单位时间相乘得到。

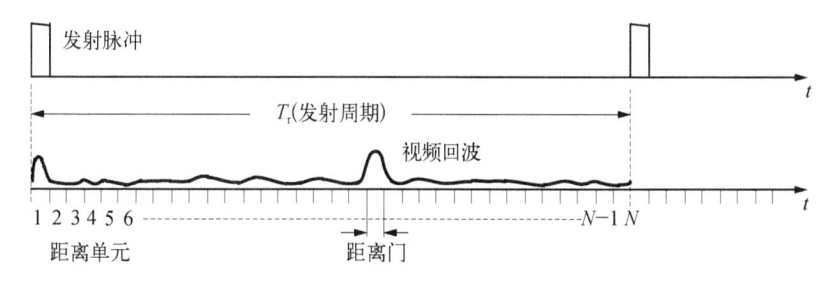

图 6-1 距离门与距离单元

经过信号检测处理得到了目标的距离位置数据,此数据一般称为是目标视在(观测)距离数据,即在一个发射周期的视在时间窗口(信号检测的时间窗口 T_r)里的位置数据。此位置数据并不一定是目标的真实距离,需要经过数据处理(解模糊)得到目标的真实距离。

信号处理计算机对接收机输出的视频回波信号进行采样的间隔通常是一个距离门宽度,这样每一个目标回波信号就可以在一个或两个距离单元中被采样到(距离门宽度等于发射脉冲宽度时)。

6.1.1.2 距离分辨力和测距范围

1) 距离分辨力

距离分辨力是指同一方向上两个大小相等点目标之间最小可区分距离。

用电子方法测距或自动测距时,距离分辨力由脉冲宽度 τ 或波门宽度 τ_e 决定,如图 6-2 所示。

脉冲越窄,距离分辨力越好。对于简单脉冲,有 $\tau = 1/B$。对于复杂的脉冲压缩信号,决定距离分辨力的是雷达信号的有效带宽 B,有效带宽越宽,距离分辨力越好。因此,距离分辨率 Δr_c 可表示为

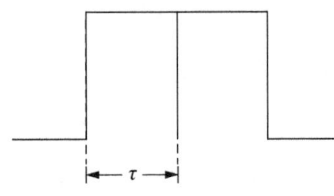

图 6-2 时间上相距 τ 的两个理想点目标的回波信号

$$\Delta r_c = \frac{c}{2B} \quad (6-1)$$

2) 测距范围

测距范围包括最小可测距离和最大单值测距范围。最小可测距离是指雷达能测量的最近目标的距离。脉冲雷达收发共用天线,在发射脉冲宽度 τ 时间内,接收机和天线馈线系统间是"断开"的,不能正常接收目标回波,发射脉冲过去后天线收发开关恢复到接收状态,也需要时间 t_0,在这段时间内,由于不能正常接收回波信号,因此这段时间是雷达的盲区。因此,雷达的最小可测距离 R_{min} 为

$$R_{min} = \frac{1}{2}c(\tau + t_0) \quad (6-2)$$

雷达的最大单值测距范围由其脉冲重复周期 T_r 决定(或者说 T_r 是脉冲雷达进行时域检测窗口的宽度)。为保证单值测距,通常应选取脉冲重复周期 T_r 为

$$T_r \geq \frac{2}{c}R_{max} \quad (6-3)$$

式中,R_{max} 为雷达的最大作用距离。当脉冲重复周期不能满足上述关系时,将会产生距离模糊问题。

6.1.1.3 距离模糊及其解决办法

1) 距离模糊

目标距离模糊是指检测出来的目标距离数据不一定是目标的真实距离数据。单一目标回波距离模糊的程度一般用往返传播时间所跨越的脉冲周期数来衡量,也就是用目标

的回波是在其对应的发射脉冲之后的第几个脉冲周期收到来衡量。第一个发射脉冲周期内即能收到的回波称为单次发射周期回波,而在以后的各个周期内才能收到的回波称为多次发射周期回波。

对于某一给定的脉冲重复频率,能够收到的单次反射回波的最大距离称为不模糊距离。不模糊距离可表示为

$$R_u = \frac{c}{2} T_r \quad (6-4)$$

可以看出,PRF越高,雷达不模糊距离越近,则雷达接收的目标回波的距离模糊程度越高;PRF越低,则不模糊距离越远,目标回波发生距离模糊的程度越低。

当存在距离模糊时,目标的真实距离可表示为

$$R = \frac{c}{2}(mT_r + t_R) \quad (6-5)$$

式中,m 为自然数,称为距离模糊值,表示距离模糊的程度。

因此在检测出目标的视在距离数据后,还需要进一步进行数据处理,才能得到目标的真实距离数据,这种处理称为解模糊处理。

2) 解距离模糊的处理方法

脉冲雷达解决距离模糊的方法,通常是 PRF 转换法,即根据不同 PRF 时测得的视在距离值,采用计算的方法求解目标的真实距离和速度值。通常采用二重或三重 PRF 解决距离模糊问题。对大多数战斗机应用来说,PRF 数都取得足够低,以保证 PRF 的转换切实可行。

以二重复频率为例,设重复频率分别为 f_{r1} 和 f_{r2},它们都不能满足不模糊测距的要求。f_{r1} 和 f_{r2} 具有公约频率 f_r:

$$f_r = \frac{f_{r1}}{N} = \frac{f_{r2}}{N+a} \quad (6-6)$$

式中,N 和 a 为正整数,常选 $a=1$,使 N 和 $N+a$ 为互质数。f_r 的选择应保证不模糊测距。

雷达以 f_{r1} 和 f_{r2} 的重复频率交替发射脉冲信号。通过记忆重合装置,将不同的 f_r 发射信号进行重合,重合后的输出是重复频率 f_r 的脉冲串。同样也可得到重合后的接收脉冲串,两者之间的时延代表目标的真实距离,如图 6-3 所示。

回波信号的延迟时间可表示为

$$t_R = t_1 + \frac{n_1}{f_{r1}} = t_2 + \frac{n_2}{f_{r2}} \quad (6-7)$$

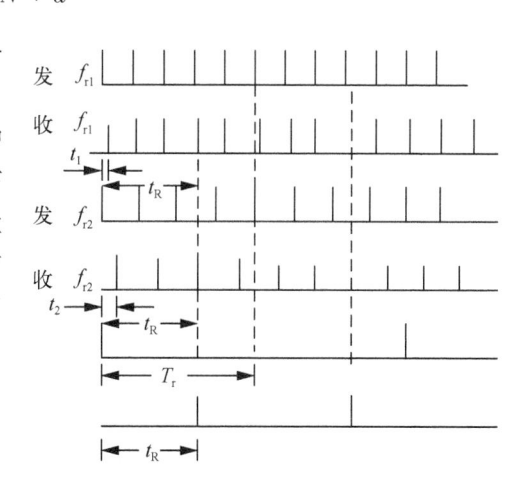

图 6-3 二重频解距离模糊

式中，n_1、n_2 分别为用 f_{r1} 和 f_{r2} 测距时的模糊数。当 $a=1$ 时，n_1 和 n_2 的关系可能有两种，即 $n_1 = n_2$ 或 $n_1 = n_2 + 1$，此时可算得

$$t_R = \frac{t_1 f_{r1} - t_2 f_{r2}}{f_{r1} - f_{r2}} \text{ 或 } t_R = \frac{t_1 f_{r1} - t_2 f_{r2} + 1}{f_{r1} - f_{r2}} \tag{6-8}$$

解距离模糊存在如下约束：

$$\text{LCM}(T_{r1}, T_{r2}, \cdots, T_{rM}) \geqslant t_{R\max} \tag{6-9}$$

式中，M 为脉冲重复频率的个数，LCM(lowest common multiple) 为最小公倍数，$t_{R\max}$ 为所关注最大距离目标对应的延迟时间。该式表明，检测到目标的 M 个脉冲重复间隔的最小公倍数必须大于等于所关注最大距离目标对应的延迟时间。

如果采用多个高重复频率测距，就能给出更大的不模糊距离。例如，在三重 PRF 时可利用余数定理解算目标的真实距离。

在三重 PRF 时，对应测得的三个视在距离数为 A_1、A_2、A_3，则目标的真实距离可按式(6-10)计算。

$$t_R = (C_1 A_1 + C_2 A_2 + C_3 A_3) \tau \bmod (m_1 m_2 m_3) \tag{6-10}$$

式中，m_1、m_2、m_3 为三个 PRF 的比值，常数 C_1、C_2、C_3 分别为

$$\begin{aligned} C_1 &= b_1 m_2 m_3 & C_1 \bmod(m_1) &\equiv 1 \\ C_2 &= b_2 m_1 m_3 & C_2 \bmod(m_2) &\equiv 1 \\ C_3 &= b_3 m_1 m_2 & C_3 \bmod(m_3) &\equiv 1 \end{aligned} \tag{6-11}$$

式中，b_1 是一个最小的正整数，它乘以 $m_2 m_3$ 后，再被 m_1 除，所得余数为 1。b_2、b_3 与 b_1 的求解方法相似，mod 表示取模运算。这样就可解算出目标的真实距离。

6.1.2 调频法测距

6.1.2.1 基本原理

脉冲法测距时由于重复频率高会产生距离模糊。为了判别模糊，可以采用对周期发射的脉冲信号加上某些可识别的标志。调频脉冲串就是可用的一种方法。该方法源于连续波线性调频测距方法。

脉冲调频时的发射信号频率如图 6-4 中实线所示，共分为三段，分别采用发射恒定频率、正斜率调频和负斜率调频。例如，在调频上升阶段，发射频率以恒定速率线性增加，各相继发射脉冲的频率依次略微升高。调频持续时间是最远目标回波延迟时间的至少几倍。回波信号频率变化的规律也在同一图上标出以便于比较。虚线所示为回波信号存在多普勒频移 f_d 时的频率变化，它相对于发射信号有

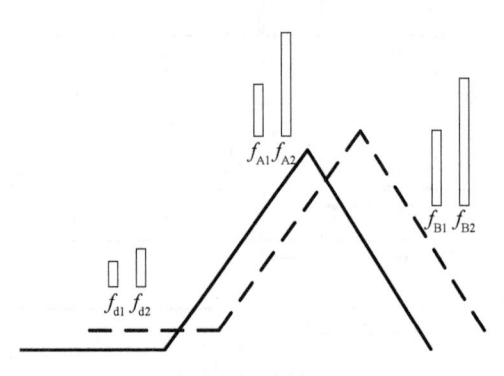

图 6-4 脉冲调频测距原理

一个固定延迟 t_R，即将发射信号的调频曲线向右平移 t_R 后，然后再向上抬高 f_d。

接收和发射之间的时间延迟被转化为频率差 Δf。调频斜率 $\mu = \Delta f/t_R$，可得无相对运动的目标 $t_R = \Delta f/\mu$。测出频率之差即可得到回波延迟时间。

如果目标和雷达之间存在相对运动，则 $\mu = (\Delta f + f_d)/t_R$，可得 $\Delta f = \mu t_R - f_d$。存在不确定量 f_d，因此需要增加恒定段，用来求 f_d。

存在多个目标时（如 A 和 B 两个目标），出现幻影问题，需要增加下降段。根据 $\mu = (f_A + f_d)/t_R$ 和 $\mu = (f_B - f_d)/t_R$，得 $f_B - f_A = 2f_d$。根据这三段信号频率的对应关系，就可解出目标的配对关系。

6.1.2.2 测距精度

调频测距的精度取决于两个基本因素：发射机频率变化的速率及测量差频频率的测量精度。

调频斜率越大，在给定的工作时间内，产生的频差也越大。频差越大，测频精度越高。

频率测量精度与每个调频工作段时间的长短有关，即随工作段的长度增加而提高。但在雷达搜索时，工作段的长度受天线波束扫过目标的时间（目标驻留时间）限制。特别是雷达或目标大机动时，雷达与目标的相对速度变化较快，多普勒频移测量精度受限。

由于目标驻留时间通常由其他条件确定，所以调频速率 μ 就成为决定测距精度的因素。但在空对空应用中，调频斜率受到严格的限制。

因此，在机载雷达搜索工作方式下，脉冲调频测距是相当不精确的，其测距精度在千米数量级。但是利用脉冲调频测距，可以实现在测速工作方式下对目标距离的测量，从而增加了对目标的检测数据，因此脉冲调频测距在应用上还是可行的。

6.1.3 距离跟踪

对目标不断观察即为跟踪。雷达对目标的距离进行连续、精确的测量过程称为距离跟踪。当这种跟踪过程由电子系统控制自动进行时，则称为自动距离跟踪或自动测距。控制雷达目标回波进行自动测距的电子系统就称为测距系统。

在计算机数据处理、控制的测距系统中，完成距离跟踪的处理及控制过程，涉及数据计算处理及对雷达硬件电路的工作控制两个方面。数据处理计算机进行距离跟踪的软件处理与控制过程如图 6-5 所示。

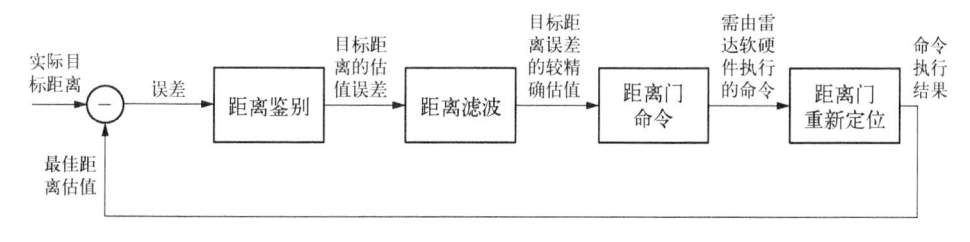

图 6-5 距离跟踪的处理与控制过程

距离跟踪的处理与控制过程有距离鉴别、距离滤波、距离门命令和距离门重新定位。

1）距离鉴别

距离鉴别处理用来鉴别目标回波偏离距离门中心位置的程度。与模拟式测距系统相对应，其完成的是时间鉴别器的任务。

在进入距离跟踪状态前经过截获过程，距离门已基本对准目标回波脉冲位置，即对截获的一个目标回波脉冲位置，已对应进行了两个采样位置（距离门）的采样，如图6-6所示。

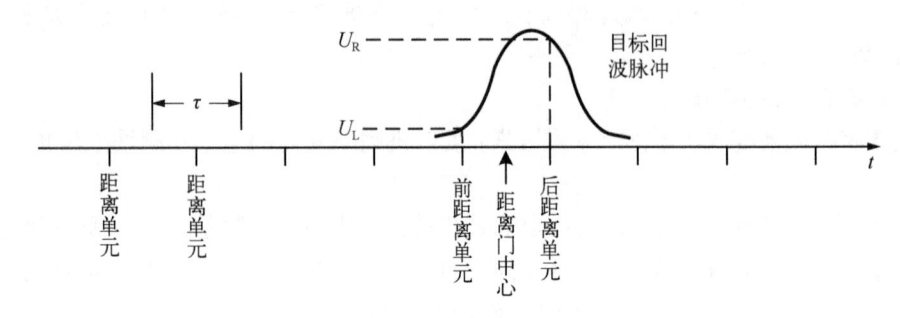

图6-6 被跟踪目标回波脉冲的采样位置

雷达接收机输出的视频目标回波脉冲（经过接收机检波器的低通滤波器输出），一般被低通滤波器展宽为发射脉冲宽度的两倍。这样在目标回波脉冲作用时间内有两个采样，两个采样位置（距离门）的采样分别称为前距离单元和后距离单元，距离门的宽度一般为发射脉冲的宽度。

依据两个前、后距离单元的采样数据进行处理，可以得到距离跟踪误差数据。这种处理称为距离鉴别，即鉴别距离门中心与目标回波中心之间的位置误差。距离鉴别的输出与距离门（估值，即对回波脉冲两次采样的位置）和目标回波的重合位置有关。当距离门中心和回波中心位置重合时，输出为零；反之输出不为零。即根据 ΔR 的正负和大小可以判断距离门位置偏离目标距离位置的方向和大小。

距离跟踪就是依据 ΔR 来调整距离门位置，使之与目标距离位置重合的过程。这种调整也是调整距离单元的采样时间，使其对目标回波的两个采样幅值相等。

2）距离滤波

距离滤波处理的任务是对由距离鉴别得到的距离误差按照控制器特性进行滤波处理，得到并输出目标距离、距离变化率和第三参数的估值。第三参数或是距离加速度，或是与其密切相关的参数。

由于是进行数据滤波处理，因此很容易实现二次积分环节控制特性。

3）距离门命令

距离门命令（控制采样时间位置的数据）是距离鉴别后的目标距离最佳估值。由于估值必须在距离鉴别进行之前作出，故它一定是一个预计值。产生的办法是依据滤波器给出的距离和距离变化率的估值，再用距离变化率进行线性内插，从而得到距离门位置数据。

4）距离门重新定位

距离门重新定位是通过将距离门命令转换为时间单位，并据此对采样时间（接收机

A/D 转换器的采样时钟)进行调整,使采样距离门中心向着减小重合误差的方向移动,直到重合误差等于零。

这样,在数据处理计算机的处理与控制下,距离门中心位置始终跟随目标回波中心位置,从而实现了对目标距离的跟踪测量,目标的距离数据由处理机输出,加到相应的系统。

6.2 角度测量

为了确定目标的空间位置,雷达不仅要测定目标的距离,而且还要测定目标的空间位置角度,即测定目标的角坐标,其中包括目标的方位角和俯仰角。

雷达测角的物理基础是电波在均匀介质中传播的直线性和雷达天线的方向性。在角度测量时,$\theta_{0.5}$ 的值表征了角度分辨能力并直接影响测角精度。

常用的测角方法可分为振幅法和相位法两大类。

6.2.1 振幅法测角

振幅法测角是利用天线接收的回波信号幅度值来进行角度测量。

雷达天线接收的回波信号幅度值的变化规律取决于天线方向图和天线扫描方式。振幅法测角可分为最大信号法和等信号法两大类,下面讨论这两类测角方法的基本原理。

6.2.1.1 最大信号法

当天线波束作圆周扫描或在一定扇形范围内作匀角速扫描时,对收发共用天线的脉冲雷达而言,接收机输出的脉冲串幅度值被天线双程方向图函数所调制。找出脉冲串的最大值(中心值),确定该时刻波束轴线的指向,即为目标所在方向,如图 6-7 所示。

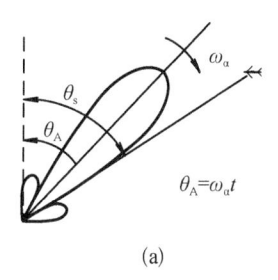

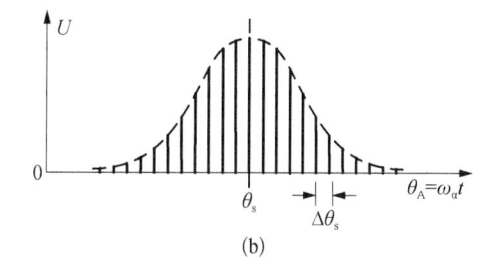

图 6-7 最大信号法测角

设天线转动角速度为 ω_α(°/s),脉冲雷达重复频率为 f_r,则两脉冲间的天线转角为

$$\Delta\theta_s = \frac{\omega_\alpha}{f_r} \tag{6-12}$$

这样,天线波束轴线(最大值)扫过目标方向 θ_r 时,不一定有回波脉冲,或者说,$\Delta\theta_s$ 表示测角的量化误差。

最大信号法测角的优点:一是简单;二是用天线方向图的最大值方向测角,此时回波最强,故信噪比最大,对检测发现目标是有利的。其主要缺点是直接测量时测量精度不很高,为波束半功率宽度的 20% 左右。因为方向图最大值附近特性比较平坦,最强点不易判别。另外,当目标位于方向图最大值两边时,无法通过回波信号的幅度和符号判别目标偏离的角度大小和方向,所以,无法用于自动测角。

因此,最大信号法测角通常用于雷达搜索状态下的角度测量。

6.2.1.2 等信号法

等信号法测角采用两个相同且彼此部分重叠的波束,其方向图如图 6-8(a)所示。如果目标处在两波束的交叠轴 OA 方向,则由两波束收到的信号强度相等,否则一个波束收到的信号强度高于另一个,如图 6-8(b)所示。常常称 OA 为等信号轴。当两个波束收到的回波信号相等时,等信号轴所指方向即为目标方向。如果目标处在 OB 方向,波束 2 的回波比波束 1 的强,处在 OC 方向时,波束 2 的回波较波束 1 的弱,因此,比较两个波束回波的强弱就可以判断目标偏离等信号轴的方向并可用查表的办法估计出偏离等信号轴的大小。

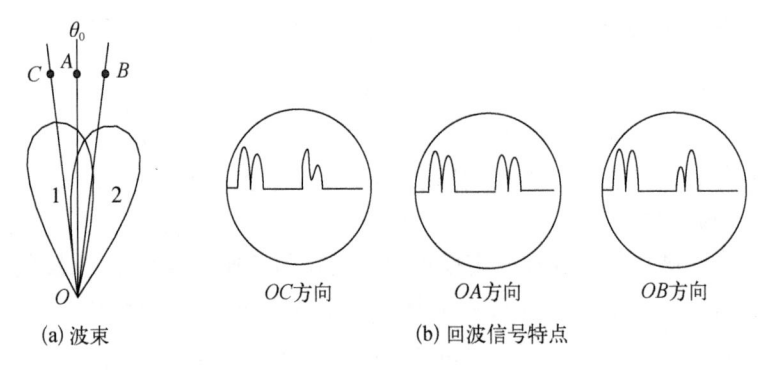

图 6-8 等信号法测角

设天线电压方向性函数为 $F(\theta)$,等信号轴 OA 的指向为 θ_0,则波束 1、2 的方向性函数可分别写成

$$F_1(\theta) = F(\theta_1) = F(\theta + \theta_k - \theta_0) \tag{6-13}$$

$$F_2(\theta) = F(\theta_2) = F(\theta - \theta_k - \theta_0) \tag{6-14}$$

式中,θ_k 为 θ_0 与波束最大值方向的偏角。

用等信号法测量时,波束 1 接收到的回波信号 $u_1 = KF_1(\theta) = KF(\theta_k - \theta_t)$,波束 2 收到的回波电压值 $u_2 = KF_2(\theta) = KF(-\theta_k - \theta_t) = KF(\theta_k + \theta_t)$。式中,$K$ 为比例系数;θ_t 为目标方向偏离等信号轴 θ_0 的角度,即 $\theta_t = \theta_0 - \theta$。对 u_1 和 u_2 信号进行处理,可以获得目标方向 θ_t 的信息。例如,采用比幅法时,两信号幅度的比值为

$$\frac{u_1(\theta)}{u_2(\theta)} = \frac{F(\theta_k - \theta_t)}{F(\theta_k + \theta_t)} \tag{6-15}$$

根据比值的大小可以判断目标偏离 θ_0 的方向,查找预先制定的表格就可估计出目标偏离 θ_0 的数值。

采用等信号法测角时,如果两个天线辐射波束可以同时存在,并且能从接收机得到两波束的回波信号,则称为同时波瓣法;如果采用一个天线辐射波束在时间上顺序在1、2位置交替出现,只要用一套接收系统工作,则称为顺序转换波瓣法。

等信号法测角的主要优点:一是测角精度比最大信号法高,因为等信号轴附近方向图斜率较大,目标略微偏离等信号轴时,两信号强度变化较显著;二是能够判别目标偏离等信号轴的方向,便于实现角度跟踪(连续自动测角)。等信号法的主要缺点是测角系统较复杂。

等信号法常用来进行自动测角,即应用于目标跟踪。

6.2.2 相位法测角

相位法测角利用多个天线所接收回波信号之间的相位差进行测角。如图6-9所示,设在 θ 方向有一远区目标,则到达接收点的目标所反射的电波近似为平面波。由于两天线间距为 d,故它们所收到的信号由于存在波程差 ΔR 而产生一相位差 φ。因此

$$\varphi = \frac{2\pi}{\lambda}\Delta R = \frac{2\pi}{\lambda}d\sin\theta \quad (6-16)$$

式中,λ 为雷达波长。如用相位计进行比相,测出其相位差 φ,就可以确定目标方向 θ。

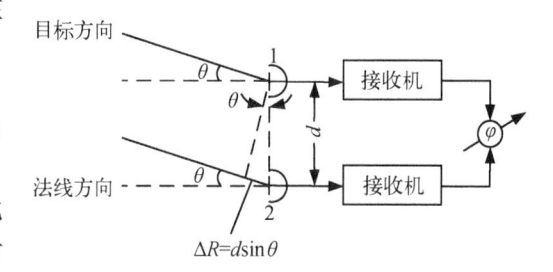

图 6-9 相位法测角的示意图

相位差 φ 值测量不准,将产生测角误差,将式(6-16)两边取微分,则它们之间的关系为

$$\mathrm{d}\varphi = \frac{2\pi}{\lambda}d\cos\theta\,\mathrm{d}\theta \quad (6-17)$$

$$\mathrm{d}\theta = \frac{\lambda}{2\pi d\cos\theta}\mathrm{d}\varphi \quad (6-18)$$

由式(6-18)看出,采用读数精度高的相位计,或减小 λ/d 值(增大 d/λ 值),均可提高测角精度。同时也注意到:当 $\theta=0$ 时,即目标处在天线的法线方向时,测角误差 $\mathrm{d}\theta$ 最小。当 θ 增大时,$\mathrm{d}\theta$ 也增大,为保证一定的测角精度,θ 的范围有一定的限制。

增大 d/λ 虽然可提高测角精度,但由式(6-16)可知,在感兴趣的 θ 范围(测角范围)内,当 d/λ 加大到一定程度时,φ 值可能超过 2π,此时 $\varphi = 2\pi N + \psi$,其中 N 为整数;$\psi < 2\pi$,而相位计实际读数为 ψ 值。由于 N 值未知,因而真实的 φ 值不能确定,就出现多值性(模糊)问题。必须解决多值性问题,即只有判定 N 值才能确定目标方向。比较有效的办法是利用三天线测角设备,间距大的1、3天线用来得到高精度测量,而间距小的1、2天线用来解决多值性,如图6-10

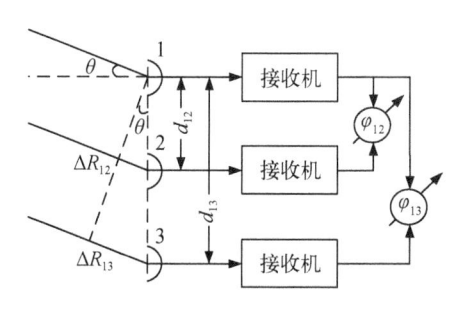

图 6-10 三天线相位法测角原理示意图

所示。

设目标在 θ 方向。天线1、2之间的距离为 d_{12}，天线1、3之间的距离为 d_{13}，适当选择 d_{12}，使天线1、2收到的信号之间的相位差在测角范围内均满足

$$\varphi_{12} = \frac{2\pi}{\lambda} d_{12} \sin\theta < 2\pi \tag{6-19}$$

φ_{12} 由相位计1读出。

根据要求，选择较大的 d_{13}，则天线1、3收到的信号的相位差为

$$\varphi_{13} = \frac{2\pi}{\lambda} d_{13} \sin\theta = 2\pi N + \psi \tag{6-20}$$

φ_{13} 由相位计2读出，但实际读数是小于 2π 的 ψ。为了确定 N 值，可利用如下关系：

$$\frac{\varphi_{13}}{\varphi_{12}} = \frac{d_{13}}{d_{12}} \qquad \varphi_{13} = \frac{d_{13}}{d_{12}} \varphi_{12} \tag{6-21}$$

根据相位计1的读数 φ_{12} 可算出 φ_{13}，但 φ_{12} 包含有相位计的读数误差，由式(6-21)标出的 φ_{13} 具有的误差为相位计误差的 d_{13}/d_{12} 倍，它只是式(6-20)的近似值，只要 φ_{12} 的读数误差值不大，就可用它确定 N，即 $(d_{13}/d_{12})\varphi_{12}$ 除以 2π，所得商的整数部分就是 N 值。然后由式(6-21)算出 φ_{13} 并确定 θ。由于 d_{13}/λ 值较大，保证了所要求的测角精度。

6.2.3 角度跟踪

6.2.3.1 单脉冲技术

目前军用雷达常用的角度跟踪技术为单脉冲测角技术。单脉冲自动测角属于同时波瓣测角法。

采用同时波瓣测角法进行测角时，在一个角平面内有两个相同的天线，它们的辐射波束部分重叠，其交叠方向即为等信号轴。将这两个天线同时接收到的回波信号进行比较，就可取得目标在这个平面上的角度误差信号。然后将此角度误差信号放大变换后加到驱动电机，控制天线向着减小误差的方向转动，直到天线的等信号轴对准目标方向。这种控制过程即为角度跟踪。目标的空间角度位置通过与天线随动的角度传感器输出。

由于两个天线同时接收目标回波，故单脉冲测角获得目标的角度误差信息的时间可以很短，理论上讲，只要分析一个回波脉冲就可以确定角度误差，所以叫单脉冲测角。这种方法可以获得比传统的圆锥扫描高得多的测角精度，故精密跟踪雷达常用单脉冲法测角。

关于单脉冲的含义，这里至少有两点需要说明。一是意味着可以从单个脉冲形成目标相对雷达的角度估计值，当然在实际系统中出于其他考虑，仍然用多个脉冲，但原理上单个脉冲就可以做到。二是单脉冲并不仅用于脉冲雷达，也可以用于连续波雷达，还可用于无源雷达(不发射)模式以跟踪外信号源或干扰源及其他非雷达应用。同样单脉冲或

与其类似的技术还可用于其他方面,例如无源定向、通信、导弹制导等。

单脉冲测角又可分为振幅单脉冲测角和相位单脉冲测角。理论上这两种方法的测角精度是等效的,但实际应用中多采用振幅单脉冲测角。振幅单脉冲测角要求天线形成一个和波束、一个方位差波束和一个俯仰差波束,并利用差波束的零深(凹口深度)对回波信号幅度的高灵敏度来提高测角精度。单脉冲测角的测量精度与信噪比等因素有关,在一般情况下,测角精度至少可以达到天线波束宽度的1/10。

在现有机载预警雷达中,上述两种方法均有采用,或混合使用。机载火控雷达多采用振幅单脉冲技术。

6.2.3.2 振幅和差单脉冲

1) 基本原理

图 6-11 示出了和差法测角原理,由 u_1 及 u_2 可求得其差值 $\Delta(\theta_t)$ 及和值 $\Sigma(\theta_t)$,即

$$\begin{aligned}\Delta(\theta) &= u_1(\theta) - u_2(\theta) \\ &= K[F(\theta_k - \theta_t) - F(\theta_k + \theta_t)]\end{aligned} \quad (6-22)$$

在等信号轴 $\theta = \theta_0$ 附近,差值 $\Delta(\theta)$ 可近似表示为

$$\Delta(\theta_t) \approx 2\theta_t \left.\frac{\mathrm{d}F(\theta)}{\mathrm{d}\theta}\right|_{\theta=\theta_0} K \quad (6-23)$$

而和信号 $\Sigma(\theta_t) = u_1(\theta) + u_2(\theta) = K[F(\theta_k - \theta_t) + F(\theta_k + \theta_t)]$ 在 θ_0 附近可近似表示为

$$\Sigma(\theta_t) \approx 2F(\theta_0)K \quad (6-24)$$

即可求得其和、差波束 $\Sigma(\theta)$ 与 $\Delta(\theta)$,如图 6-11 所示。归一化的和差值为

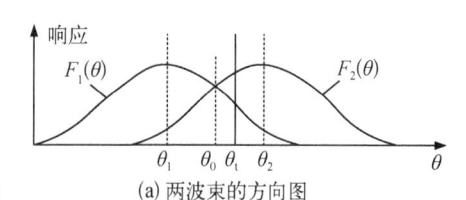

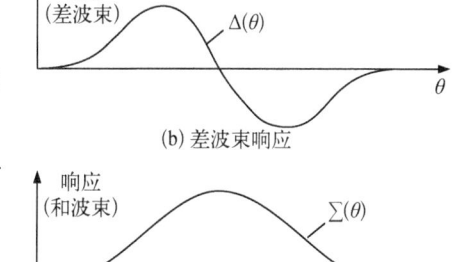

图 6-11 和差法测角原理图

$$\frac{\Delta}{\Sigma} = \frac{\theta_t}{F(\theta_0)} \left.\frac{\mathrm{d}F(\theta)}{\mathrm{d}\theta}\right|_{\theta=\theta_0} \quad (6-25)$$

因为 Δ/Σ 正比于目标偏离 θ_0 的角度 θ_t,故可用它来判读角度 θ_t 的大小及方向。

(1) 角误差信号。雷达天线在一个角平面内有两个部分重叠的波束,如图 6-12(a)所示,振幅和差式单脉冲雷达取得角误差信号的基本方法是将这两个波束同时收到的信号进行和、差处理,分别得到和信号与差信号。与和、差信号相应的和、差波束如图 6-12(b)、(c)所示。其中差信号即为该角平面内的角误差信号。

由图 6-12(a)可以看出:若目标处在天线轴线方向(等信号轴),误差角 $\varepsilon = 0$,则两波束收到的回波信号振幅相同,差信号等于零。目标偏离等信号轴而有一误差角 ε 时,差信号输出振幅与 ε 成正比,其符号(相位)由偏离的方向决定。和信号除用作目标检测和

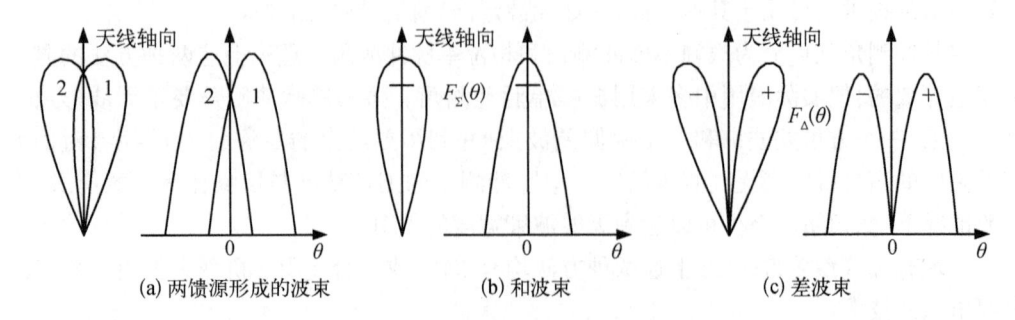

图 6-12 振幅和差单脉冲雷达波束图

(a) 两馈源形成的波束　(b) 和波束　(c) 差波束

距离跟踪外,还用作角误差信号的相位基准。

（2）和差比较器与和差波束。和差比较器(和差网络)是单脉冲雷达的重要部件,由它完成和、差处理,形成和差波束。用得较多的是双 T 接头和混合环接头,如图 6-13 所示。它们有四个端口：Σ(和)端、Δ(差)端和 1、2 端。假定四个端都是匹配的,则从 Σ 端输入信号时,1、2 端便输出等幅同相信号,Δ 端无输出;若从 1、2 端输入同相信号,则 Δ 端输出两者的差信号,Σ 端输出和信号。

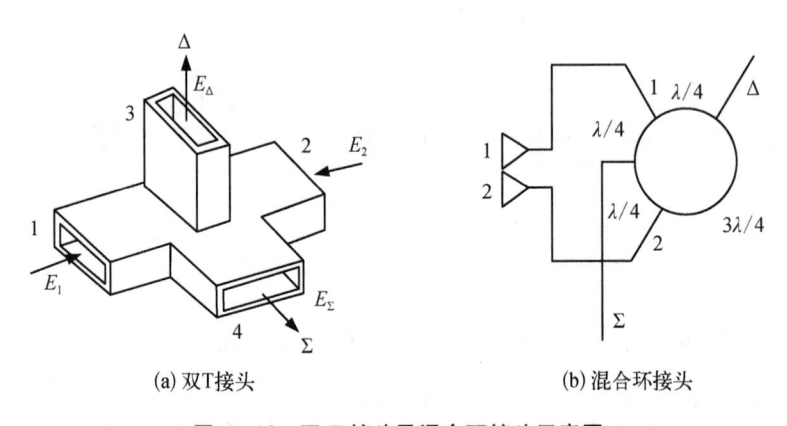

图 6-13 双 T 接头及混合环接头示意图

(a) 双 T 接头　(b) 混合环接头

发射时,从发射机来的信号加到和差比较器的 Σ 端,故 1、2 端输出等幅同相信号,两个馈源被同相激励,并辐射相同的功率,结果两波束在空间各点产生的场强同相相加,形成发射和波束 $F_\Sigma(\theta)$。

接收时,回波脉冲同时被两个波束的馈源所接收。两波束接收到的信号振幅有差异(视目标偏离天线轴线的程度),但相位相同(为了实现精密跟踪,波束通常做得很窄,对处在和波束照射范围内的目标,两馈源接收到的回波的波程差可忽略不计)。这两个相位相同的信号分别加到和差比较器的 1 端和 2 端。

这时,在 Σ(和)端,完成两信号同相相加,输出和信号。设和信号为 E_Σ,其振幅为两信号振幅之和,相位与到达和端的两信号的相位相同,且与目标偏离天线轴线的方向无关。

在和差比较器的 Δ(差)端,两信号反相相加,输出差信号,设为 E_Δ。若到达 Δ 端的两

信号用 E_1、E_2 表示,它们的振幅仍为 E_1、E_2,但相位相反,则差信号的振幅为

$$E_\Delta = |E_\Delta| = |E_1 - E_2| \tag{6-26}$$

E_Δ 与方向角 θ 的关系用上述同样方法求得

$$E_\Delta = kF_\Sigma(\theta)[F(\delta-\theta) - F(\delta+\theta)] = kF_\Sigma(\theta)F_\Delta(\theta) \tag{6-27}$$

式中,$F_\Delta(\theta) = F(\delta-\theta) - F(\delta+\theta)$,即和差比较器 Δ 端对应的接收方向性函数为原来两方向性函数之差,其方向图如图 6-12(c) 所示,称为差波束;δ 为两波束相对天线轴线的偏角。

E_Δ 的相位与 E_1、E_2 中的强者相同。例如,若目标偏在波束 1 一侧,则 $E_1 > E_2$,此时 E_Δ 与 E_1 同相;反之,则与 E_2 同相。由于在 Δ 端 E_1、E_2 相位相反,故目标偏向不同,E_Δ 的相位差 180°。因此,Δ 端输出差信号的振幅大小表明了目标误差角 ε 的大小,其相位则表示目标偏离天线轴线的方向。

和差比较器可以做到使和信号 E_Σ 的相位与 E_1、E_2 之一相同。由于 E_Σ 的相位与目标偏向无关,所以只需用和信号 E_Σ 的相位为基准,与差信号 E_Δ 的相位作比较,就可以鉴别目标的偏向。

总之,振幅和差单脉冲雷达依靠和差比较器的作用得到图 6-12 所示的和、差波束,差波束用于测量目标角度,和波束用于发射、观察目标和测量目标距离,和波束信号还用作差信号相位比较的基准。

差波束的零点深度称为零深,具体定义为差方向图中位于两个主瓣间的最小电平值与主瓣最大电平值之比,通常用分贝表示。零深影响测角的精度,零深越低,测角精度越高。一般要求零深在 -30 dB 左右。

(3) 相位检波器和角误差信号的变换。为了利用和差比较器差输出的目标角误差信号来控制天线角度跟踪目标,差信号经雷达接收机的差信号放大变换通道进行放大变换处理。

为了使输出的角度误差信号的大小与极性反映目标偏离天线轴线的角度大小及方向,差信号接收通道的检波器需采用相位检波器,而且用和信号作为相位检波的基准信号。

因为加在相位检波器上的中频和、差信号均为脉冲信号,故相位检波器输出为正或负极性的视频脉冲,其幅度与目标偏离天线轴线的角度大小成正比,脉冲的极性(正或负)反映了目标偏离天线轴线的方向。把相位检波器输出的视频脉冲变换成相应的直流误差电压后,加到伺服系统控制天线向减小角误差的方向运动,直到天线轴线对准目标。

在角度自动跟踪过程中,自动增益控制电路用以消除目标距离及目标截面积大小等对输出误差电压幅度的影响,使接收机输出的角度误差信号电压只取决于误差角而与距离等因素无关。

为避免多个目标同时进入角跟踪系统,造成角跟踪系统工作不正常,因此雷达进入角度跟踪之前必须先对单目标进行距离跟踪,并由距离跟踪系统输出一个距离跟踪波门,控制角度跟踪支路中放只让被选择的目标通过。

2) 单平面振幅和差式单脉冲雷达

根据上述原理,可画出单平面振幅和差单脉冲雷达的基本组成方框图,如图 6-14 所示。系统的简单工作过程为:发射信号加到和差比较器的 Σ 端,分别从 1、2 端输出同相激励两个馈源。接收时,两波束的馈源接收到的信号分别加到和差比较器的 1、2 端,Σ 端输出和信号,Δ 端输出差信号(高频角误差信号)。和、差两路信号分别经过各自的接收系统(称为和、差支路)。中放后,差信号作为相位检波器的一个输入信号。和信号分三路:一路经检波视放后作为测距和显示用;另一路用作和、差两支路的自动增益控制;再一路作为相位检波器的基准信号。和、差两中频信号在相位检波器进行相位检波,输出就是视频角误差信号,变成相应的直流误差电压后,加到伺服系统控制天线跟踪目标。和圆锥扫描雷达一样,进入角跟踪之前,必须先进行距离跟踪,并由距离跟踪系统输出一距离选通波门加到差支路中放,只让被选目标的角误差信号通过。

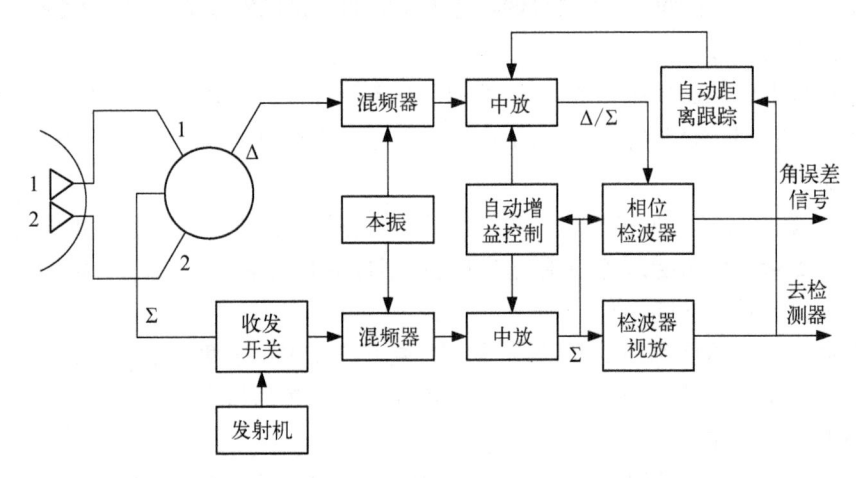

图 6-14　单平面振幅和差单脉冲雷达简化方框图

为了消除目标回波信号振幅变化(由目标大小、距离、有效散射面积变化引起)对自动跟踪系统的影响,必须采用自动增益控制。由和支路输出的和信号产生自动增益控制电压。该电压同时去控制和差支路的中放增益,这等效于用和信号对差信号进行归一化处理,同时又能保持和差通道的特性一致。可以证明,由和支路信号作自动增益控制后,和支路输出基本保持常量,而差支路输出经归一化处理后其误差电压只与误差角 ε 有关而与回波幅度变化无关。

3) 双平面振幅和差式单脉冲雷达

为了对目标的空间角度进行自动跟踪,必须在方位角和俯仰角两个平面上进行角度跟踪。为此,需要用四个馈源来构成振幅和差式单脉冲雷达天线,以形成四个对称的相互部分重叠的波束,如图 6-15 所示。在接收机中,有四个和差比较器和三路接收机放大变换通道(和支路、方位差支路、俯仰差支路)等。

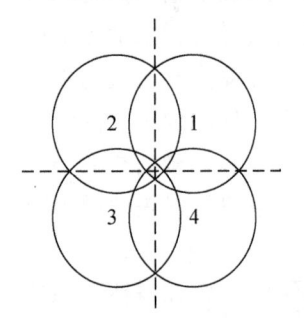

图 6-15　四个对称且部分重叠的波束

三通道比幅单脉冲跟踪雷达是最常用的单脉冲系统,工作中要求三路接收机的工作特性应严格一致(相移、增益)。各路接收机幅、相特性如果不一致,将会造成测角灵敏度降低并产生侧角误差。

在早期机械扫描雷达中,经常对差信号采用通道合并的方法,构成双通道接收机系统,即对方位差、俯仰差信号采用分时传输处理的方法,由接收机的一路放大变换通道进行传输处理。

6.3 速度测量

测定目标运动的相对速度可以从测量确定时间间隔的距离变化量 ΔR 而定,即 $V = \Delta R/\Delta t$。这种办法测速需要较长的时间,且不能测定其瞬时速度。一般来说,其测量的准确度也差,其数据只能作为粗测用。目标回波的多普勒频移是和其径向速度 V_r 成正比的,因此只要准确地测出其多普勒频移的数值和正、负,就可以确定目标运动的径向速度和方向。

6.3.1 多普勒效应测速

多普勒效应是奥地利物理学家多普勒于 19 世纪在声学领域中首先发现的。当观测者向着声源运动时,他收到的声波频率高于他在静止时收到的声波频率;当观测者远离声源而去时,他收到的声波频率低于他在静止时收到的声波频率。显然当声源运动,而观测者静止时,也会产生同样的效应。这就是众所周知的多普勒效应。多普勒效应不仅在声波传播中存在,同样也存在于电磁波传播中。对雷达而言,当雷达与目标之间存在相对运动时,多普勒效应体现在回波信号的频率与发射信号的频率不相等。雷达发射的电磁波信号遇到一个朝着雷达运动的目标时,由于多普勒效应,从这个目标散射回来的电磁波信号的频率将高于雷达的发射频率。同样,此反射信号被雷达接收时,由于多普勒效应,频率也相应增高。

下面来分析运动目标的多普勒频移大小与哪些因素有关。设目标与雷达之间的距离为 R,则电磁波从雷达发射又从目标反射到雷达,其双程路径为 $2R$,此路径包含有 $2R/\lambda$ 个雷达波长。

由于电磁波在空间传播的行程,使雷达接收的回波信号相比发射信号的相位滞后,其值为 $\varphi = 4\pi R/\lambda$。

当目标相对雷达运动时,R 与 φ 均随时间变化,则 φ 的变化率即为运动目标引起的目标回波多普勒角频率,即

$$\omega_d = \frac{d\varphi}{dt} = \frac{4\pi}{\lambda}\frac{dR}{dt} = \frac{4\pi}{\lambda}V_r = 2\pi\frac{2V_r}{\lambda} \tag{6-28}$$

式中,$V_r = \dfrac{dR}{dt}$ 为目标相对于雷达的距离变化率,即雷达与目标之间的径向速度。因此,目标回波的多普勒频率为

$$f_d = 2V_r/\lambda = 2V_r f_c/c \tag{6-29}$$

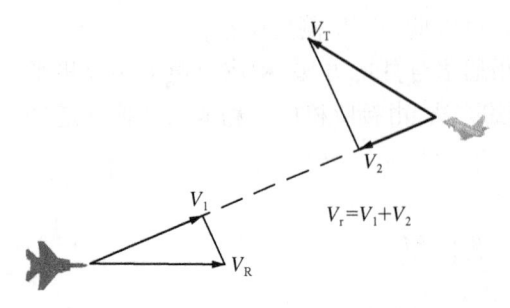

图 6-16 雷达与目标之间的相对径向速度

式(6-29)说明,由于目标和雷达之间存在有相对径向运动,使回波比发射频率 f_0 增加(或减少)了频移 f_d,称 f_d 为运动目标的多普勒频率(或频移)。其多普勒频率的大小与径向速度 V_r 成正比,而与雷达波长成反比。

对机载雷达而言,目标相对雷达的径向速度 V_r 的大小为雷达载机速度 V_R 与目标速度 V_T 在雷达对目标视线上的投影量之和,如图 6-16 所示。

6.3.2 回波频谱

对连续波雷达来说,其发射频率为单一频率,因此回波信号也是单一频率,其频谱为比较简单的一根谱线。而对脉冲雷达来说,其回波信号的频谱就比较复杂。

6.3.2.1 有限个数脉冲串信号的频谱

为了说明有限个数脉冲串信号的频谱特性,将单个脉冲信号、有限个数脉冲串、周期脉冲信号的频谱特性画在同一个图中,如图 6-17 所示。

图 6-17 中,有限个数脉冲串中脉冲的重复周期与周期脉冲信号的重复周期相同,所有脉冲的宽度都相同。从图 6-17 中可以得到以下结论。

(1) 单个矩形脉冲的频谱为连续频谱,在 $0 \leq \omega \leq 2\pi/\tau$ 的频率范围内,$F(\omega)$ 具有较大的数值,其频谱的频带宽度 $B = 1/\tau$。显然矩形脉冲的宽度越窄,则频带越宽。

(2) 周期脉冲信号的频谱是离散的,相邻谱线的间隔等于脉冲重复频率 ω_r,脉冲重复频率越低,相邻谱线越靠近;各次谐波的幅度与脉冲幅度 U 和脉冲宽度 τ 成正比,而且与脉冲重复频率成正比(与脉冲重复周期成反比);当 $n\omega_r = m \times 2\pi/\tau$ 时(m 是任意整数),谱线的包络线经过零值;周期脉冲信号的频带宽度 $B = 1/\tau$。

(3) 有限个数脉冲串信号的频谱具有以下特点:

① 频谱包络其与周期脉冲信号的频谱包络相同,频谱包络具有 $\sin x/x$ 形状,其宽度由脉冲宽度 τ 决定。

② 频谱由一些谱线组成,谱线间隔等于脉冲重复频率。每根谱线也都具有 $\sin x/x$ 形状。

③ 每根谱线具有一定的宽度(连续频谱),其宽度由脉冲串的长度决定:

$$LB = 2/\text{脉冲串长度} = 2/(NT_r) = 2f_r/N \qquad (6-30)$$

式中,LB 为零到零的谱线宽度;f_r 为脉冲重复频率;N 为脉冲串的脉冲个数;T_r 为脉冲的重复周期。

显然,随着脉冲串宽度的增长(脉冲个数增多),谱线宽度逐渐变窄;当脉冲串的长度无限长时,谱线宽度等于零,此时的频谱即为周期脉冲信号的离散频谱。

④ 相邻谱线之间存在的其他频谱分量称为频谱副瓣。频谱副瓣的幅度(能量)随脉冲串长度的增加而减小。

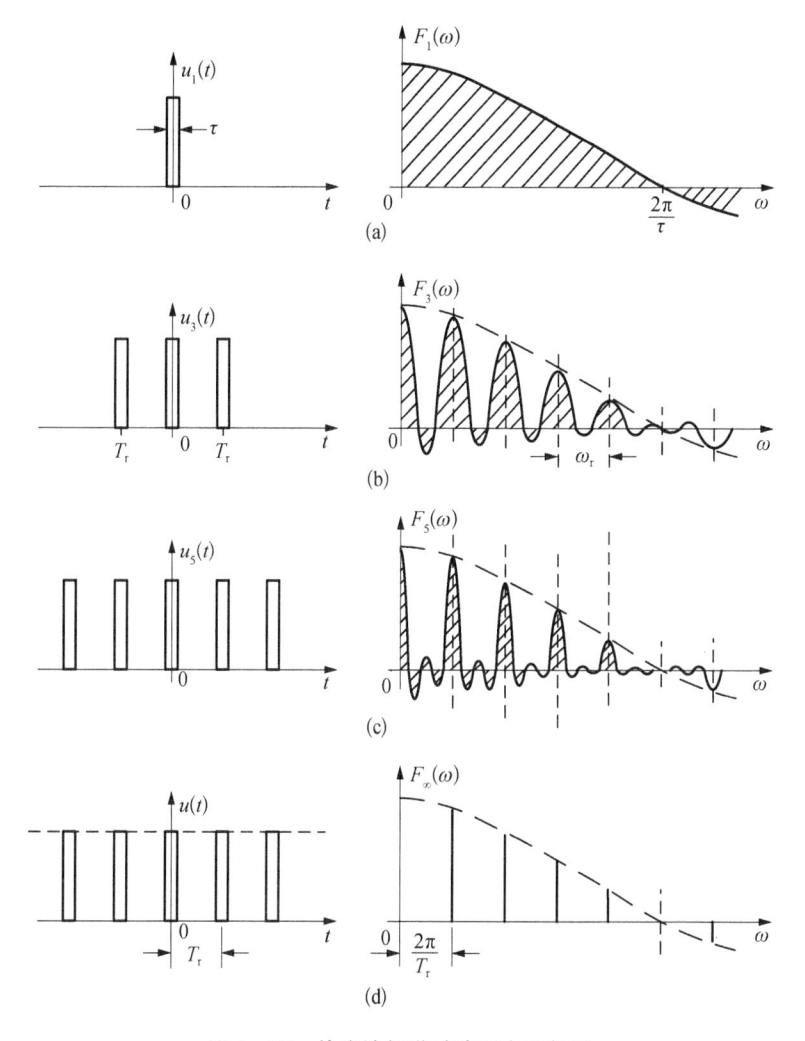

图 6-17 从连续频谱过渡到离散频谱

6.3.2.2 脉冲雷达信号的频谱

1) 射频脉冲信号的频谱

对相参雷达来说,雷达发射的每个射频脉冲都是从高稳定连续正弦波中截取下来的,具有很好的相参性。一般相参雷达的微波信号源具有高度稳定性,可以认为是单色信号,其数学表达式为

$$u_1(t) = U_1\cos\varphi_1 = U_1\cos(\omega_c t + \varphi_0) \tag{6-31}$$

式中,U_1 为信号幅度;φ_1 为信号的瞬时相位;ω_c 为信号的角频率;φ_0 为信号的初相角。

对此信号用周期脉冲信号调制,即得到射频脉冲信号,其数学表达式为

$$u(t) = f_1(t)u_1(t) = U_1 f_1(t)\cos(\omega_c t + \varphi_0) \tag{6-32}$$

式中,$f_1(t)$ 为周期脉冲函数。

对此信号进行傅里叶变换,其频谱函数为

$$F(\omega) = \frac{1}{2}e^{j\varphi_0}F(\omega - \omega_c) + \frac{1}{2}e^{-j\varphi_0}F(\omega + \omega_c) \qquad (6-33)$$

其频谱如图 6-18 所示。

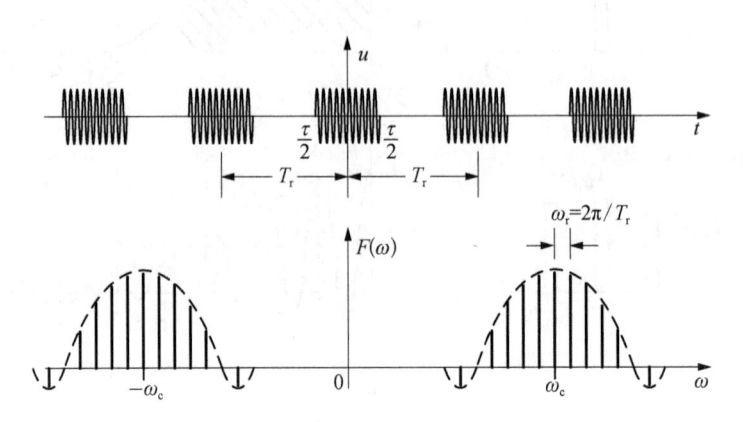

图 6-18　周期射频脉冲信号的频谱

从图 6-18 中可以看出,周期射频脉冲信号的频谱也为离散频谱,其包络与周期脉冲信号频谱包络相同,中心谱线频率为 ω_c。在中心谱线两边的谱线称为边带谱线。相邻谱线间隔为 ω_r 周期脉冲重复频率,其带宽由调脉冲宽度决定,$B = 2/\tau$。

2) 跟踪状态下雷达回波信号的频谱

雷达在单目标跟踪状态下,由于天线始终瞄准目标,因此雷达接收的目标反射回波可以认为是连续的射频脉冲信号。接收的回波信号的数学表达式为

$$u_2(t) = U_2\cos\varphi_2 = U_2\cos[\omega_c(t - t_r) + \varphi_0] \qquad (6-34)$$

式中,U_2 为回波信号幅度;φ_2 为回波信号瞬时高频相位;$t_r = 2R/c$ 为回波信号相对发射信号的延迟时间,其中 R 为雷达目标的距离,c 为光速。

下面就两种情况进行讨论。

(1) 与雷达平台无相对运动的目标回波频谱

此种情况下,雷达发射信号与回波信号之间的高频相位差为常数:

$$\Delta\varphi = \varphi_2 - \varphi_1 = -\omega_c t_r \qquad (6-35)$$

因此这种情况下回波信号的频谱与发射信号的频谱完全相同(仅幅度不同)。

(2) 与雷达平台有相对运动的目标回波频谱

此种情况下发射信号与目标回波信号之间的高频相位差:

$$\Delta\varphi = \varphi_2 - \varphi_1 = -\omega_c t_r = -\omega_c \frac{2(R_0 - V_r t)}{c} = \frac{2V_r}{c}\omega_c t - \frac{2R_0}{c}\omega_c \qquad (6-36)$$

从式(6-36)可知,相位差 $\Delta\varphi$ 也是时间的函数,这说明回波信号的射频频率发生了变化,已不再等于发射信号的射频频率 ω_c。

将 $t_r = 2(R_0 - V_r t)/c$ 代入回波信号的数学表达式中,并求导,即可得回波信号的角

频率:

$$\omega_2 = \frac{\mathrm{d}\varphi_2}{\mathrm{d}t} = \omega_c + \frac{2V_r}{c}\omega_c \tag{6-37}$$

即

$$\omega_2 - \omega_1 = \frac{2V_r}{c}\omega_c \tag{6-38}$$

$$f_2 - f_1 = \frac{2V_r}{c}f_c = \frac{2V_r}{\lambda} = f_d \tag{6-39}$$

显然,回波信号频率与发射信号射频频率之差 f_d 即是由目标与雷达平台之间相对运动所形成的多普勒频率。

由于此种情况下,回波信号仍为周期的射频脉冲信号,因此其频谱形状与发射信号形状基本相同。但整个频谱在频率轴上偏移了一个 f_d 频率。

3) 搜索状态下雷达回波信号的频谱

雷达在搜索状态下,由于天线在一定的方位和高低角范围内转动,以使天线辐射的电磁波束扫探前方一定的空域范围。这样,对空域范围内的目标来说,受电磁波照射的时间是断续的。在搜索期间雷达天线波束扫过一个目标所经历的时间,称为目标驻留时间,它与天线的扫描速率成反比,而与天线波束宽度成正比。

显然在搜索状态下,雷达回波信号为射频脉冲串,其长度决定于目标驻留时间。

与求周期射频脉冲频谱的方法相同,射频脉冲串可以看成是由矩形脉冲串调制射频信号形成的。因此,只要将矩形脉冲串的频谱在频率轴上左右平移射频频率 ω_c 即可得到其频谱。其正频率部分的频谱如图 6-19 所示。图 6-19(b)是搜索状态下,目标与雷达平台之间无相对运动的射频回波脉冲串频谱,图 6-19(c)为目标与雷达平台之间有相对运动的射频回波脉冲串频谱。

从射频脉冲串的频谱可以看出,频谱的每根谱线具有一定的宽度,其形状与单个脉冲的频谱形状相同,谱线宽度与脉冲串的长度成反比,谱线间隔等于脉冲重复频率;频谱包络具有 $\sin x/x$ 形状,其零到零之间的带宽由射频脉冲宽度 τ 决定。

对目标与雷达平台之间无相对运动的射频回波脉冲串来说,其频谱的中心谱线等于载频 ω_c;对有相对运动的射频回波脉冲串,则其频谱中心谱线偏离载频 ω_c,偏离的大小和方向决定于多普勒频率的大小和方向。

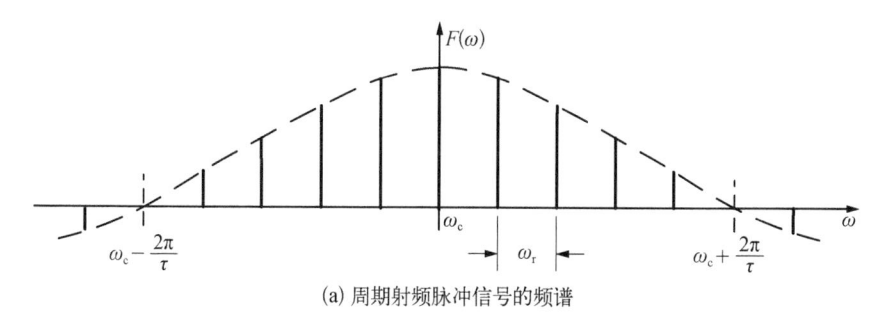

(a) 周期射频脉冲信号的频谱

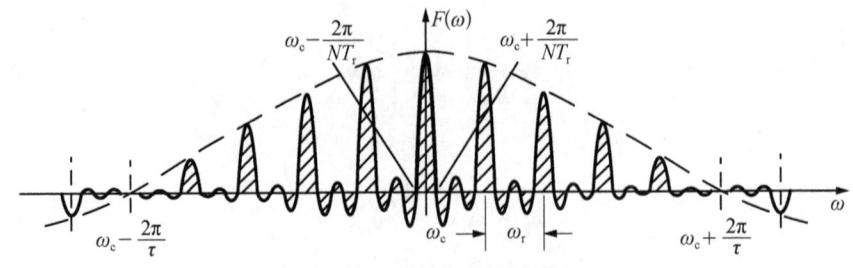

(b) 无相对运动的射频回波脉冲串的频谱

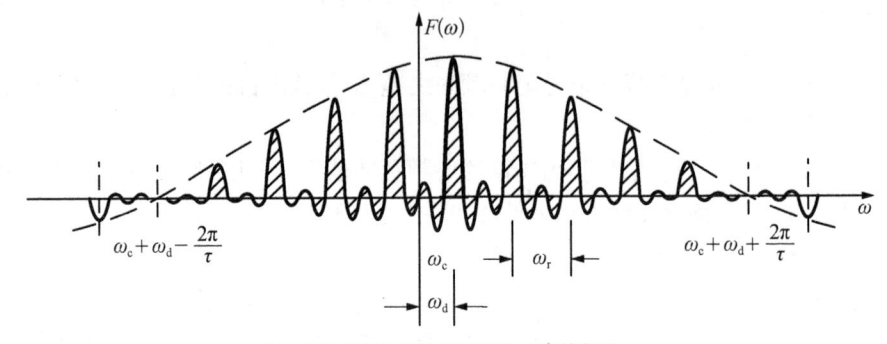

(c) 有相对运动的射频回波脉冲串的频谱

图 6-19　射频回波脉冲串的频谱

6.3.3　多普勒频率检测

由于目标回波的多普勒频率不可预知，通常采用一组相邻且部分重叠的窄带滤波器组来提取和测量动模板回波的多普勒频率。该滤波器组称为多普勒滤波器组，如图 6-20 所示。滤波器组中从低端到高端，每个滤波器的频率逐渐升高。多普勒滤波器组覆盖运动目标回波多普勒频率可能出现的频率范围。如果有运动目标出现，其回波多普勒频率谱线必定落入某个窄带滤波器的通带内，而落在其余窄带滤波器的阻带内，即运动目标回波信号经过窄带滤波器组后，必定有某个窄带滤波器输出最大。根据该窄带滤

(a) 窄带滤波器组的频率特性

(b) 回波信号的多普勒频率

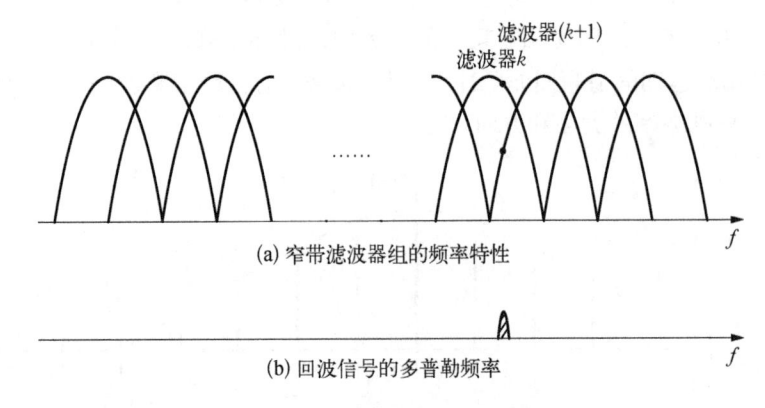

图 6-20　窄带滤波器组的频率特性

波器的中心频率可以确定目标的多普勒频率。为了降低由于相邻滤波器跨在一个目标频率上所造成的信噪比损失,各滤波器的中心频率要靠近些,以使通带部分重叠,如通频带的-3 dB处。

滤波器组中窄带滤波器的带宽主要取决于积累时间的长度,或者说决定于目标回波脉冲串的作用时间长度,这样才可以保证对目标回波多普勒频率检测的精度和准确性。现代机载雷达多普勒滤波器组中的滤波器常用数字技术实现。

数字窄带多普勒滤波器组是采用快速傅里叶变换(fast Fourier transform, FFT)算法对雷达回波信号进行频谱分析的一种方法,它是离散傅里叶变换(discrete Fourier transform, DFT)的一种快速算法,它使傅里叶变换的算法时间大大缩短,从而使傅里叶变换技术能真正在计算机上实现实时频谱分析。

一个 N 点长时间序列 $\{x(n)\}$ 的离散傅里叶变换定义为

$$X(k) = \sum_{n=0}^{N-1} x(n) e^{-j\frac{2\pi}{N}nk} = \sum_{n=0}^{N-1} x(n) W^{nk} \qquad k = 0, 1, 2, \cdots, N-1 \qquad (6-40)$$

式中, $W^{nk} = \exp(-j^2\pi nk/N) = \exp(-jnk\theta)$,称为相位权重,也称为旋转因子。因此,离散傅里叶变换的结果可认为是对输入序列 $\{x(n)\}$ 进行加权求和的结果。离散傅里叶变换的点数即为采样的数目。

将每个频率点的输出算式可用向量相乘表示为

$$X(0) = \sum_{n=0}^{N-1} x(n) W^{0\times n} = [x(0)x(1)\cdots x(N-1)][W^{0\times 0} W^{0\times 1}\cdots W^{0\times(N-1)}]^T$$

$$X(1) = \sum_{n=0}^{N-1} x(n) W^{1\times n} = [x(0)x(1)\cdots x(N-1)][W^{1\times 0} W^{1\times 1}\cdots W^{1\times(N-1)}]^T$$

$$X(2) = \sum_{n=0}^{N-1} x(n) W^{2\times n} = [x(0)x(1)\cdots x(N-1)][W^{2\times 0} W^{2\times 1}\cdots W^{2\times(N-1)}]^T$$

$$\vdots$$

$$X(N-1) = \sum_{n=0}^{N-1} x(n) W^{(N-1)n} = [x(0)x(1)\cdots x(N-1)][W^{(N-1)\times 0} W^{(N-1)\times 1}\cdots W^{(N-1)\times(N-1)}]^T$$

$$(6-41)$$

$X(0), X(0), \cdots, X(N-1)$ 就相当于 N 个有限长单位脉冲响应(finite impulse response, FIR)滤波器的输出。各FIR滤波器的频率响应为

$$H(k) = \sum_{n=0}^{N-1} e^{-j\frac{2\pi}{N}nk} = \sum_{n=0}^{N-1} W^{nk} \qquad k = 0, 1, 2, \cdots, N-1 \qquad (6-42)$$

式(6-41)表明了 N 个时间采样是如何通过相位加权而变换为 N 个多普勒频率单元的。

对脉冲雷达来说,对回波信号多普勒频率进行频域检测,快速傅里叶变换所等效的窄带滤波器组的频带宽度等于雷达的脉冲重复频率(或者说频域检测窗口的宽度为 f_r)。这样,当回波信号的多普勒频率大于脉冲重复频率时,将会发生速度模糊。

速度模糊(多普勒频率模糊)与距离模糊相似,是指检测出来的目标速度数据不一定

是目标的真实速度数据,对此以图6-21来说明速度模糊。

由图6-21(a)可以看出,目标回波信号的多普勒频率小于脉冲重复频率,目标回波信号的多普勒频率主频率落在频域检测窗口之中,那么测出的频率即为真实的多普勒频率。而当目标回波信号的多普勒频率大于脉冲重复频率时,目标回波信号的多普勒频率主频率将不出现在频域检测窗口之中,而是回波信号的多普勒频谱的边频分量落在频域检测窗口之中,如图6-21(b)所示。此种情况下,从频域检测窗口中测出的频率值(视在多普勒频率),并不代表目标的真实多普勒频率值,因而出现速度模糊。

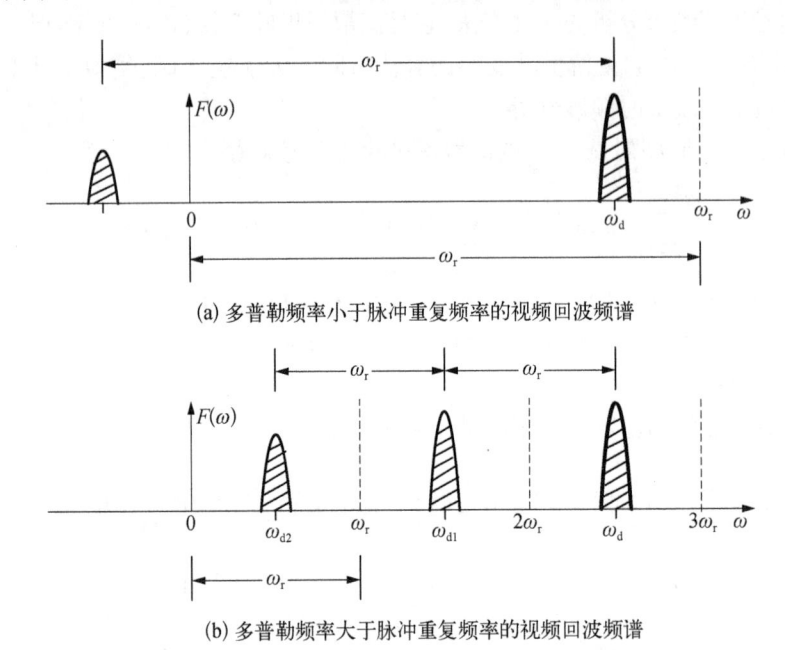

(a) 多普勒频率小于脉冲重复频率的视频回波频谱

(b) 多普勒频率大于脉冲重复频率的视频回波频谱

图6-21 速度模糊示意图

采用PRF转换法也可以用来解决速度模糊问题,其方法与解距离模糊的方法基本相同。当PRF转换时,目标回波信号频谱中的载频频率位置不会变化,但目标回波信号频谱中的上、下边带频率位置会发生相应的变化,如图6-22所示。从图中可以看出,当

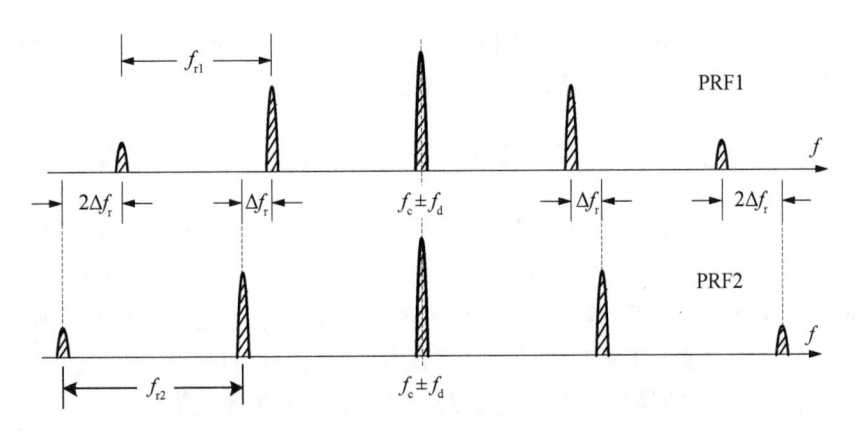

图6-22 PRF转换时,回波信号频谱中的边带频率位置的变化

PRF 增加时,上下边带的位置相应移动,其移动量的大小和方向决定于 PRF 的变化量和边带的位置,例如,第一上边频变化一个 ΔPRF,第二上边频变化两个 ΔPRF。

对速度不模糊的目标回波来说,由于其 f_d 在多普勒滤波器组带宽之内(带宽通常等于 PRF)因此 PRF 转换时,其视在多普勒频率值不变,等于目标的真实多普勒频率。

对速度模糊的目标回波来说,由于其 f_d 大于 PRF,因此其落入多普勒滤波器组通带内的信号为其边带分量。这样在 PRF 变化时,其测量出的视在多普勒频率值也相应发生变化。可以根据视在多普勒频率的变化方向,确定目标的真实多普勒频率。

设视在多普勒频率的变化量为 Δf_d,PRF 的变化量为 Δf_r,则目标回波落入多普勒滤波器组带宽内的边频分量的位置(第几边带)可以通过式(6-43)确定:

$$n = \Delta f_d / \Delta f_r \quad (6-43)$$

当 n 值确定后,目标的真实多普勒频率为

$$f_d = n f_r + f_{d0} \quad (6-44)$$

式中,f_r 为 PRF 转换前的重复频率值,f_{d0} 为转换前测量的视在多普勒频率值。

为了避免由一个以上目标同时收到的反射回波时出现幻影的可能,应该像解距离模糊时那样采用三种 PRF。

消除距离模糊的另一种方法是采用距离微分法,这种方法是利用距离跟踪回路测出的距离数据的变化率 dR/dt,计算出对应的多普勒频率 f_{dR},然后与测得的视在多普勒频率 f_{d0} 算出余数 n 的值:

$$n = [(\Delta f_{dR} - f_{d0})/f_r] \quad (6-45)$$

式中,[ ]为四舍五入取整运算。

求出 n 值后,即可利用前面的算式求出目标的真实多普勒频率。通常由于距离跟踪系统得到的 f_{dR} 误差比较大,但只要 f_{dR} 与真实的多普勒频率的误差小于 $\Delta f_r / 2$,就可以得到正确的结果。

由于噪声、杂波和干扰的存在,以及目标在距离门和速度门上的跨越,实际测量得到的模糊距离和模糊速度都是有误差的,直接应用中国剩余定理(也称中国余数定理)解出的真实距离和真实速度可能有比较大的计算误差。因此,在机载雷达工程实践中,一般不直接应用中国剩余定理解模糊,而是采用许多改进的方法。

在机载脉冲多普勒雷达解二维模糊时,通常先解距离模糊,后解速度模糊。

根据时间域和频率域之间的傅里叶变换对偶关系,相关结论很容易推广到对目标多普勒频率(径向速度)的分辨率。因为区分两个距离相同、径向速度不同回波信号谱的难易取决于信号的持续时间,所以多普勒频率的分辨率 Δf_d 取决于谱线宽度 LB,即

$$\Delta f_d = LB/2 \quad (6-46)$$

因此,对目标径向速度的分辨率为

$$\Delta v_d = \lambda \Delta f_d/2 = \lambda f_r/(2N) \qquad (6-47)$$

信号持续时间越长,分辨力越高。这种长时间的要求可以通过发射持续时间很长的脉冲(或连续波),或者通过对多个脉冲的相参积累等来实现。

6.3.4 速度跟踪

雷达对目标的相对速度进行连续、精确测量的过程称为速度跟踪。脉冲雷达进行速度跟踪的原理如图 6-23 所示。

在对单个目标跟踪期间,接收机输出通常被并联应用至两个相邻滤波器(F1 和 F2)中,它们的通频带在 -3 dB 点处产生交叠。自动跟踪回路把多普勒频谱进行转换,使其从 f_0 发生偏移,偏移量足以使目标产生同源自两个滤波器的输出相等的频率。

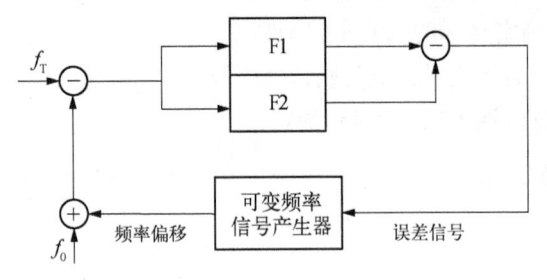

图 6-23 脉冲雷达速度跟踪的原理

进行速度跟踪时,多普勒频率回波信号加到速度误差鉴别器,与速度波门进行误差鉴别。典型的速度鉴别为幅度分裂门速度鉴别,如图 6-24 所示。

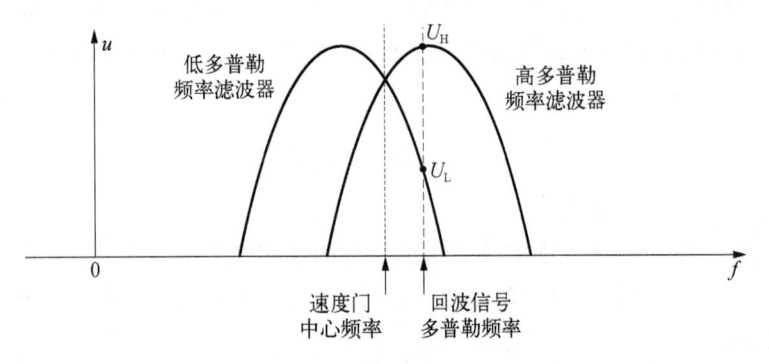

图 6-24 幅度分裂门速度鉴别

幅度分裂门速度鉴别器由两个滤波频率相邻的窄带滤波器组成,相邻两滤波器分别称为低多普勒频率滤波器和高多普勒频率滤波器。采用这种方法时,如果速度门位置正确,即混频后信号的频率等于预定的频率(速度门中心频率),则低、高多普勒频率滤波器的输出是相等的;反之,不等于预定频率时,两滤波器的输出不同。利用两个滤波器的输出 U_H 和 U_L 可以鉴别速度门偏离目标多普勒频率的方向和大小,即

$$\Delta U = \frac{|U_H| - |U_L|}{|U_H| + |U_L|} \qquad (6-48)$$

式(6-48)速度鉴别测量值代表速度跟踪时速度门的误差,利用此误差信号经滤波处理后,控制相参基准频率产生器的频率变化,使得目标多普勒频率的位置出现在速度鉴别

的预定频率上。

对相参基准频率产生器输出信号的频率进行检测处理,即可连续输出精确的目标速度数据(视在多普勒频率数据)。

中国剩余定理解模糊

我国古代的《孙子算经》一书中,有"物不知其数"一问:"今有物不知数,三三数之剩二,五五数之剩三,七七数之剩二,问此物为几何?"此问题也称为"韩信点兵"。

宋朝数学家秦九韶于《数书九章》中对此问题作出了完整系统的解答。明朝数学家程大位将解法编成《孙子歌诀》:"三人同行七十稀,五树梅花廿一枝,七子团圆正半月,除百零五便得知。"

此定理的传播最早在1852年由英国来华传教士伟烈亚力传至欧洲。1874年,英国数学家马西森指出此法符合1801年由高斯得出的关于同余式解法的一般性定理。因而西方称之为"中国剩余定理",成为初等数论中非常重要的一个定理。

美国在20世纪70年代出版的《雷达手册》最早提出在雷达中运用中国剩余定理解模糊。英国在2012年出版的《脉冲多普勒雷达——原理、技术与应用》也介绍了用中国剩余定理解模糊。至今,解模糊的算法虽然有很多变化,但基本原理仍然是中国剩余定理。

本章思维导图

(见下页)

习 题

1. 雷达测距产生模糊的原因是什么?
2. 某脉冲雷达采用三重频法测距,距离门宽度为 τ,三个脉冲重复周期分别为 7τ、8τ、9τ,测得目标的三个视在延迟时间分别为 3τ、5τ、7τ,试计算目标的距离为多少 τ?
3. 简述调频法测距的基本原理。
4. 振幅法测角包含哪些具体的方法,各有什么优缺点?
5. 简述三天线相位法测角的基本步骤。
6. 总结双平面振幅和差式单脉冲角度跟踪的基本原理。
7. 对比分析距离模糊和速度模糊的区别与联系。
8. 简述速度跟踪的基本原理。
9. 总结对比跟踪和搜索状态下雷达测速的区别与联系。
10. 高超声速目标开始出现,对此类目标的参数测量与传统目标的参数测量相比,挑战性体现在哪些方面?

目标参数测量

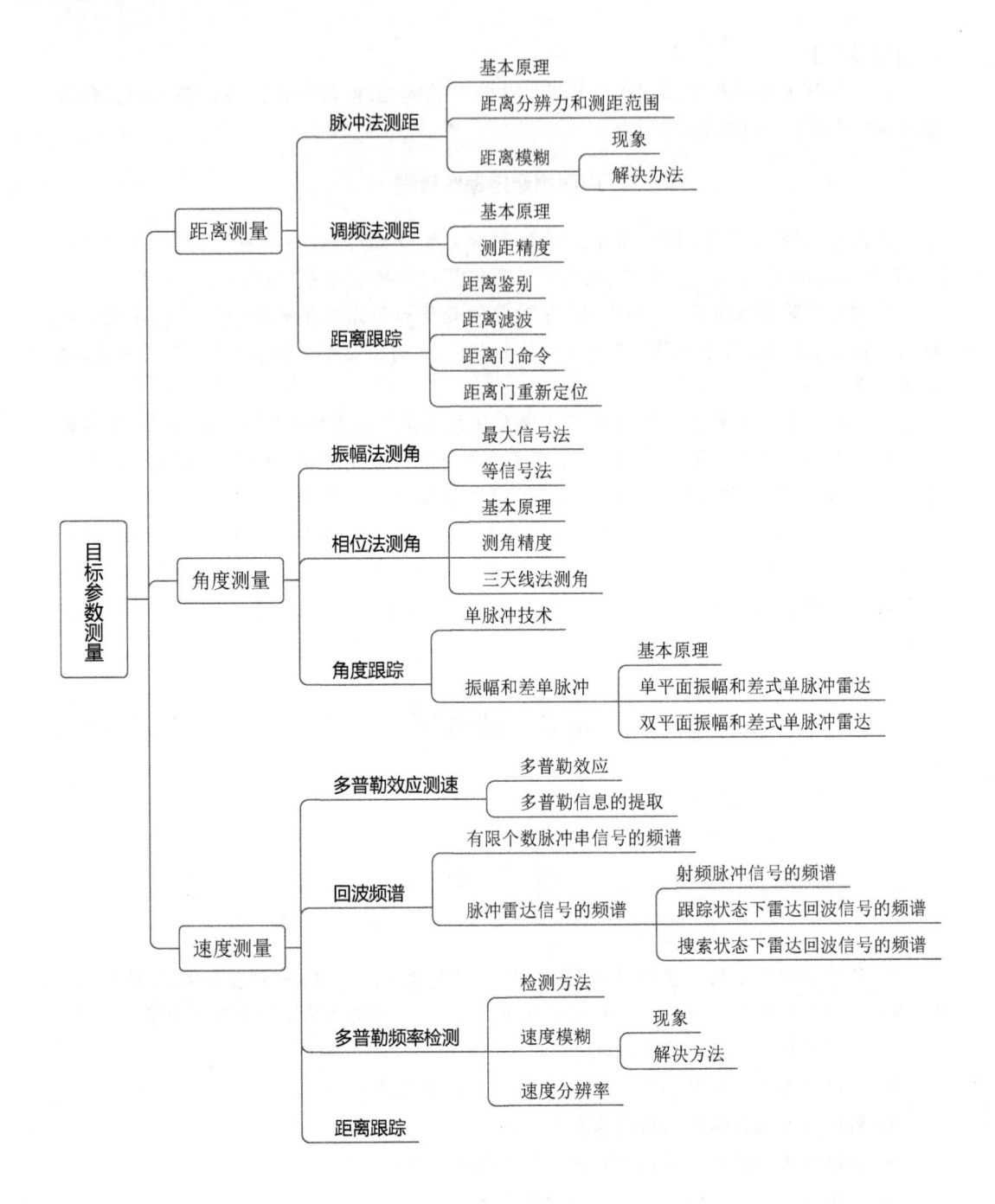

- 距离测量
  - 脉冲法测距
    - 基本原理
    - 距离分辨力和测距范围
    - 距离模糊
      - 现象
      - 解决办法
  - 调频法测距
    - 基本原理
    - 测距精度
  - 距离跟踪
    - 距离鉴别
    - 距离滤波
    - 距离门命令
    - 距离门重新定位

- 角度测量
  - 振幅法测角
    - 最大信号法
    - 等信号法
  - 相位法测角
    - 基本原理
    - 测角精度
    - 三天线法测角
  - 角度跟踪
    - 单脉冲技术
    - 振幅和差单脉冲
      - 基本原理
      - 单平面振幅和差式单脉冲雷达
      - 双平面振幅和差式单脉冲雷达

- 速度测量
  - 多普勒效应测速
    - 多普勒效应
    - 多普勒信息的提取
  - 回波频谱
    - 有限个数脉冲串信号的频谱
    - 脉冲雷达信号的频谱
      - 射频脉冲信号的频谱
      - 跟踪状态下雷达回波信号的频谱
      - 搜索状态下雷达回波信号的频谱
  - 多普勒频率检测
    - 检测方法
    - 速度模糊
      - 现象
      - 解决方法
    - 速度分辨率
  - 距离跟踪

第7章
脉冲多普勒雷达

早期的机载雷达都是普通脉冲体制的。普通脉冲体制雷达是指在时域上检测目标,具体方法是:当回波脉冲信号大于检测门限时,被认为是目标;测量该回波脉冲相对于发射脉冲的延迟时间,得到目标距离。因此,普通脉冲体制雷达在强杂波背景下就会丧失检测能力,而且没有充分利用目标回波信息,雷达性能也比较差。

20世纪60年代以来,为了解决机载雷达下视过程中遇到的强地物杂波抑制的难题,在动目标显示雷达的基础上发展起来一种雷达技术,即脉冲多普勒(pulse Doppler,PD)雷达。目前PD技术已广泛应用在机载预警雷达、机载火力控制雷达和弹载雷达中。

7.1 基 本 原 理

7.1.1 基本需求

机载雷达的地杂波由信号通过天线副瓣发射和接收而产生。如果天线主瓣的视轴低于地平线,也能够产生地杂波。这样就相应地产生了副瓣杂波和主瓣杂波,两者既分布在时域(距离域)中又分布在频域(多普勒域或速度域)中。

主瓣在雷达前方与地面相交,产生强烈的主瓣杂波。副瓣在雷达周围多个方向上与地面相交,产生副瓣杂波,而副瓣杂波在距离域和多普勒域中都有广泛的分布。

7.1.1.1 地杂波时域分布

时域(距离域)的杂波如图7-1所示。最早返回的是雷达发射机泄露的信号,然后是高度杂波,较远距离的杂波对应于较小的擦地角。对机载雷达而言,这些杂波可视为一类。这类杂波随距离增大而不断减弱,这是因为擦地角越小,后向散射系数越小,并且距离越远,损耗越大。最终,杂波在距离上到达了主瓣视轴相交于地表那一点的斜距处。此距离附近的主瓣杂波很强。在此距离以外,副瓣杂波迅速减弱,因为此时副瓣杂波来自越来越接近地平线的地表,这意味着擦地角越来越接近0°,副瓣杂波在地平线处结束。

由于收发转换开关不是绝对物理隔离的,发射机产生的一部分能量会泄漏进入接收机。因此,在距离接近于0的地方存在很强的发射机泄漏信号。

由于主瓣照射到的地面区域很大,而主瓣增益又很高,所以主瓣杂波通常都很强,比来自任何飞机的回波都要强得多。

副瓣杂波不如主瓣杂波能量集中,其强度取决于三个方面:一是地面距离,回波信号

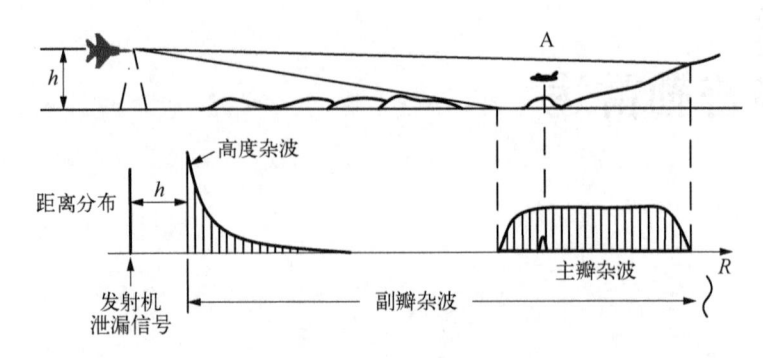

图 7-1 机载雷达在时域(距离域)中的地杂波

功率大小与距离四次方程反比；二是指向该区域的那个特殊副瓣的增益；三是地面区域的地形特征(也就是反射系数)。随着擦地角的增大，反射系数也随之增大。因此，尽管低空飞行时雷达离地面较近，但副瓣杂波还是在中空飞行时而不是低空飞行时最严重。

在飞机的下方通常存在一个相当大的地面区域，区域内的各点到飞机的距离接近于一个固定值，所以来自该区域的副瓣杂波以峰值的形式出现在距离分布图上。由于这一回波的传输距离通常等于载机高度，所以这一部分特殊的副瓣杂波称为高度杂波。高度杂波不仅比周围的副瓣杂波要强得多，而且等于或强于主瓣杂波的强度。当入射方向接近垂直时，反射系数很大，所以在距离分布图上代表高杂波的峰值变得非常尖锐。

7.1.1.2 地杂波频域分布

如图 7-2 所示，假设载机相对地面的速度为 V_R，雷达波束是向着四面八方的，那么雷达相对地面的速度范围为 $(-V_R, V_R)$。所以，地杂波的相对频率范围为 $(2V_R/\lambda, -2V_R/\lambda)$，也就是在有限的区间范围内。如果目标 A 和载机是迎头飞行的关系，那么目标 A 的多普勒频率大于 $2V_R/\lambda$。这就意味着，此时目标 A 不需要抗衡地杂波，仅仅需要抗衡内部噪声即可。这样从频域中就可以将目标 A 有效地检测出来。

图 7-2 机载雷达在频域(速度域)中的地杂波

7.1.2 基本概念

从上述讨论可以看出，雷达为了能从强杂波背景中发现目标，必须从频域中检测目标，即在频域中依据多普勒频率的不同来区分杂波和目标，将有用的目标信号检测出来。

在频域中检测目标的基本方法是利用窄带多普勒滤波器组对回波信号的多普勒频率进行检测，如图 7-3 所示。

滤波器组中的滤波器从低端到高端，每个滤波器的调谐频率逐渐升高。滤波器组中滤波器的个数取决于要覆盖的多普勒频率范围及单个滤波器的带宽。这样，当回波信号

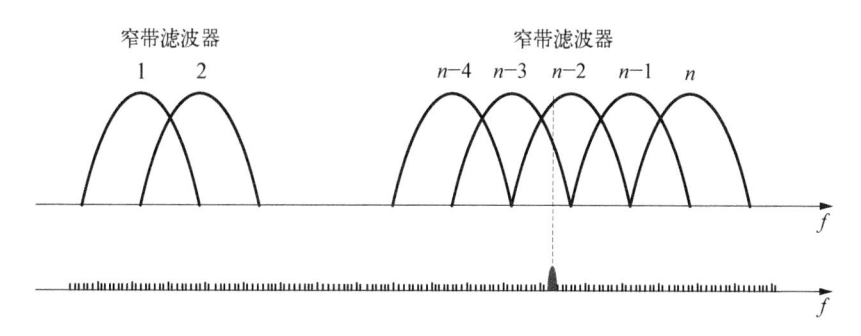

图 7-3 窄带多普勒滤波器组检测目标

的多普勒频率落入滤波器组的带宽之内时,滤波器组中某一两个滤波器就能产生一定的输出,依据滤波器的输出,即可知道目标回波的多普勒频率。这样就将目标检测出来。当然,如果是要按距离及多普勒频率的不同来检测目标,则需对每个距离增量(单元)都必须提供各自的窄带多普勒滤波器组,这样当目标从滤波器检测出来时,即可知道目标的多普勒频率和距离。

这种采用多普勒效应,在频域检测目标信号的脉冲雷达就是脉冲多普勒雷达。

关于 PD 雷达的定义,现在比较认同的是:能实现对雷达信号脉冲串频谱单根谱线滤波(频域滤波),具有对目标进行速度分辨能力的雷达,就可以称为 PD 雷达。这种雷达具有脉冲雷达的距离分辨力和连续波雷达的速度分辨力,能进行频域的滤波和检测,具有很强的抑制杂波能力,能在较强的杂波背景中分辨出运动目标回波。

7.1.3 基本组成

现代机载多功能 PD 雷达的基本组成如图 7-4 所示。

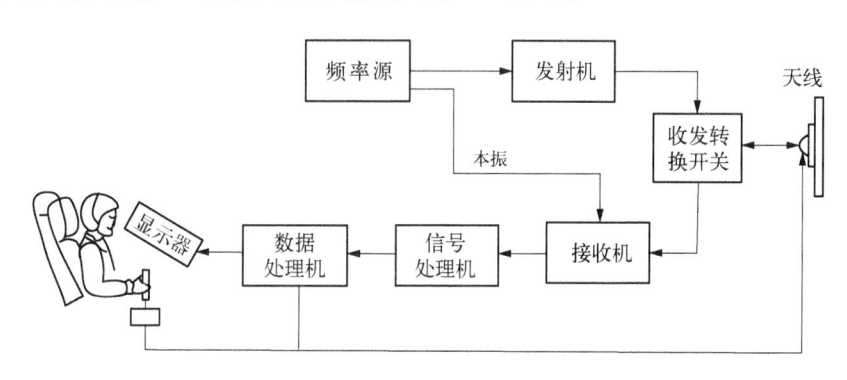

图 7-4 机载多功能 PD 雷达的基本组成框图

(1) 频率源。用来产生一个连续、具有高频率稳定度的低功率微波信号,并送往发射机。同时,频率源还提供一个低功率微波信号,它偏离发射频率的值为预定的中频,此信号送往接收机作为本振信号,从而保证接收机不会丢失回波信号的多普勒信息。

(2) 发射机。用来将频率源输出的低功率射频信号进行功率放大,形成具有任意宽度和脉冲重复频率的射频脉冲。由于射频脉冲基本上是由连续波剪切出来的,因此满足相参信号的要求。

（3）天线。天线用来向空间辐射微波信号和接收目标反射信号。PD雷达天线通常采用平板阵列天线。它是在光滑表面上分布许多辐射元的阵列,代替采用一个中心馈源把电磁波辐射到反射面上的抛物面天线。辐射元是开在形成天线表面的组合波导壁上的槽。这些波导接在公共分支式馈线上。

（4）接收机。通常包括低噪声前置放大,并可以进行不止一次的中频变换(以避免镜像频率干扰)。为了满足对回波信号进行数字滤波运算的要求,视频检波器采用同步检波器,它提供正、交两路输出(I信号和Q信号)。对I,Q进行采样的时间间隔与发射脉冲宽度具有相同数量级,并由模数变换为二进制数码,送到信号处理机。除此之外,为了能使雷达进行单脉冲目标跟踪,接收机必须至少有两个信号通道。

（5）数字信号处理机。这是一种非常专门的数字计算机,可很容易地把用于不同工作方式的程序输进去。因此,它称为可编程信号处理机。根据各种操作方式的要求,处理机把从A/D变换器输入的数据按距离分档,然后首先滤除不需要的地杂波,进一步降低噪声和杂波背景,使目标回波更加突出。再接着对各距离单元的数据进行多普勒频谱分析,即利用傅里叶变换构成窄带滤波器组,对各距离单元的回波信号的多普勒频率进行检测。处理机通过考察窄带滤波器组所有滤波器的输出来确定背景噪声和剩余杂波的电平,并以此作为信号检测的门限,根据窄带滤波器的输出信号振幅超出门限电平的情况,自动检测目标回波,然后确定目标的距离和多普勒频率。检测出来的目标距离及多普勒频率数据,送到扫描变换存储器中,并与目标的其他位置数据(如方位角、俯仰角等)综合后,送到显示器显示。

（6）雷达数据处理机。雷达数据处理机对雷达各分机进行工作控制,并完成各种常规运算。数据处理机一方面监视控制面板上选择开关的位置(以及从航空指挥系统发来的控制指令);另一方面规划功能选择,并接受来自飞机惯性导航系统的信息。在雷达搜索期间,控制天线的搜索方式和图形,并对信号处理机检测到的信号数据进行解模糊处理,并控制目标截获。在雷达自动跟踪时,数据处理机计算跟踪误差,用某种规则方法预测所有测量和预计的变量的影响。这些变量有雷达载机的速度和加速度、期望目标速度变化的范围等。这种处理方式,称为通过卡尔曼滤波的闭环跟踪,能形成非常平滑和精确的跟踪。数据处理机不断地监视雷达的所有操作,包括它本身在内。当出现故障时,它会把发生的问题告知操作人员。此外,它还能进行测试和故障隔离。

7.1.4 主要特点

PD雷达技术的主要特点包括三个方面,即"三高"。

1) 高度相参

相参是一个从光学领域中引申而来的术语(也称相干),它在雷达中的含义是指目标回波信号与发射信号之间应保持严格的相位关系,以便用来提取目标的相位信息。对PD雷达来说,相参意味着发射信号从一个脉冲到下一个脉冲的射频信号相位应具有一致性或连续性。为了保证这种相位连续性,PD雷达通常采用主振放大式发射机,如图7-5所示。

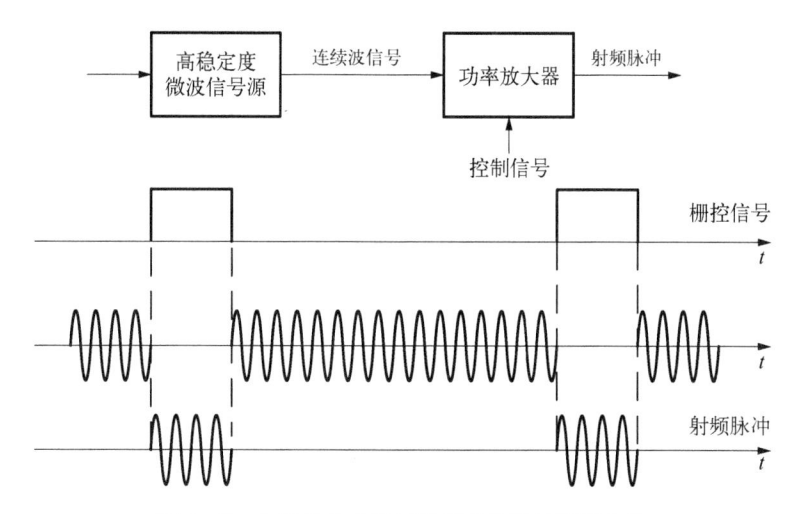

图 7-5　主振放大式发射机相参信号的获取方法

由高频率稳定度微波源作为主振器产生连续的微波信号，加到功率放大器进行功率放大。对连续波信号进行截取后放大输出。由于放大输出的射频脉冲是从连续波上截取下来的，因此具有很好的相参性。

为了保证良好的相参性，PD 雷达对微波信号源的频率稳定性有很高的要求。不仅要求频率稳定度要高，而且频谱纯度也应很高。否则将直接影响 PD 雷达的检测性能，如信噪比降低、杂波展宽等。因此高频率稳定度、低噪声相参发射机是 PD 雷达的关键技术之一。

2) 高增益低副瓣天线

高增益、低副瓣天线对现代雷达来说，不仅可以增大雷达作用距离，而且也是增强雷达抗干扰能力的有效方法和措施。

对 PD 雷达来说，高增益、低副瓣天线更具有特殊的意义。由于 PD 雷达要在频域内检测目标，因此频域内的杂波是影响 PD 雷达性能的关键因素。由雷达天线副瓣引起的副瓣杂波，其多普勒频谱具有较宽的范围，并且无法在信号处理过程中加以控制。因此要检测出多普勒频率落入副瓣杂波区的目标回波，目标回波的强度必须要大于副瓣杂波的电平。这将使雷达的作用距离降低。而且由于距离模糊和速度模糊的影响，将会使副瓣杂波的影响更加严重。因此，对 PD 雷达来说，采用高增益、低副瓣天线来尽量降低副瓣杂波是至关重要的。所以设计高增益、低副瓣的天线也是 PD 雷达的关键技术。

3) 高速信号处理技术

信号处理是影响 PD 雷达性能的最关键技术，现代 PD 雷达的信号处理，采用快速数字计算机进行处理。所以信号处理机是 PD 雷达的核心组成部分。

PD 雷达与普通雷达的区别就在于一个在频域内检测回波信号，一个在时域内检测回波信号。PD 雷达信号处理机的核心就是窄带滤波器组，它滤除各种干扰杂波，保留所需的目标信号。由于窄带多普勒滤波器组要覆盖全部所需探测目标的多普勒频率范围，而每个滤波器通带又窄,因此所需滤波器的数量是很大的。

早期滤波器由晶体滤波器构成,因此信号处理机不仅重量重,体积也大。现在则普遍采用数字滤波器。数字滤波器的原理是用傅里叶变换求取信号的频谱。随着数字信号处理器技术的发展,采用快速傅里叶变换使进行傅里叶分析所需的时间大为减少。因而极大推进了数字信号处理技术的发展。

随着对信号处理机所要求的功能不断增加,迫使设计人员对于各种雷达工作方式在电路功能上的共性进行充分利用,以便提高性能,简化设计。目前看来,总的趋势是从专用的、含有固定功能的数字设备发展到为满足多种功能要求的可以重新配置的可编程序硬件。通常称为可编程序信号处理机。可编程信号处理机能适应 PD 雷达多功能的信号处理,因此也称为多功能信号处理机。

7.2 地杂波多普勒频谱

7.2.1 三种地杂波频谱

地杂波对雷达来说,不仅在时域中影响对信号的检测(特别是在中、低空飞行状态下),而且在频域中也影响对运动目标的检测性能。因此,研究地杂波的频谱特性,是掌握 PD 雷达信号处理技术方法及性能的重要内容。

7.2.1.1 主瓣杂波

主瓣杂波是雷达主瓣波束照射地面时被雷达接收的散射回波,其强度与雷达发射功率、主波束的增益、地面对电磁波的反射能力及载机离地高度等因素有关。由于与主瓣相交的地面面积很大,且主瓣增益又高,所以主瓣杂波通常很强,比来自任何飞机的回波都要强得多,可以比雷达接收机的热噪声强 70~90 dB(一般回波信号只比热噪声高 10 dB 左右)。

机载雷达主瓣杂波的多普勒频谱与天线主波束的宽度 θ、方位角 α、俯仰角 β、载机速度 V_R 和发射信号波长 λ 等因素有关。下面分析其多普勒频谱特点。

如图 7-6 所示,设雷达载机平飞,其运动方向上的速度为 V_R,雷达主瓣波束视线(LOS)与速度矢量的夹角为 φ,波束照到地面的中心点为 O。则雷达主瓣波束中心位置多普勒频率为

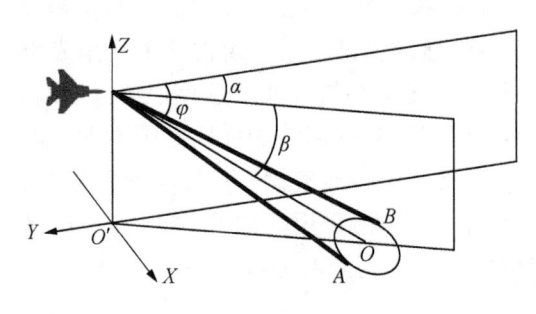

图 7-6 机载雷达辐射波束与地面的几何关系

$$f_d = \frac{2V_R}{\lambda}\cos\varphi \tag{7-1}$$

式中,$\cos\varphi$ 是雷达波束视线方向的方位角 α 和俯仰角 β 的函数,即 $\cos\varphi = \cos\alpha\cos\beta$。

由于雷达主波束具有一定的宽度,所以主瓣波束不是在一点,而是在一个范围内照射

地面。因而主瓣杂波的多普勒频谱具有一定的宽度。对于波束宽度边缘上的点 B 和 A，由几何关系可得其径向速度分别为

$$V_B = V_R \cos(\alpha - 0.5\theta_\alpha)\cos\beta \tag{7-2}$$

$$V_A = V_R \cos(\alpha + 0.5\theta_\alpha)\cos\beta \tag{7-3}$$

则 B 和 A 的速度差为

$$\Delta V = V_B - V_A = V_R\cos\beta[\cos(\alpha - 0.5\theta_\alpha) - \cos(\alpha + 0.5\theta_\alpha)] = 2V_R\cos\beta\sin\alpha\sin(0.5\theta_\alpha) \tag{7-4}$$

由于 θ_α 很小，所以

$$\Delta V \approx V_R \theta_\alpha \cos\beta \sin\alpha \tag{7-5}$$

因此，在主瓣波束俯仰角一定的情况下，其频谱宽度为

$$\Delta f_d \approx \frac{2V_R}{\lambda}\theta_\alpha \cos\beta\sin\alpha \tag{7-6}$$

从上述分析可以看出，主瓣杂波的多普勒频谱具有以下特点。

（1）雷达直视时（$\alpha=0$），主瓣杂波的中心多普勒频率值最大，即 $f_{d\,\max}$ 接近等于 $2V_R/\lambda$，而在雷达波束视线方向与飞机运动方向垂直时，主瓣杂波的多普勒频率为零。

（2）当雷达波束在搜索扫描时，主瓣杂波不仅中心多普勒频率跟随扫描角度变化，而且频谱宽度也跟随扫描角度变化。当波束方位扫描从一侧扫向正前方时，主瓣杂波中心多普勒频率升高，与此同时频谱宽度压窄；当继续扫描到另一侧时，中心多普勒频率下降，频谱宽度展宽。

（3）主瓣杂波多普勒频谱的中心频率和频谱宽度与雷达载机的速度成正比，当速度变化时，主瓣杂波多普勒频谱跟随变化。

（4）主瓣杂波多普勒频谱的中心频率和频谱宽度与雷达波长成反比。

（5）主瓣杂波多普勒频谱的频谱宽度与主瓣波束宽度成正比。

从以上讨论可知，雷达在搜索状态下，主杂波的强度及多普勒频谱具有易变性，从而增加了对运动目标检测的技术实现难度。但另一方面，在雷达实现地图测绘时，主瓣杂波（回波）的强度和频谱宽度都是有利因素，此种情况下，主瓣回波越强越好，而且其占据的频谱宽度越宽，通过多普勒处理所得到的角度分辨力就越高。

7.2.1.2 副瓣杂波

副瓣杂波是雷达天线若干个副瓣波束照射到地面时产生的回波。其强度与雷达载机的高度、地面散射特性和天线的副瓣电平等因素有关。副瓣杂波虽然不如主瓣杂波能量集中，但是占据了很宽的频带。

与主瓣杂波的多普勒频谱相似，副瓣杂波的多普勒频谱也可以用 $\pm 2V_R/\lambda\cos\varphi$ 来描述，如图 7-7 所示。对由沿 V_R 方向的副瓣引起的多普勒频率为正，其最大值等于 $2V_R/\lambda$；沿与 V_R 相反方向的副瓣引起的多普勒频率为负（相位反相），其最大值等于 $-2V_R/\lambda$。

由于天线的多个副瓣以各种角度照射地面,所以副瓣杂波的多普勒频谱从$+2V_R/\lambda$延伸到$-2V_R/\lambda$。

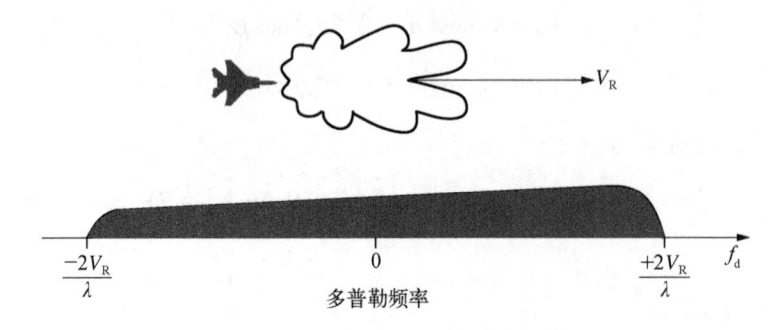

图 7-7 雷达天线副瓣的多普勒频谱

虽然雷达波束在任一方向上经副瓣辐射的功率较小,但副瓣照射的面积却很大。此外,载机飞行高度的降低,也会造成副瓣杂波的强度增大。因此,副瓣杂波对运动目标的检测影响较大。这不仅在于其强度在中、低空情况下增大,还由于其频谱宽度覆盖较宽的多普勒频率范围。由于主瓣接收的运动目标的多普勒频率也处在副瓣杂波频谱宽度之内,因此会影响到对运动目标的检测。下面简要分析其对目标检测的影响。

在三维坐标系中,雷达的等距离线为以载机为球心、半径为 R 的一个球形等距曲面与地面之间的交线,如图 7-8 所示。X-Y 平面表示地平面(未考虑地球表面的弯曲问题),Z 为经过运动平台中心垂直于地平面的坐标方向,所以半径为 R 的球形等距曲面可表示为

$$x^2 + y^2 + z^2 = R^2 \tag{7-7}$$

而 O 表示 Z 与地面的交点,r 为地面某点到 O 的距离,所以有

$$x^2 + y^2 = r^2 \tag{7-8}$$

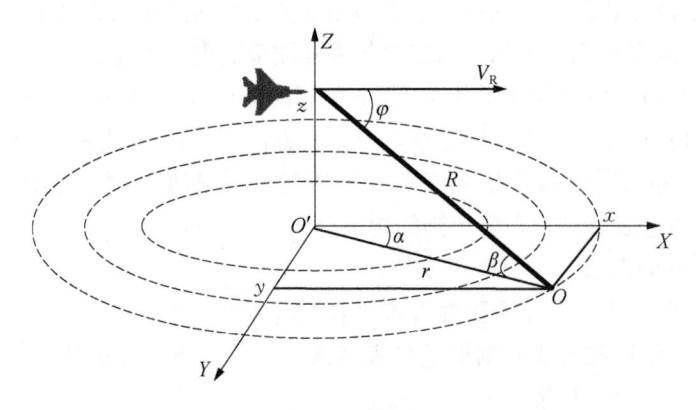

图 7-8 等距线

在运动平台的情况下,具有恒定视在多普勒频率的所有点应该位于以平台运动方向为轴、以半锥角 φ 旋转而成的一个等多普勒锥面上,如图 7-9 所示。假设平台相对地面

作水平飞行,这时锥体与地面之间的交线为一双曲线。位于此双曲线上的所有地杂波具有相同的多普勒频率。根据图7-9可知,等多普勒的锥面为

$$(y^2 + z^2)^{0.5}/x = \tan\varphi \tag{7-9}$$

(a) 等多普勒锥面

(b) 地平面上的等多普勒线分布

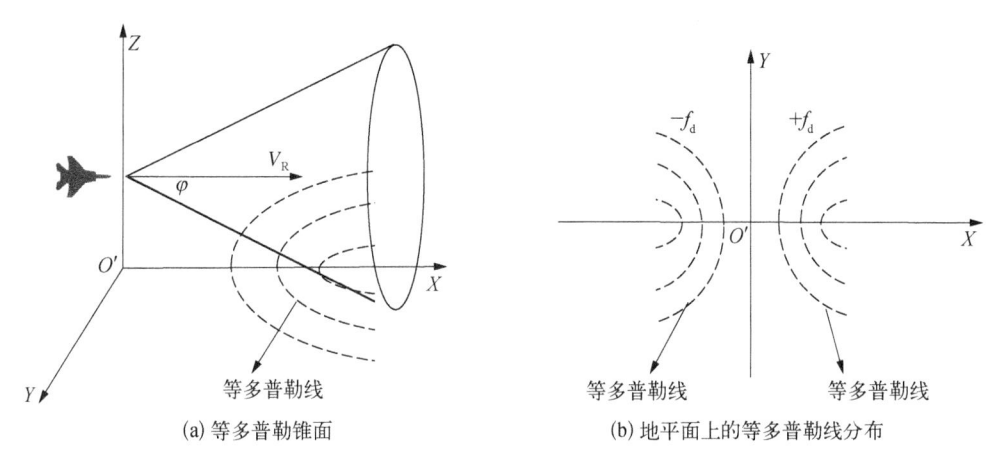

图 7-9　等多普勒线

多普勒锥面与地平面的交线即为等多普勒线。当平台高度一定且等于 h 时,$z = h$,等多普勒线可表示为

$$x^2\tan^2\varphi - y^2 = h^2 \tag{7-10}$$

即双曲线。

图 7-10 是 PD 雷达的恒定多普勒频率等值线的示意图,它是由 $f_d = 2V_R/\lambda\cos\varphi$ 决定的函数。它表明由平台运动而产生的恒定(等值)视在多普勒频率点的轨迹,是一个围绕速度矢量且半角为 φ 的圆锥体。图中,假设雷达载机作水平飞行,即速度矢量平行于地面,则圆锥与地平面相交为一双曲线。由于速度矢量与圆锥面上每一点之间的夹角都是相同的,则位置在每条双曲线上所有点的回波都具有相同的多普勒频率,因此双曲线就称为等值多普勒频率线。当 φ 角不同时,形成不同的等值多普勒频率线,相邻两条双曲线之间的间隔,对应于固定的多普勒频率间隔。

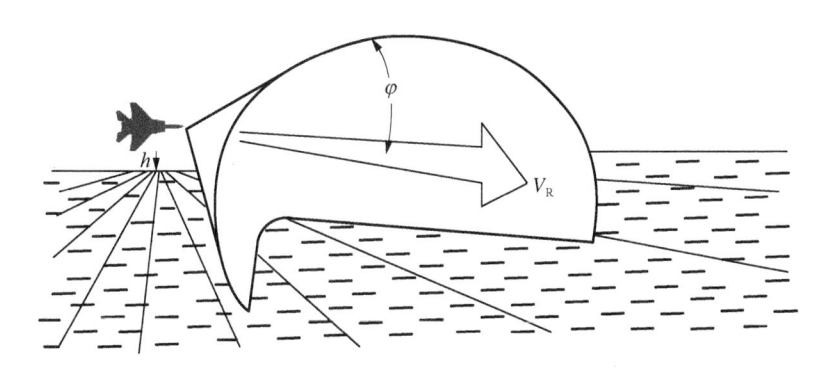

图 7-10　恒定多普勒频率等值线

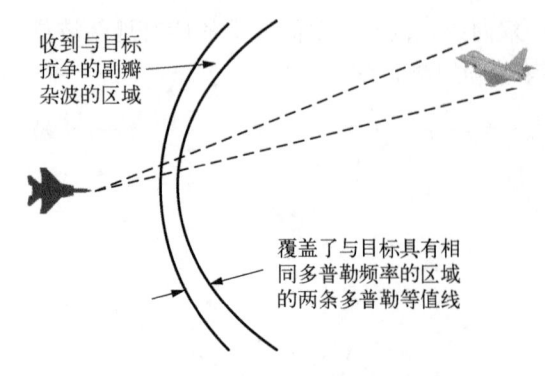

图 7-11 副瓣杂波对频域检测的影响

副瓣杂波对运动目标检测的影响程度，取决于雷达的频率鉴别力。假设图 7-11 中的多普勒频率等值线的间隔，对应雷达所能判别的最小多普勒频率差（即多普勒频率分辨力）。

如果 PD 雷达完全基于多普勒频率来区分目标和杂波，则落入副瓣杂波频谱之中的目标，必须同包含了目标多普勒频率的等多普勒线之间的整条地带的杂波相抗争。而这一地带中的大部分可能处于比目标近得多的距离上，由于雷达回波的强度反比于目标距离的四次方，这将造成远距离的目标不能从频域中检测出来。

如果对雷达回波作距离上的分辨（距离门选通）时，则目标回波只需要与落入相同距离门内的那部分杂波相抗争，如图 7-12 所示。这就大大降低了副瓣杂波对目标检测的影响程度。

从上述分析可以看出，雷达副瓣杂波不仅在时域影响近距离目标的检测，而且在频域内也影响对目标的检测性能。在典型的机载火控雷达中，紧靠主瓣的第一副瓣的双向增益大约比其他弱小副瓣高 20 dB。因此，采用高增益、低副瓣天线来减小副瓣杂波，对提高雷达性能具有重要意义。

另外，来自任一块地面的副瓣回波的强度除与距离（高度）、副瓣的增益等因素有关外，还与该地面的散射系数有关，如果该地面有某些特殊的建筑物，具有很强的电波反射

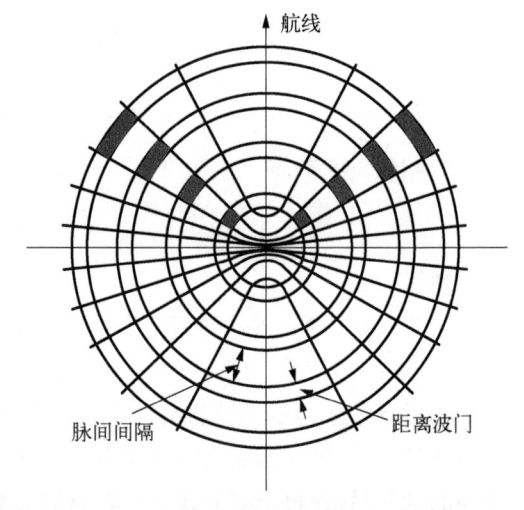

图 7-12 载机平飞时等多普勒线和距离圆环

系数则会产生很强的副瓣杂波，有时甚至会比主瓣回波还要强。对这种副瓣杂波，PD 雷达应采取一些特殊措施来减少或消除，以降低其对雷达性能的影响。

7.2.1.3 高度杂波

高度杂波是由与载机运动方向垂直和接近垂直的副瓣波束照射地面引起的回波。它是副瓣杂波中的一种特殊情况。由于此类回波离雷达载机的距离最近（飞机高度），而且通常有一个范围可观的区域，使得在幅度与距离的关系曲线上，来自该区域的副瓣杂波呈现为一个峰值脉冲，如图 7-13 所示。由于此杂波的距离通常等于雷达载机的绝对高度，故称为高度杂波。

图 7-13 中，假设高度杂波对应地面圆形区域的半径为 R_G，载机高度为 h，雷达所在点与地面圆围成圆锥。圆锥斜边相对载机高度增加的长度为 R_τ（假设为一个距离门对应的斜距，即 $c\tau/2$），斜边对应的入射角为 θ，则

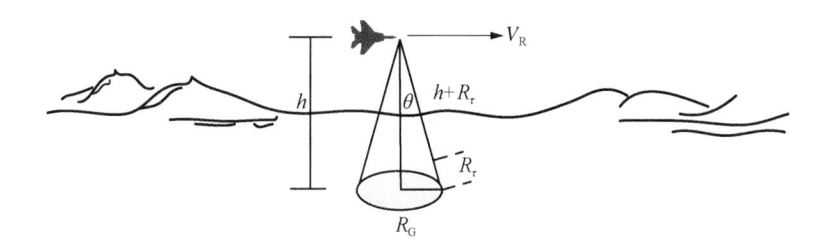

图 7-13 高度杂波

$$\theta = \arccos[h/(h+R_\tau)] \qquad (7-11)$$

$$R_G = h\tan\theta \qquad (7-12)$$

得到地面范围面积

$$A_G = \pi R_G^2 \qquad (7-13)$$

地面圆周边缘的最大多普勒频移为

$$f_{d\,\max} = 2V_R\sin\theta/\lambda \qquad (7-14)$$

高度杂波不仅比周围的副瓣杂波强得多,而且可能会同主瓣杂波一样强,甚至比主瓣杂波更强。这是因为产生高度杂波的区域面积不仅十分大(大于主瓣波束照射面积),以 90°的擦地角照射地面,而且是处于极近的距离上。在频域分布图上,高度回波也是耸起的,但并不尖锐。

通常,高度杂波的多普勒中心频率为零,但是如果雷达的高度正在改变(例如当飞机正在爬升、俯冲或飞行于倾斜地形的上空)时,情况就不同了。俯冲时,多普勒频率将是正的;而爬升时,多普勒频率将是负的。虽然该频率在一般情况下是相当低的,但也有可能达到相当高的时候。例如,在 30°的俯冲角下,高度杂波将会以等于雷达速度一半的速率变化。

另外,需要说明的是,脉冲多普勒雷达发射的是脉冲信号,在脉冲间歇期间,由于收发转换开关的隔离度问题,发射机泄露的发射信号也会进入雷达接收机,与高度杂波重合。

在 PRF 较低时采用合适的距离选通,可消除高度杂波。但是对于 PRF 较高时,高度杂波是一个主要问题。

7.2.1.4 地杂波综合频谱

综合主瓣杂波、副瓣杂波和高度杂波,可得到三种地杂波的综合多普勒分布如图 7-2 所示。

根据傅里叶变换,脉冲雷达回波信号的谱线都有边带频率。同样,对每一种地杂波,都具有射频脉冲串的频谱特性,所以射频地杂波的总体频谱如图 7-14 所示。地杂波的频谱也具有 $\sin x/x$ 包络形状,每根谱线的形状与地杂波的多普勒频谱形状相同,谱线间隔等于发射脉冲重复频率,中心谱线的中心频率为发射载频 f_c。地杂波的各种频率分量,都具有左右边频分量,它们的相互间隔等于脉冲重复频率,如高度杂波的边带分别为 $f_{d0} = nf_r$。

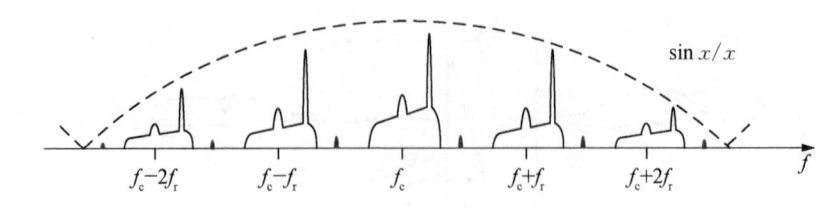

图 7-14 PD 雷达的地杂波频谱

如图 7-15 所示,高频地杂波经过中频为 f_I 的下变频和带宽为 f_r 的带通滤波器后就可得到如图 7-2 所示的地杂波中心频谱。

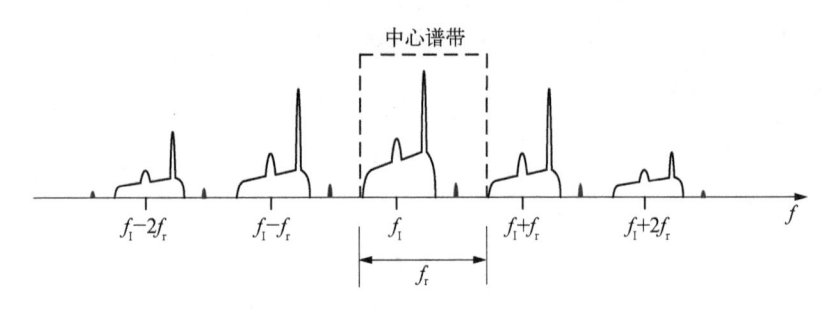

图 7-15 对地杂波下变频和带通滤波

7.2.2 地杂波频谱与运动目标频谱的关系

在熟悉了主瓣杂波、副瓣杂波和高度杂波的特性之后,下面简要地观察一下合成的杂波多普勒频谱,以及它与典型工作情况下典型飞行目标的回波多普勒频率之间的关系。这里假设脉冲重复频率高得足以能够避免多普勒频率模糊。

图 7-16 描绘了迎头飞行中目标多普勒频率与杂波多普勒频率之间的关系。因为目标的接近速度高于雷达载机的速度,所以目标的多普勒频率高于任何地物回波的多普勒频率。

图 7-17 表明了在接近速度较低的情况下,例如在尾随追踪中,目标多普勒频率与杂波多普勒频率之间的关系。因为目标的接近速度低于雷达载机的速度,所以目标的多普勒频率落入了副瓣杂波占据的频带内。它究竟落于何处,取决于目标接近速度的大小。

在图 7-18 中,目标的速度垂直于从雷达到目标的视线。因而,目标回波具有和主瓣杂波相同的多普勒频率。幸而目标只是偶然达到这样的一种关系,并且通常保持时间很短。

在图 7-19 中,目标的接近速度为零。在这一情况下,目标回波具有和高度杂波相同

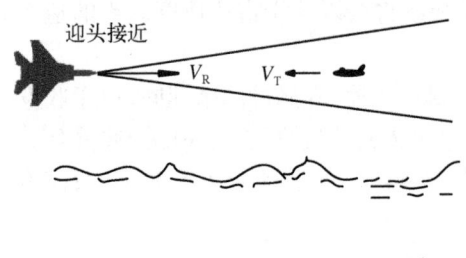

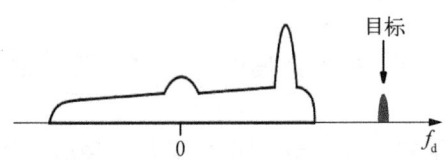

图 7-16 目标的多普勒频率高于任何地物回波的多普勒频率

的多普勒频率。

在图 7-20 中，画出了两个离去的目标。目标 A 的离去速度高于雷达的地速 V_R，所以这一目标出现于副瓣杂波频谱负频率端之外的清晰区内。反之，目标 B 的离去速度低于 V_R，所以这一目标出现于副瓣杂波频谱的负频率范围之内。

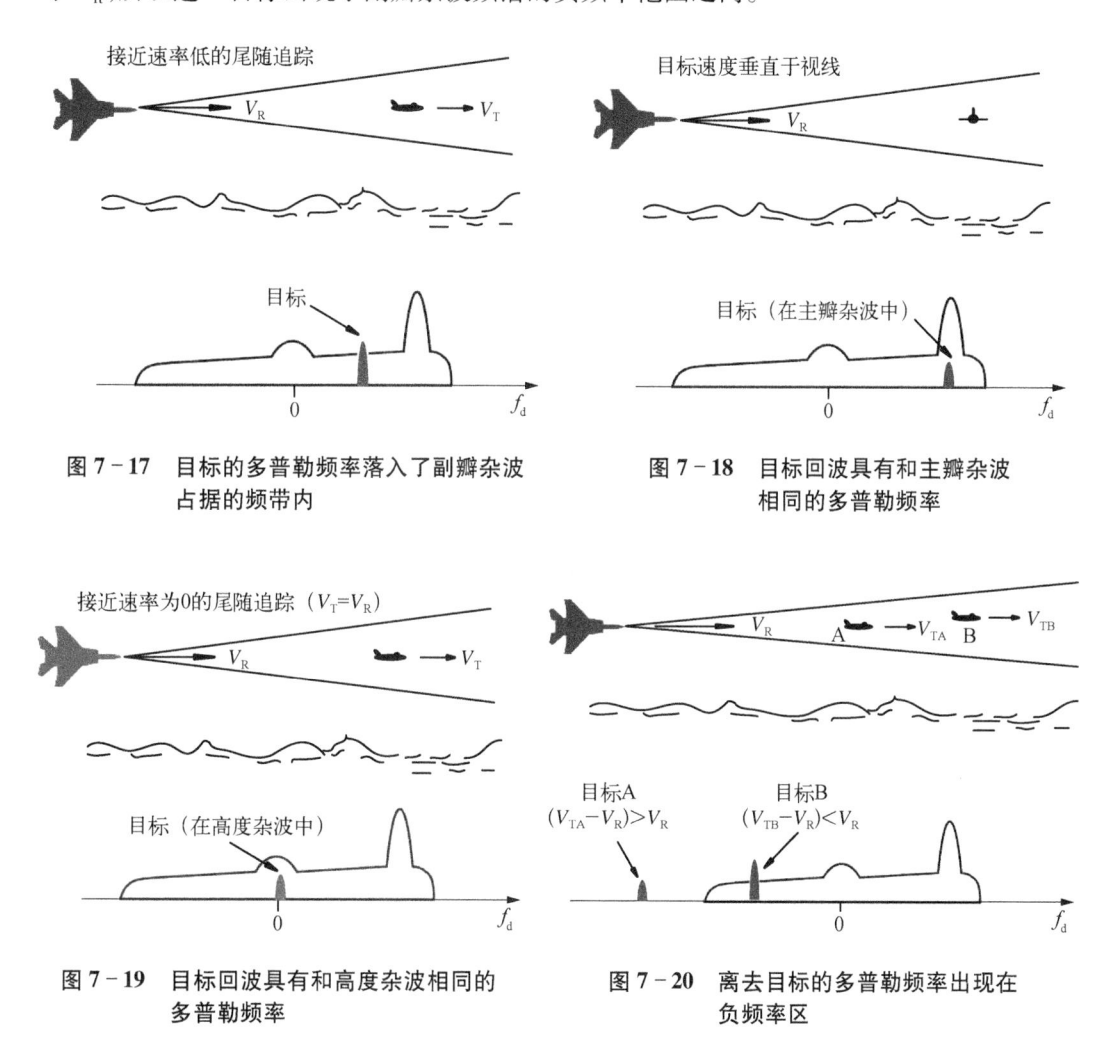

图 7-17 目标的多普勒频率落入了副瓣杂波占据的频带内

图 7-18 目标回波具有和主瓣杂波相同的多普勒频率

图 7-19 目标回波具有和高度杂波相同的多普勒频率

图 7-20 离去目标的多普勒频率出现在负频率区

参照这些情况，就很容易画出任何实际情况下目标回波和地物回波多普勒频率之间的关系，如图 7-21 所示。

7.2.3 多普勒模糊和距离模糊对地杂波的影响

对机载脉冲雷达来说，地杂波的存在直接影响着雷达对有用目标信号的检测。这种影响当雷达存在多普勒模糊和距离模糊时，将会更加严重。

1）多普勒模糊对地杂波的影响

为说明多普勒模糊对地杂波的影响，以一种典型的情况为例讨论，如图 7-22 所示。雷达载机低空飞行，在其前方，有目标 A、B 处在雷达天线的主瓣波束中。其中载

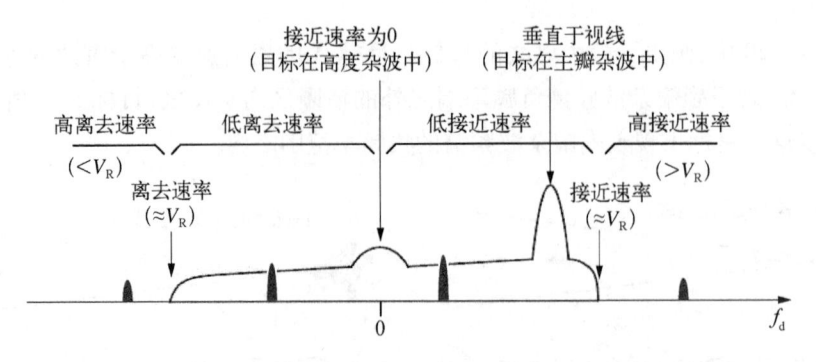

图 7-21 目标多普勒频率与地杂波频谱之间的关系

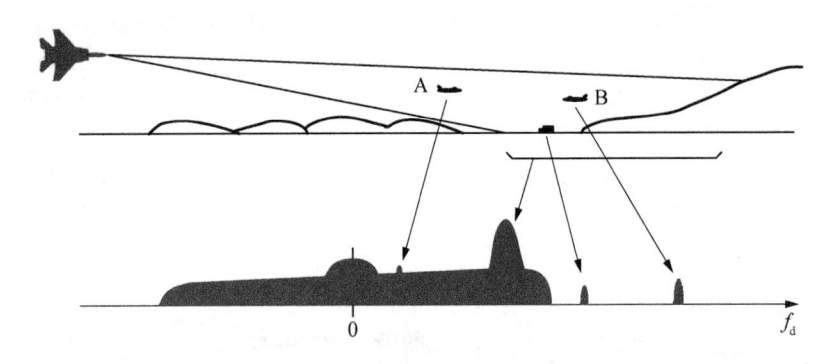

图 7-22 典型情况下的真实多普勒频谱

机正从尾部追赶目标 A，所以对目标 A 具有低的接近速度；目标 B 正在迎头接近雷达载机，所以具有较高的接近速度。同时雷达还接收到大量的地杂波，在主波束照射的地面上，有一辆卡车正朝向雷达载机行驶，因此其接近速度比地面略高。目标 A 正处于被追赶的状态，所以它的多普勒频率低于主瓣杂波频率，落入副瓣杂波覆盖的频带中。因为这类杂波大量地来自比目标近的距离上，所以目标回波好不容易才突出在杂波之上。如果目标较小或处于较远的距离上，那么它的回波甚至不能被辨别出来。由于目标 B 和卡车正在迎头接近雷达，所以它们就具有比任何杂波更高的多普勒频率。

假设雷达脉冲重复频率 f_r 小于地杂波真实多普勒频谱宽度，相邻边带的真实多普勒频率分量将发生重叠，如图 7-23 所示。这种重叠，即使目标和杂波两者的真实多普勒频率也许相差很远，但都可能通过相同的多普勒滤波器。图中的目标 B 和卡车是这一情况的实例。尽管这两个目标的真正的多普勒频率实际上高于任何杂波的频率，但在合成分布图上，两个目标几乎都被副瓣杂波所遮挡。

随着脉冲重复频率的降低，真实多普勒分布图的复现谱重叠加剧。从抑制杂波的观点来看，降低脉冲重复频率会产生两个主要影响：第一，在相邻的主瓣杂波谱线之间，有越来越多的副瓣杂波被叠加在一起；第二，各主瓣杂波谱线靠得更近了，如图 7-24 所示。由于这些谱线的宽度不随脉冲重复频率而变，因而降低脉冲重复频率便使得主瓣杂波在

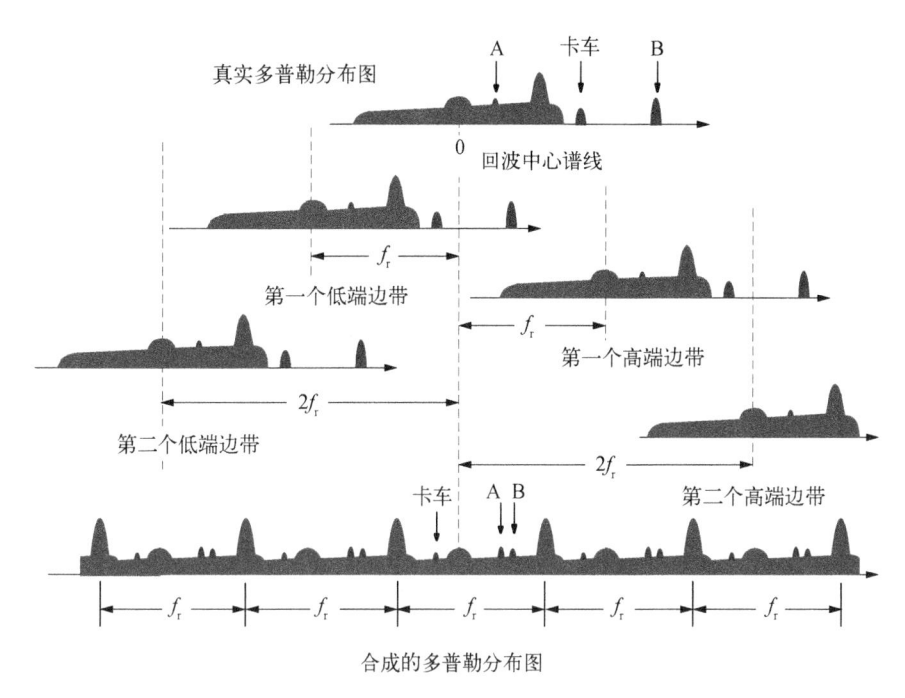

图 7-23 雷达脉冲重复频率小于地杂波真实多普勒频带宽度时的频谱重叠

接收机通带中所占据的百分比变大,并引起更多的高度回波和近处别的副瓣杂波叠加在主瓣杂波间隔间。随着主瓣杂波频谱在通带中所占比例的增大,要想基于主瓣杂波与目标在多普勒频率上的差别来抑制主瓣杂波而不同时抑制目标回波,将是十分困难的。显然脉冲重复频率越低、多普勒模糊对地杂波频谱的影响越严重。

2) 距离模糊对地杂波的影响

为说明距离模糊对地杂波的影响,仍然以图 7-25 所示的情况为例进行说明。从

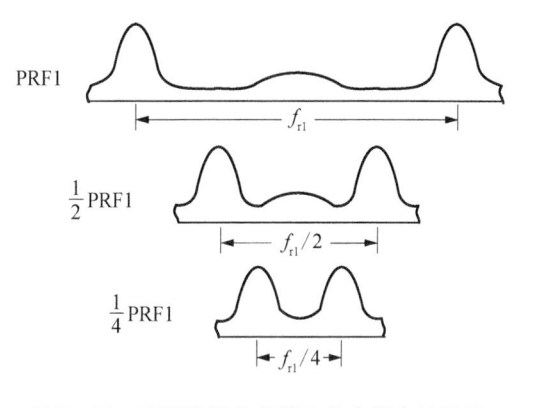

图 7-24 PRF 降低使相邻边带主瓣杂波靠近

真实的距离分布图上可以看出,来自目标 A 的回波清楚地突出于副瓣杂波之上,而目标 B 和卡车的回波却完全被强得多的主瓣杂波所掩盖。显然,对目标 B 和卡车,无法从时域中将其检测出来,而对目标 A,由于其幅度大于副瓣杂波的幅度,因而可以在时域中检测出来。但是目标 A 在时域中检测出来是有条件的,即距离不模糊。如果目标 A 的距离对雷达是模糊的,那么由于距离模糊,将造成目标 A 无法从时域中检测出来。

将典型飞行情况中的距离分布图按雷达的最大不模糊距离 R_u 分割成三个区,并且按接收时间将雷达接收的信号波形画出来,如图 7-26 所示。从波形图可以看出,从第三个发射周期开始,每个按接收周期的回波信号是三个距离区的回波信号的叠加。此时,目标

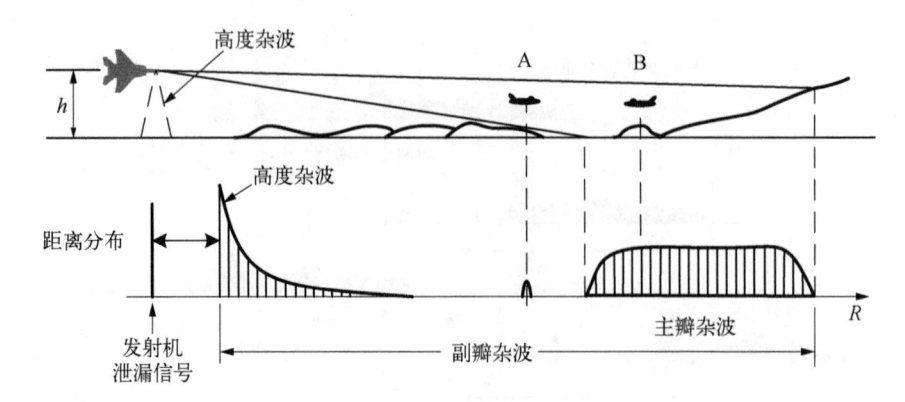

图 7-25 典型情况下的真实回波信号

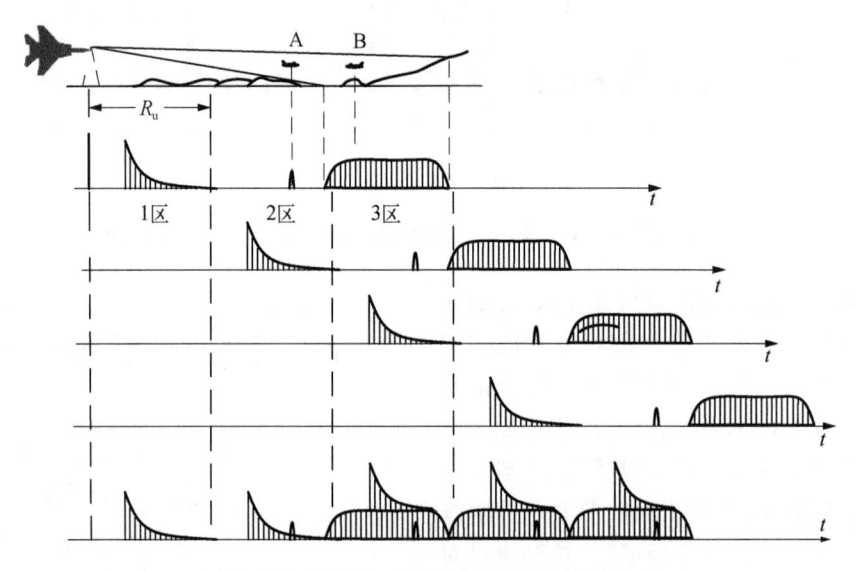

图 7-26 距离模糊对雷达接收地杂波的影响

A 显然无法从时域中检测出来。随着脉冲重复频率的增高,即不模糊距离区的变窄,叠加在目标回波位置上的杂波数量将更多,雷达就越不能利用时域距离上的差别来区分目标回波和杂波,而只能利用多普勒频率的差别来区分和检测。可以看出,距离模糊造成雷达接收的地杂波和回波信号在时间上重叠,使各个距离区中对应距离上的地杂波同时被雷达接收,从而更加造成时域中对信号进行检测的困难。

从前面的分析可知,距离模糊使得地杂波信号在时域中发生重叠,造成信号在时域中检测的困难;多普勒模糊使得地杂波信号的多普勒频谱在频域中发生重叠,造成信号在频域中检测的困难,模糊的程度越重,分离目标和杂波的困难越大。

雷达发射脉冲重复频率的高低直接影响着距离和多普勒模糊的程度,距离模糊和多普勒模糊与重复频率的关系正好相反,重复频率越低,距离模糊越轻,但多普勒模糊严重;反之重复频率越高,多普勒模糊越轻,但距离模糊严重。因此对 PD 雷达来说,PRF 的选择具有非常重要的意义。

7.3 三种脉冲重复频率

7.3.1 脉冲重复频率的分类

机载雷达所用的脉冲重复频率范围从几百赫兹到几百千赫兹。对于这么宽的频率范围,在一定条件下,雷达在什么频率上工作性能最佳,取决于许多因素,其中最重要的因素就是距离模糊和多普勒模糊。根据雷达功能的需要,PD 雷达一般将 PRF 分为高、中、低三种类型。下面就对三种 PRF 下雷达性能特点进行简要讨论。

1) 距离模糊和多普勒模糊与 PRF 的关系

距离和速度的乘积定义为距离/速度探测空间。对 PD 雷达来说,当雷达的射频信号载频确定之后,其最大不模糊距离 R_u 与最大不模糊速度 V_u 的乘积为一常数,称为不模糊距离/速度探测空间,即

$$R_u V_u = \lambda c/4 \tag{7-15}$$

式中,最大不模糊距离 $R_u = cT_r/2 = c/2f_r$,最大不模糊速度 $V_u = f_r \lambda/2$。

2) PD 雷达 PRF 的分类

因为 PRF 的选择对雷达性能有极大影响,故机载雷达通常是根据其所用的 PRF 来分类的。考虑到不模糊距离区和不模糊多普勒频率区几乎不能兼顾,因而规定了三种基本的 PRF,即低 PRF、中 PRF 和高 PRF。

它们不是根据 PRF 本身的数值大小定义的,而是根据该 PRF 是否使观测距离和(或)观测多普勒频率模糊而定义的。虽然严格的定义并不完全相同,但它们都是相似的。下面是一组广泛使用而又相互一致的定义。

低 PRF 是雷达的最大设计作用距离在一次距离区内时的 PRF。超过这个区不存在回波,距离是不模糊的。

高 PRF 是所有重要目标的观测多普勒频率均不模糊时的 PRF。

中 PRF 是上述两个条件均不满足时的 PRF,即距离和多普勒频率都是模糊的。

实际工程中,对任何一个雷达波段来说,并非所有可能的 PRF 都被使用。

7.3.2 低脉冲重复频率

低 PRF 信号的重复周期必须满足的条件是 $T_r \geq 2R_{max}/c$,对应的脉冲重复频率为

$$f_r = 1/T_r = c/(2R_{max}) \tag{7-16}$$

式中,R_{max} 为雷达的最大作用距离,它应大于雷达战术指标要求的最大探测距离。假设要求 $R_{max} = 150 \text{ km}$,则 $T_r \geq 1\ 000\ \mu s$,$f_r \leq 1\ \text{kHz}$。

一般低 PRF 的范围从 250 Hz($R_u = 600$ km)直到 4 kHz($R_u = 37.5$ km)。

对绝大多数空-地使用(如地图测绘)而言,低 PRF 工作模式是很重要的,而对某些空-空使用(上视),低 PRF 工作模式的性能比中 PRF 和高 PRF 都好。但在中、低空使用

时,低 PRF 工作模式有严重的缺点。

下面将通过分析低 PRF 工作模式下的回波信号特点,讨论该模式下抑制杂波及实现信号频域检测的基本方法。

7.3.2.1 回波信号

为了研究在低 PRF 工作方式下将目标和地杂波分开的方法,以图 7-27 所示的典型飞行情况为例进行分析。

1) 回波信号的距离分布

典型飞行情况下的目标回波的真实距离分布如图 7-27(b)所示,其雷达观测距离分布如图 7-27(c)所示。在一次距离区内,观测距离是真实距离。

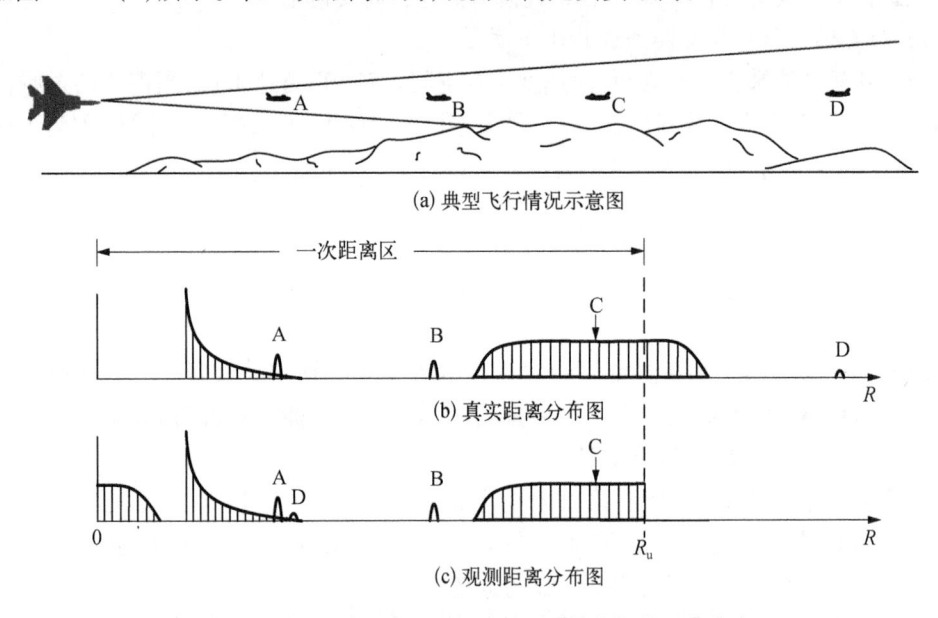

(a) 典型飞行情况示意图

(b) 真实距离分布图

(c) 观测距离分布图

图 7-27 低 PRF 典型飞行情况下回波信号的距离分布

从距离分布图可以看出,高度杂波、副瓣杂波和主瓣杂波均是清晰的。与主瓣杂波不在一起的目标 A 和 B 的回波也是清晰的,但目标 C 完全被主瓣杂波掩盖,目标 D 在一次距离区之外,它出现在很近的雷达观测距离上。

对目标回波 A 和 B 来说,虽然是处在副瓣杂波区中,但一般比同一距离的副瓣杂波强。副瓣杂波和主瓣杂波可以通过提高雷达的距离分辨力来进行限制,同时它不会由于近程杂波模糊叠加到目标所在的距离单元而增强。

从回波信号的距离分布看出,近距离副瓣杂波信号幅度较强,为了抑制副瓣杂波的幅度,低 PRF 方式的雷达接收机增益可以采用时间灵敏度控制,这样可使雷达接收机输出的目标回波和副瓣杂波的幅度在一定程度上与距离无关。

由于目标回波在距离分布上是清晰的,因而目标回波幅度只要大于相同距离上的杂波幅度就可以从时域中检测出来。一般将距离分布图分为许多相同的距离单元(距离门),每个单元距离门宽度与发射脉冲宽度相同(非脉冲压缩时),如图 7-28 所示。这样根据幅度大小就能辨别出目标回波,并且根据距离门的位置测得目标的距离。

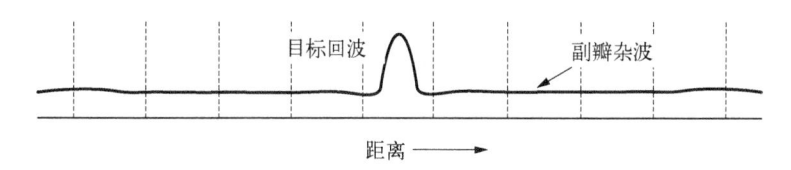

图 7-28 距离门将距离分为许多单元

对处于主瓣杂波位置上的目标回波,虽然采用距离门进行了分割,但由于主瓣杂波比回波信号强,因此不能从时域中检测出来,而只能从频域中寻找差别进行检测。

2) 回波信号的多普勒频谱分布

因为使用低 PRF 时距离基本上是不模糊的,所以多普勒频谱分布图的形状随其在脉冲周期内的观察时刻不同而有很大变化。换句话说,不同距离段来的反射回波,其多普勒频谱分布图可能完全不同。

目标 C 所在距离段的多普勒频谱分布图如图 7-29 所示。

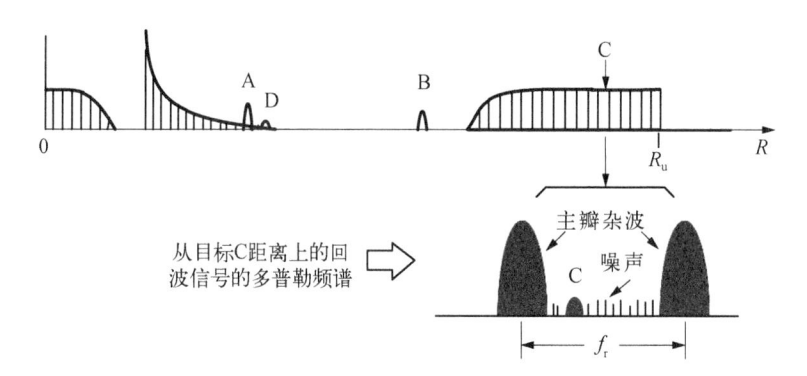

图 7-29 目标 C 距离上的回波的多普勒频谱

从图中可以看出,在相邻的 PRF 谱线之间,可以看到背景热噪声和目标 C。此距离上的副瓣杂波低于噪声电平。还可看出,若目标 C 的多普勒频率再低一些,目标 C 就可能被杂波掩盖掉。

目标 B 也相当远,故伴随它的副瓣杂波低于噪声电平。因在目标 B 的距离上收不到主瓣杂波,所以不论其多普勒频率多大,它总会不受阻碍地显现出来。

在较近的距离上,如目标 A 的距离,副瓣杂波比噪声强得多。尽管如此,由于通过距离门选通,伴随的副瓣杂波和目标回波来自同一距离,目标还是出现在杂波上面,如图 7-30 所示。

目标 D 超过了不模糊距离,是在下一个周期才收到的回波。虽然它有时会比伴随的旁瓣杂波强,但可通过改变 PRF 解算距离模糊而剔除。

图 7-31 表示在收到主瓣杂波距离上的多普勒频谱,为了消除主瓣杂波,不仅必须抑制中心谱线所在的频带,而且还必须在整个雷达中频带宽内每隔一个 f_r 抑制一个谱线的频带。消除主瓣杂波后,才能依据多普勒频率的差别将目标检测出来(如目标 C)。

从上述讨论可知,在低 PRF 方式下回波信号的多普勒频谱,根据距离的不同而有很

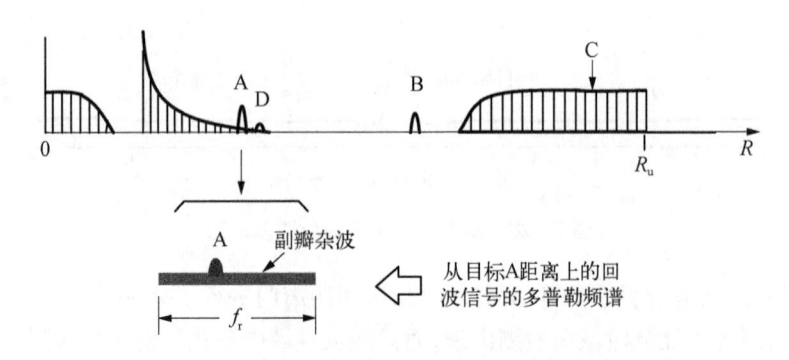

图 7-30 目标 A 距离上的回波的多普勒频谱

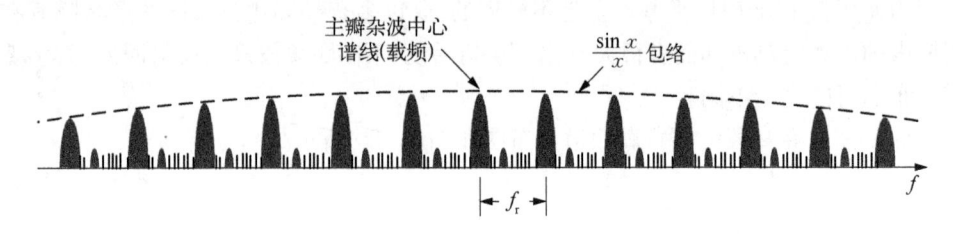

图 7-31 收到主瓣杂波距离上的回波多普勒分布图

大的差别。对处在主瓣杂波距离内的目标回波来说,要在频域中与杂波区别出来,需要采取措施滤除主瓣杂波,以防止强度较大的主瓣杂波频谱分量在多普勒滤波器中对有用信号检测的影响。

7.3.2.2 实现频域检测的方法

低 PRF 模式下实现信号频域检测的基本原理如图 7-32 所示。

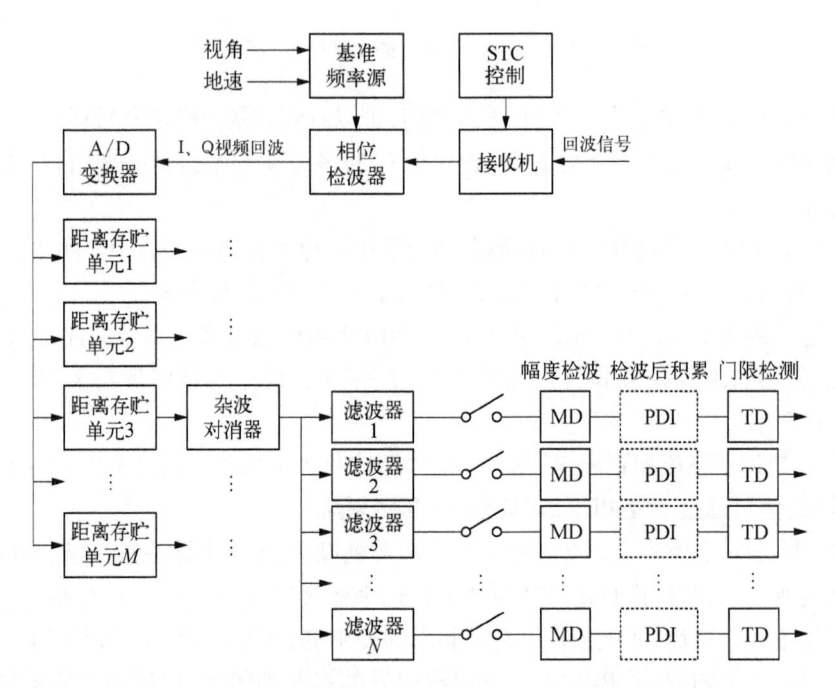

图 7-32 低 PRF 模式下实现信号频域检测的基本原理框图

雷达接收机输出的中频回波脉冲信号加到同步检波器，同步检波器将中频脉冲变换为 I、Q 两路视频信号。加到同步检波器的基准信号频率可使主瓣杂波的中心谱线置于零频率（直流）。回波信号中心谱线的频率不随 PRF 改变而改变，而其他谱线的频率则不然。

A/D 变换器对视频信号进行采样，采样间隔等于发射脉冲宽度，其输出是代表相邻距离单元回波 I、Q 分量的数字量。这些数字量按距离增量贮存在不同的距离存贮单元中。

为了降低主瓣杂波强度，每个距离单元上的数字量通过各自的杂波对消器。每个杂波对消器都有 I、Q 两个通道。

为了减少对消器输出中的主瓣杂波剩余，同时为了降低噪声和副瓣杂波，每个对消器的输出在多普勒滤波器组中积累。为了使滤波器组能用快速傅里叶变换实现，必须使滤波器组的带宽等于 PRF。至于覆盖主瓣杂波区的滤波器（在滤波器组边上的滤波器）的输出，则不予处理。

在每个滤波器积累时间终了时，进行滤波器输出的幅度检测（只对每个想要的滤波器）。如果滤波器积累时间小于天线的目标驻留时间，则可能需要某种检波后积累。不论有无检波后积累，每个滤波器的积累输出都以与目标驻留时间相等的间隔加到门限检测器，门限检测器确定积累结果是否代表一个目标。当判断为目标时，则目标的距离即由其对应的距离门位置确定。

1）杂波对消器

主杂波滤除是在时域实现的，主要是由于主杂波很强，同时防止后续相参积累快速傅里叶变换处理中强主杂波频谱泄漏对目标检测的影响。

杂波对消器用来滤除主瓣杂波，其基本原理如图 7-33 所示。

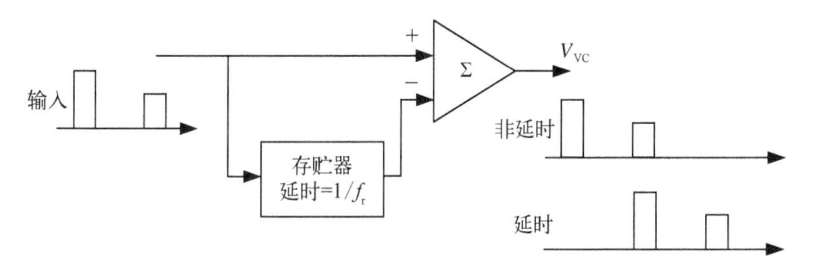

图 7-33 杂波对消器的基本原理框图

杂波对消器有模拟式和数字式两类，但其原理相同，即将前一重复周期的回波信号延迟一个周期后与下一重复周期同距离的信号相减。实现杂波对消的依据是运动目标的回波脉冲在幅度上发生变化，而静止目标的回波脉冲在幅度上保持不变。因此，杂波对消的最简单实现形式就是比较连续回波脉冲的幅度。这一过程可以在单延迟线对消器中完成，如图 7-33 所示。该电路将基带（视频）信号分为两路：其中一路的时延为一个脉冲重复间隔，而另一路没有时延。两路均连接到差分放大器上。在图 7-33 中，进入到单延迟线中的一组脉冲包含两个脉冲，输送到延迟线路的第一个脉冲经时延 T_r 到达差分放大器，输送到非延迟线路的第二个脉冲在经历时间 T_r 后也达到差分放大器，此时延迟线路的第一脉冲和非延迟线路的第二个脉冲在时间上重合,两者构成差分放大器的两个输入。差分放大器的输出电压对应于两个输入脉冲之间的电压差。这样,该电路在两个连续脉冲间形成差分。该过程随着更多脉冲达到输入端而不停地运行下去,那么此对消电路持续输出一系列等于连续输入脉冲电压差的电压。还值得注意的是,这里所考虑的单延迟线对消电路在第一个脉冲到达时间上并没有产生有效输出,换言之,单延迟线对消器需要两个输入脉冲才能获得有效输出。

设发射信号表示为

$$A_1 \sin(\omega_t t) \tag{7-17}$$

则接收信号为

$$A_2 \sin(\omega_r t - 2\omega_t R/c) \tag{7-18}$$

式中,$\omega_r = \omega_t \pm \omega_d$,$2\omega_t R/c$ 表示到目标双程距离上的相移。因此,接收信号也可以表示为

$$A_2 \sin[(\omega_t \pm \omega_d)t - 2\omega_t R/c] \tag{7-19}$$

接收信号在乘法混频器中与从发射信号耦合出来的信号进行相参混频。这种零差式下变频将接收信号转换到基带输出。因此,该混频器的输出为

$$A_1 \sin(\omega_t t) A_2 \sin[(\omega_t \pm \omega_d)t - 2\omega_t R/c] \tag{7-20}$$

计算得

$$0.5 A_1 A_2 \cos[(2\omega_t \pm \omega_d)t - 2\omega_t R/c] + 0.5 A_1 A_2 \cos[(\pm \omega_d t) - 2\omega_t R/c] \tag{7-21}$$

式(7-21)中第一项位于两倍于发射频率的频率附近,容易被滤除掉,那么只剩下由第二项表示的分量,而由该分量即可得到多普勒频率。因此,滤波后的基带输出为

$$0.5 A_1 A_2 \cos[(\pm \omega_d t) - 2\omega_t R/c] \tag{7-22}$$

该输出的峰值幅度在某种程度上是随机的,所以为方便起见,令 $A_3 = 0.5 A_1 A_2$。该基带信号也可称作视频信号,它就是对消电路的视频输入信号。那么,对消器视频输入的包络 V_v 表示为

$$V_v = A_3 \cos[(\pm \omega_d t) - 2\omega_t R/c] \tag{7-23}$$

由于雷达是脉冲式的,V_v 在脉冲出现时间上的数值很重要。考虑在时间 t_1 和 t_2 处的 V_v 值,这两个时间点对应于两个连续脉冲的出现时间。则有

$$V_{v1} = A_3 \cos[(\pm \omega_d t_1) - 2\omega_t R/c] \tag{7-24}$$

$$V_{v2} = A_3 \cos[(\pm \omega_d t_2) - 2\omega_t R/c] \tag{7-25}$$

对消器将这两个脉冲在时间上重合在一起,并输出两脉冲的电压差。因此,对消后的视频输出 V_{vc} 表示为

$$V_{vc} = V_{v2} - V_{v1} = -2 A_3 \sin[\pm 0.5(t_2 - t_1)\omega_d] \sin[\pm 0.5(t_2 + t_1)\omega_d - 2\omega_t R/c] \tag{7-26}$$

上述两个脉冲间的时间差 $(t_2 - t_1) = T_r = 1/f_r$，$\omega_d = 2\pi f_d$，并且 $\omega_t = 2\pi f_t$，将这些表达式代入 V_{vc} 的表达式可得到

$$V_{vc} = -2A_3 \sin(\pm \pi f_d/f_r) \sin[\pm \pi f_d(t_2 + t_1) - 4\pi f_t R/c] \qquad (7-27)$$

式(7-27)中第二个正弦项 $\sin[\pm \pi f_d(t_2 + t_1) - 4\pi f_t R/c]$ 表示对消后视频输出具有运行在多普勒频率 f_d 上的正弦波包络和与距离相关的相移 $4\pi f_t R/c$（该相移发生在雷达到目标的双程距离上）。$-2A_3 \sin(\pm \pi f_d/f_r)$ 项表示正弦波包络的峰值幅度，该项取决于多普勒频率与脉冲重复频率的比值。应再次强调的是，真实的对消后视频输出实际上是具有雷达脉冲重复频率的一系列脉冲，其包络即为式(7-27)。因此，对消后视频输出脉冲仍可提供对多普勒频率波形的采样，但是这些脉冲的幅度由式(7-27)中的第一个正弦项进行了缩放。对消器的响应可由 $-2A_3 \sin(\pm \pi f_d/f_r)$ 项的绝对值（即 $|V_{vc}|$）来表示。

当 $f_d = 0$ 时，有

$$|-2A_3 \sin(\pm \pi f_d/f_r)| = 0 \qquad (7-28)$$

因此，零多普勒频移的目标回波没有输出，从而静态杂波被抑制。对消器响应达到最大值 $2A_3$ 的条件是

$$\sin(\pi f_d/f_r) = 1 \qquad (7-29)$$

$$\pi f_d/f_r = \pi/2 \qquad (7-30)$$

也就是

$$f_d = f_r/2 \qquad (7-31)$$

并且距离 R 的大小正好使相移项 $2\omega_t R/c$ 置连续脉冲回波于多普勒频率波形的正负峰值处，如图7-34所示。脉冲的电压电平在 $+A_3$ 和 $-A_3$ 之间变化，因此产生的最大差值为 $2A_3$。此时，这些脉冲在相位间隔 $\Delta \varphi = 180°$ 处对多普勒频率波形进行采样。

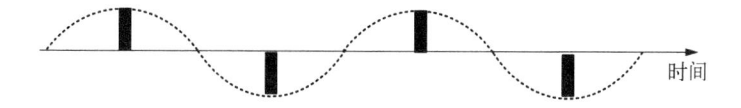

图 7-34 杂波对消器的峰值响应

$|-2A_3 \sin(\pm \pi f_d/f_r)|$ 关于 f_d 的函数曲线表示对消器的频率响应，如图7-35所示。该图显示了在零多普勒频率处对消器输出为零，而当 $f_d = f_r/2$ 时，对消器输出达到峰值 $2A_3$。还可以注意到，在频率轴上，滤波响应不断重复。由于被采样的信号是多普勒频率 f_d，且采样频率为脉冲重复频率 f_r，必须充分认识到欠采样将导致模糊出现。当 $f_d > f_r/2$ 时，对消器响应将出现重复，从而引发多普勒频率模糊，这一现象在图7-35中的重复图形上可以明显看出。

对 $f_d = 0$ 的静态杂波的抑制会在 $f_d = mf_r$ 处重复发生，其中 m 为正整数。由于杂波谱在多普勒频移等于脉冲重复频率的整数倍处重复，前面描述的单延迟线对消电路不仅在零多普勒频率处抑制杂波，而且还在等于脉冲重复频率整数倍的多普勒频移处抑制回波。

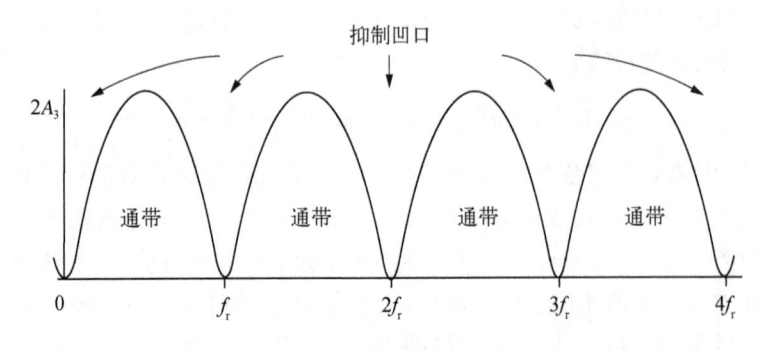

图 7-35 杂波对消器频率特性

从对多普勒频率波形进行相位采样的角度去看这一现象,能够容易理解对消器频率响应中重复出现的抑制零位。如果多普勒频移等于脉冲重复频率,那么连续不断而来的脉冲将出现在多普勒周期波形的同一处相位上,因此脉冲具有相等的幅度并被对消器抑制掉。$f_d = f_r$ 时的情况如图 7-36 所示。同样,当脉冲在相位间隔 $\Delta\varphi = (180 + 360m)°$ 处对多普勒频率采样,即 $f_d = (2m+1)f_r/2$,且出现适当的距离相移时,对消器响应的峰值会重复出现。

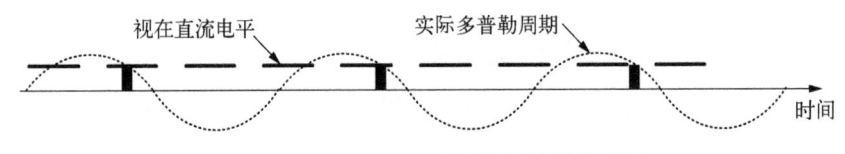

图 7-36 在 $f_d = f_r$ 时出现模糊的基带采样

可以看出,简单对消器的凹口有时比杂波谱线可能占有的宽度要窄得多。但是,很容易将它们展宽。最简单的办法是将一个以上的对消器串联在一起,也就是将它们级联起来。例如,使用双延迟线对消器可以增大抑制带宽。如果抑制凹口做得足够宽,并且主瓣杂波集中在凹口里,杂波就基本对消。对消后的输出中将有目标回波、副瓣杂波和背景噪声,当然还有主瓣杂波剩余,如图 7-37 所示。接在每个杂波对消器后面的多普勒滤波器

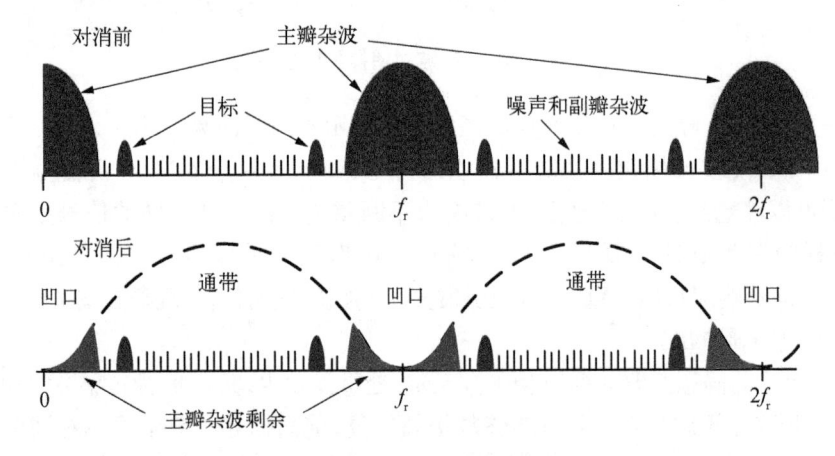

图 7-37 主瓣杂波对消器的输出

不仅消除大部分主瓣杂波剩余,而且还大大降低与目标信号相抗衡的副瓣杂波幅度和噪声平均电平。适当选择目标门限电平,还能进一步减小杂波和噪声产生虚警的可能性。

2) 主瓣杂波跟踪

杂波对消器通常用于地面雷达滤除固定地杂波,这是因为雷达与地物背景之间没有相对运动,主杂波集中于多普勒频率"零"附近。机载雷达在采用杂波对消器滤除主杂波前,需要将主杂波的中心频率搬移到"零"多普勒频率。通过改变接收机下变频的本振信号频率或改变数字下变频的数字本振频率,可以将基带回波信号中的主杂波信号搬移到"零"多普勒附近。为此,需要首先确定主杂波的中心频率。

从前面的内容中知道,主瓣杂波频谱的中心频率和带宽不仅与雷达载机的速度有关,而且还跟随雷达天线的扫描视角变化而变化。实现主瓣杂波中心多普勒频率跟踪,在相位检波器内对主瓣杂波中心多普勒频率偏置于零的原理是:由雷达数据处理计算机根据波束的扫描视角和载机的速度,计算出主瓣杂波中心多普勒频率数据,然后控制加到相位检波器的基准频率源的基准频率,使其与该时刻到达的主瓣杂波信号的中心多普勒频率相等,从而使相位检波器输出的主瓣杂波中心多普勒频率为零频率。

由于杂波对消前进行了频率迁移,在进行杂波对消后还需要对回波信号的频率进行恢复,以获得真实的目标多普勒频率。

在低 PRF 模式下,由于多普勒频率严重模糊,因此虽然从多普勒滤波器组中检测出目标信号,但并不能确定目标的相对速度。虽然从频域进行信号检测,其目的是滤除地物杂波,将有用信号检测出来。在无地杂波干扰时(如高空飞行或上视时),也可采取从时域中检测信号的方法。

7.3.3 中脉冲重复频率

中 PRF 是距离和多普勒频率都模糊的 PRF。对工作在 X 频段的雷达,PRF 值的范围为 1~100 kHz,典型值为 10~50 kHz。

中 PRF 工作模式具有探测低接近速率目标的能力。与低、高 PRF 模式相比,中 PRF 模式改善了雷达对抗主瓣杂波的能力和在后半球尾追接近目标(低接近速率)时对抗副瓣杂波的能力。

下面将通过分析中 PRF 方式下回波信号的特点,讨论在该模式下抑制杂波和实现信号频域检测的基本方法,并简要介绍有关技术问题的解决办法。

7.3.3.1 回波信号

为了得到地杂波抑制问题的清晰概念,以图 7-38 的典型飞行情况为例进行分析讨论。

图 7-38 中,设雷达的脉冲重复频率为 10 kHz,其一次距离区 R_u = 15 km,则雷达最大感兴趣的目标距离(如 45 km)被分为三个距离区。

1) 回波信号的距离分布

从典型飞行情况的雷达视在距离分布图可以看出,在时域中三个距离区的信号叠加在一起,主瓣杂波从区间的一端延伸到另一端,近距离上的强副瓣杂波覆盖了区间很大一部分。由于地杂波完全掩盖了所观察的距离区间,所以没有一个目标可以分辨出来。

(a) 典型飞行情况示意图

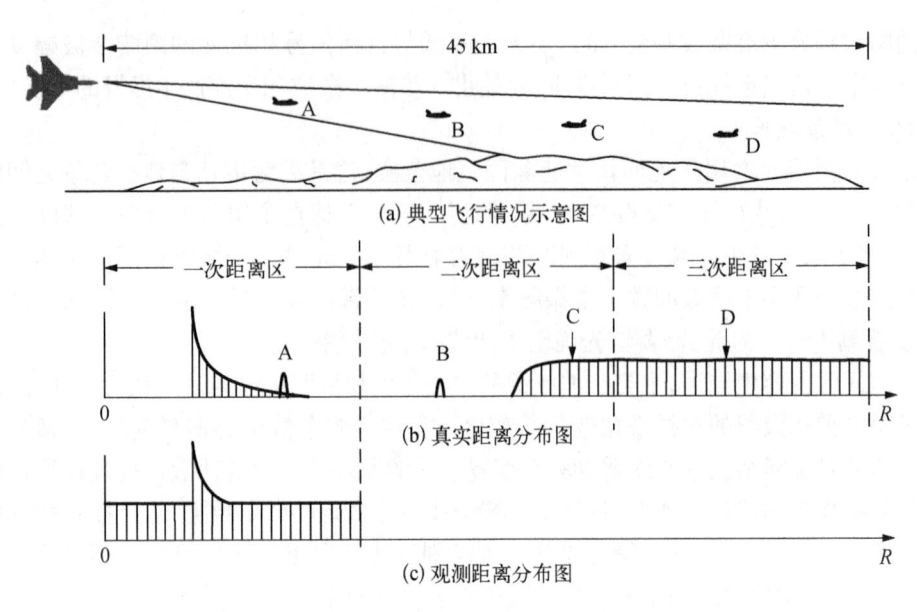

(b) 真实距离分布图

(c) 观测距离分布图

图 7-38 中 PRF 典型飞行情况下的距离分布

除了很大的目标处于很弱的杂波中这种情况外（如探测和跟踪舰船的情况），单靠距离鉴别，根本不能使雷达从杂波中分辨出目标。为了抑制主瓣杂波和副瓣杂波，必须着重依靠多普勒频率鉴别。

2) 回波信号的多普勒频谱分布

典型飞行情况下回波信号的多普勒频谱分布如图 7-39 所示。由于主瓣杂波覆盖整个视在距离区间，因此任一视在距离上的回波的多普勒频谱都与图中的频谱相似，即由一系列间隔一个脉冲重复频率的主瓣杂波谱线组成。在任意两个相邻谱线之间（图 7-40），出现绝大部分（但不是全部）的副瓣杂波和绝大部分（也不是全部）目标回波。其余副瓣杂波和目标回波与主瓣杂波混叠在一起。

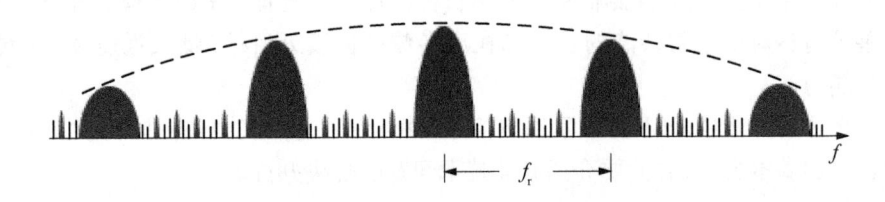

图 7-39 中 PRF 典型飞行情况下回波信号的多普勒频谱分布

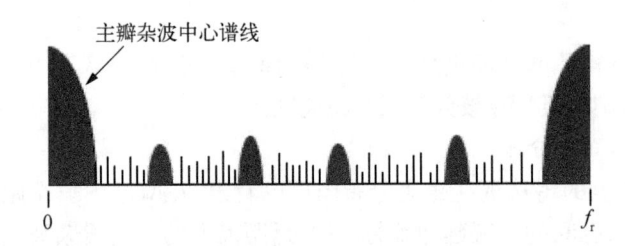

图 7-40 主瓣相邻谱线之间的杂波和目标频谱

尽管中 PRF 时主瓣杂波间距相对低 PRF 时大一些,但是由于其 PRF 并不是足够大,正多普勒频率的副瓣杂波基本与负多普勒频率的副瓣杂波衔接(其间距为 $f_r - 4V_R/\lambda$),甚至会相互重叠。因此,中 PRF 的一个显著特点是基本不存在无杂波区。所以,要从频域中检测目标,需要抑制主瓣杂波和副瓣杂波。

对中 PRF 时的主瓣杂波来说,虽然图形与低 PRF 相似,但有重要的差别,即中 PRF 的主瓣杂波谱线相隔较远。由于谱线宽度与 PRF 无关,故谱线之间有较大的检测目标的清晰区。即使主瓣杂波相当宽,仍可根据其多普勒频率加以抑制,同时从平均值来说,被抑制掉的目标回波的数量也不会过多。

由于距离模糊比较严重,抑制副瓣杂波不像低 PRF 时那样简单。为了说明这一点,图 7-41 重新画出了雷达看到的去掉主瓣杂波后的距离分布图。从图中可以看出,副瓣杂波是锯齿形的,只有在杂波上面的近距目标(A)才能辨别出来,目标 B 和 C 仍是被遮挡的。锯齿形是由于一次距离区的强副瓣杂波叠加在后面距离区的较弱杂波上形成的。

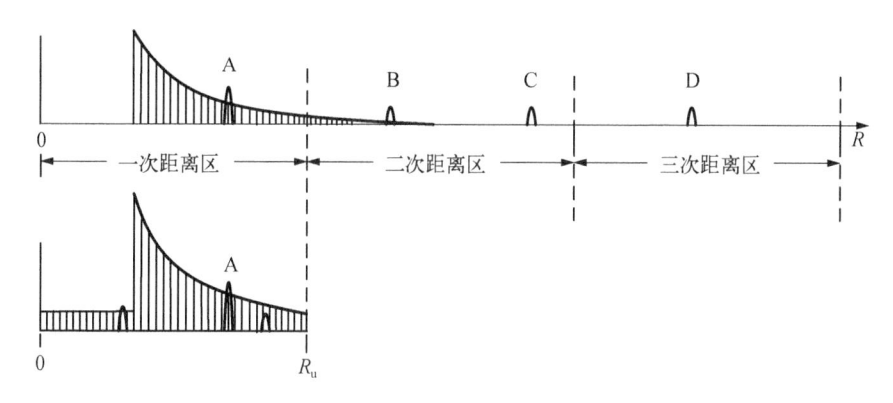

图 7-41 主瓣杂波被抑制后的距离分布

对二次距离区中的被遮挡目标(目标 B)来说,它不仅必须对抗其所在距离上的副瓣杂波,而且必须对抗一次距离区中对应距离上的强得多的副瓣杂波。三次距离区中的目标 C 和 D,不仅必须对抗它们所在距离上的副瓣杂波,还必须对抗一次和二次距离区中对应距离上的强得多的副瓣杂波。

当然,杂波可以大大降低,这不仅是由于距离不同,而且也由于方向角不同。因不同方向来的杂波有不同的多普勒频率,所以如果同时利用距离和多普勒频率,就能将目标回波与其所对抗的大量副瓣杂波区分开来。

距离区分通过距离选通(距离波门)来完成,如同低 PRF 工作时一样。距离门内将只收到较窄的等距离地面圆环的杂波。但是,由于距离模糊,每个距离门所通过的杂波不只是来自一个环,而是来自几个环,如图 7-42 所示。虽然一个或多个这样的环可能位于较近的距离上,但是通过距离选通获

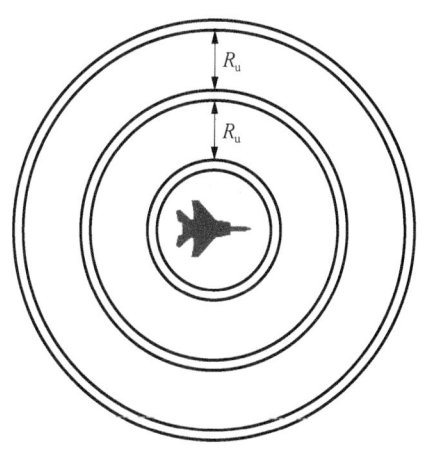

图 7-42 距离门对副瓣杂波的分割

得的杂波抑制还是显著的。

多普勒频率区分可通过将每个距离门的输出加到多普勒滤波器组。这样,多普勒滤波器仅接收等多普勒线带(宽度由多普勒滤波器带宽决定)上的副瓣杂波分量。但是由于多普勒模糊,任一滤波器通过的杂波不是只来自一个带,而是来自几个带(如图 7-43 所示)。尽管这样,目标回波必须对抗的杂波量只是从距离门内通过杂波的一小部分。

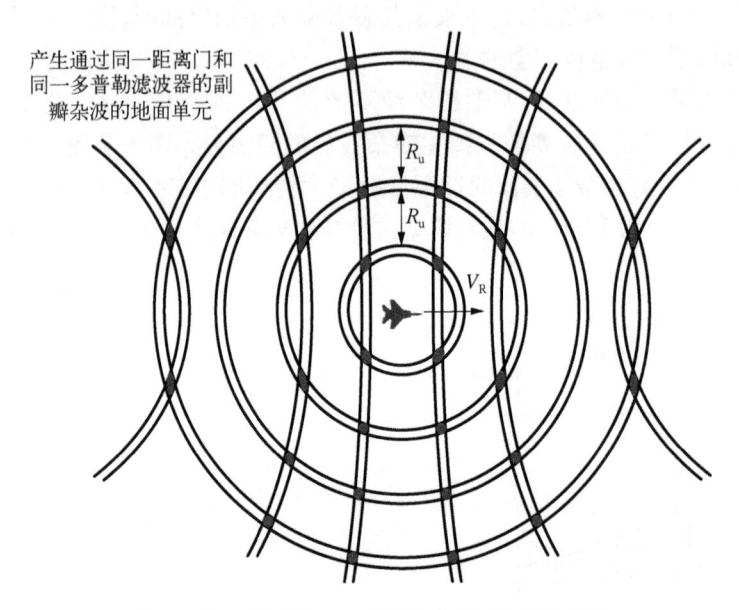

图 7-43 距离门和多普勒滤波器对杂波的分割

7.3.3.2 实现频域检测的方法

中 PRF 模式下实现频域检测的信号处理过程原理如图 7-44 所示。

中 PRF 模式下的信号处理与低 PRF 模式下的信号处理非常相似,只有三个主要区别:第一,由于距离模糊,雷达接收机不能采用时间灵敏度控制增益。因此需要采取技术措施解决 A/D 变换器的饱和问题;第二,为了进一步减弱副瓣杂波(中 PRF 由于距离模糊使副瓣杂波叠加),多普勒滤波器的通带可能较窄;第三,为了解距离和多普勒模糊,需要进一步作技术处理。

和低 PRF 时一样,处理接收机中频输出的第一步是移动多普勒频率,使主瓣杂波中心谱线位于零频率位置。而且,频谱的移动必须根据雷达速度和天线视角变化加以动态控制,并由相位检波器完成,它的 I、Q 输出以大致等于发射脉冲宽度的采样间隔进行采样和数字化。

为了防止 A/D 变换器因输入信号过强而进入饱和,变换器之前要有自动增益控制。为此,对变换器的输出加以监视,并贮存一个脉冲重复周期内的不断更新的输出分布图。根据这个分布图得出增益控制信号并加到 A/D 变换器之前的放大器上。在收到主瓣杂波和近距强副瓣杂波时,控制信号使增益降低,从而使 A/D 变换器不饱和,而在弱信号来到时,仍使 A/D 变换器的输入电平高于 A/D 变换器的噪声电平。因控制信号是在回波数

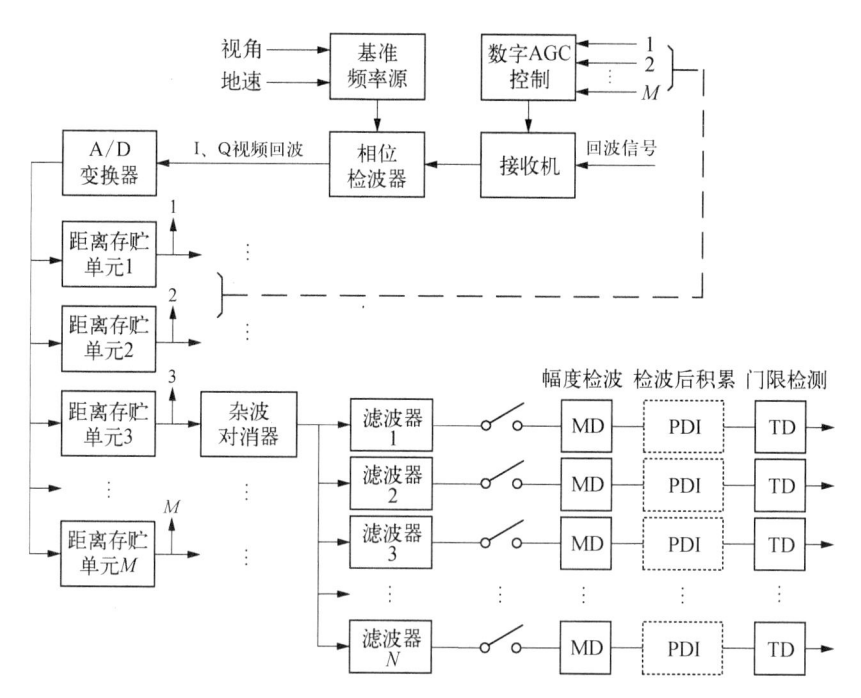

图 7-44 中 PRF 方式的信号处理过程原理框图

字化后得到的,故这种控制称作数字自动增益控制。

为了减小后续处理所需的动态范围,A/D 变换器的输出分到各距离门后,可选用的步骤是去除每个距离门中的大部分主瓣杂波。它是用杂波对消器完成的。然后将每个距离门中的回波数据加到多普勒滤波器组。在每个积累周期结束时,对每个滤波器的输出进行幅度检波。如果雷达天线扫描和多普勒滤波器带宽使滤波器积累时间小于目标驻留时间,可在幅度检波后再进行积累。

不论何种情况,每个多普勒滤波器通过的在每个目标驻留期间内积累的回波信号都加到各自的门限检测器。检测的门限是自适应调整的,以保证杂波产生的虚警概率低到可接受的程度。门限调整可根据杂波的平均电平进行。

目标被检测到时,只要观测它是在哪个距离门(或哪几个相邻距离门)中检测到的,就能知道目标的视在距离。类似地,只要观察检测发生在哪个多普勒滤波器(或哪几个相邻滤波器)中,就能知道目标的视在多普勒频率,从而知道视在接近速率。

当然,视在距离和多普勒频率是模糊的。目标的真实距离和真实多普勒频率需要进一步采取措施加以判别、解算(即解模糊技术处理)。

7.3.4 高脉冲重复频率

高 PRF 是所有重要目标的观测多普勒频率均不模糊时的 PRF,而观测距离一般是严重模糊的。

一般高 PRF 发射脉冲采用高工作比波形,如图 7-45 所示。由于雷达发射时接收机必须关闭,加之收发开关有一定的恢复时间,因此占空比一般比 50% 低一些。

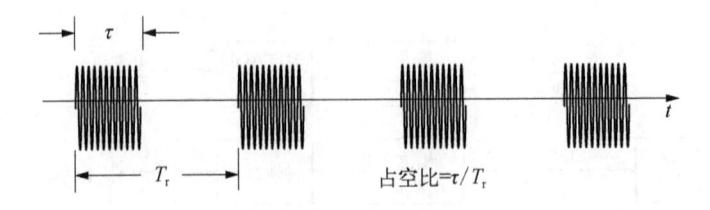

图 7-45 高 PRF 时发射信号的占空比

至于高 PRF 的数值,如果要无杂波区(多普勒清晰区)包含所有重要的高接近速率目标,PRF 必须大于最快的接近目标的多普勒频率与最高副瓣杂波频率(取决于雷达速度)之和,如图 7-46 所示。高 PRF 的脉冲重复频率必须足够高,以确保信号频谱存在于无杂波区。脉冲重复频率的最小值为

$$f_{r\,min} = f_{d\,max} + |f_{-d\,max}| \tag{7-32}$$

$$f_r \geq f_{r\,min} \tag{7-33}$$

式中,$f_{d\,max} = 2V_{+max}/\lambda$,$f_{-d\,max} = -2V_{-max}/\lambda$,$V_{+max}$ 和 V_{-max} 为雷达的战术指标给出的目标最大相对速度范围。

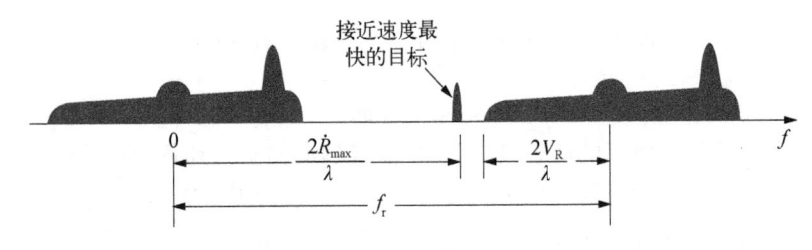

图 7-46 高 PRF 时 PRF 的值

假设战术指标要求雷达检测目标的最大相对速度是 -300~1 200 m/s,波长为 0.03 m。计算可得,高 PRF 必须满足 $f_r \geq 100$ kHz。

7.3.4.1 回波信号

为了清楚地了解在高 PRF 模式下区分目标和地物杂波的方法,以图 7-47 的典型飞行情况为例来进行讨论。

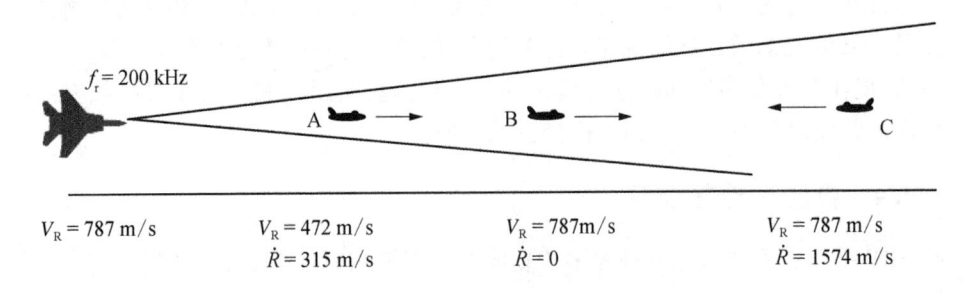

图 7-47 高 PRF 典型飞行情况示意图

设雷达工作在 X 频段,PRF 值为 200 kHz,占空比为 45%,雷达载机地速为 787 m/s;

目标 A 和 B 的飞行方向与雷达载机相同,雷达载机对目标 A 有 315 m/s 的接近速率,对目标 B 的接近速率为零,第三个目标 C 从远距离接近雷达载机,其接近速率为 1 574 m/s。因此,目标 A、B、C 的回波信号的多普勒频率分别为 21 kHz、0 kHz 和 105 kHz。

1) 回波信号的距离分布

在高 PRF 下,主瓣杂波起始于主瓣与地表相交区域近边缘所对应的斜距,终止于主瓣与地表相交区域远处边缘所对应的斜距。当擦地角较小时,该距离范围完全可以超出最大不模糊距离。此时主瓣杂波斜距将占据所有的距离单元,并且重复出现在多个接收周期内。另外,高 PRF 下占空比很高,发射机泄漏的信号也会大量进入接收机,导致发射机泄漏信号也落入不模糊距离内。

高 PRF 典型飞行情况下的距离分布如图 7-48 所示。

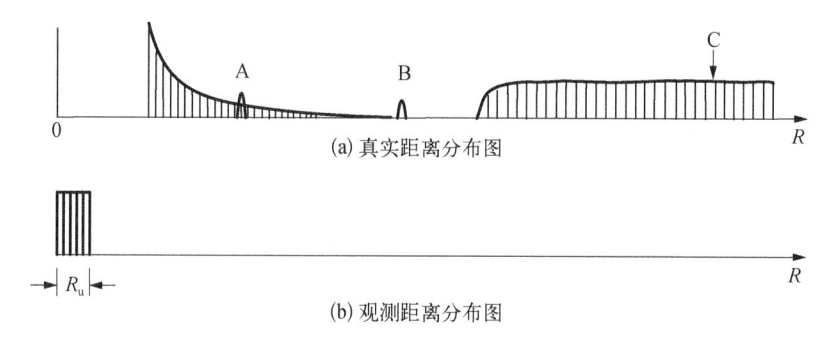

图 7-48 高 PRF 典型飞行情况下的距离分布

从距离分布图可以看出,在雷达视在距离(0.75 km)区间,各个距离区的回波信号都重叠在一起,三个目标的回波被主瓣杂波、副瓣杂波、高度杂波、发射机泄漏信号等严重淹没。显然,要从时域中探测目标是非常困难的,只能去从频域中利用多普勒频率的差别来检测目标。

2) 回波信号的多普勒频谱分布

高 PRF 时回波信号的多普勒频谱分布如图 7-49 所示。从图中可以看出,由于 PRF 值较高,因此在相邻谱线间有一较宽的清晰区。在中心谱线两边的谱线中信号的衰减比较明显。这是因为在占空比为 45% 时,多普勒频谱包络的零点位置仅比中心谱线高或低 $2.2f_r(1/\tau)$。因此在中心谱线两边至零点之间均只有两根谱线。这些谱线的幅度比中心谱线小得多。

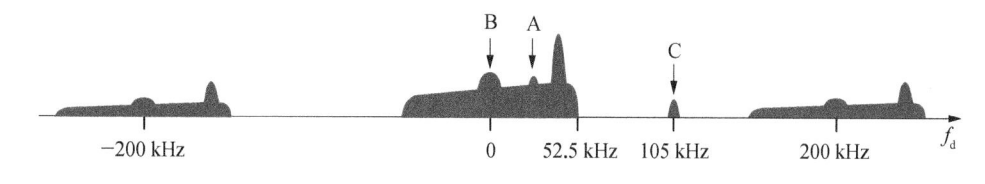

图 7-49 高 PRF 典型飞行情况的多普勒频谱分布

将中心谱带单独画在图 7-50 中,从图中可以清楚地区分下列特殊部分:发射机泄漏、高度杂波、副瓣杂波和主瓣杂波。副瓣杂波区的宽度随雷达速度而变。主瓣杂波的宽度和频率随天线视角和雷达速度连续改变,但集中在相对较窄的频带内。主瓣杂波幅度很大,高于接收机噪声 60~90 dB。刚刚凸出在副瓣杂波上面的是低接近速率目标 A,高接近速率目标 C 的回波在清晰区,即在副瓣杂波的高频端和上一个较高谱带的低频端之间。只要没有其他杂波,检测这个目标只需对抗热噪声。

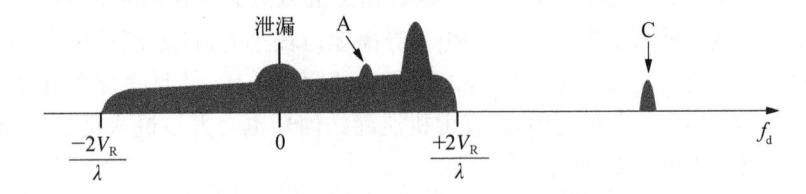

图 7-50 多普勒频谱分布图的中心谱带

零接近速率目标(目标 B)的回波是看不见的,实际上它是存在的。但是它和高度杂波及发射机泄漏合在一起而被淹没了,后两者的多普勒频率也为零。

从以上讨论可以清楚地看出,要从频域中检测目标,必须首先抑制掉发射机泄漏和地面杂波。这是因为高 PRF 情况下,杂波和目标回波严重地重叠在一起。由于没有距离鉴别(或距离鉴别力差),杂波强度大大高于目标回波(大于 60 dB)。因此单靠多普勒滤波器根本不可能抑制这么强的杂波,即使杂波和目标的多普勒频率相差很大,而且目标频谱集中在滤波器通带内,多普勒滤波器的通带外衰减也不足以使杂波不淹没目标。

杂波抑制后,利用多普勒滤波器对目标进行检测,检测性能将由于目标的接近速度不同而不同。对接近速率较高的目标,其多普勒频率处在频谱的清晰区中,影响这些目标检测性能的噪声只是背景噪声和热噪声,所以对处于清晰区的目标,具有较高的检测性能。即高 PRF 方式下,对接近速率高的目标,具有较远的探测距离。

对接近速率较低的目标,由于其与副瓣杂波重叠在一起,而且由于距离模糊严重,目标回波要抗衡的同频率杂波分量比中 PRF 时同样条件下的杂波分量强得多。因此,高 PRF 在用于接收的副瓣杂波比较强的场合时,对低接近速率目标的探测距离近。

7.3.4.2 实现频域检测的方法

雷达接收机的输出,先加到只能通过多普勒中心频带的带通滤波器,如图 7-51 所示。选用中心频带是由于它含有回波的绝大部分功率。这样虽然损失了边带的部分信号

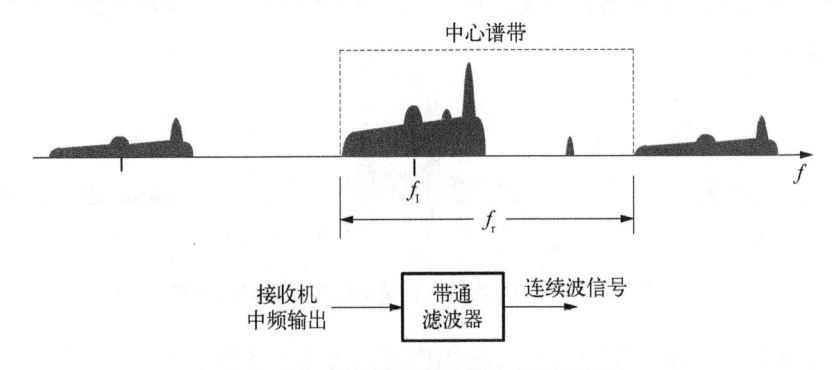

图 7-51 带通滤波器输出中心频带信号

功率,但因杂波和噪声功率同样也减小,故并不影响信号的信噪比。

中频回波信号通过单边带滤波器后,只剩下一个谱线而成为连续波信号。其后进行高度杂波和主瓣杂波的抑制。高度杂波和主瓣杂波的抑制方法和过程如图7-52所示。

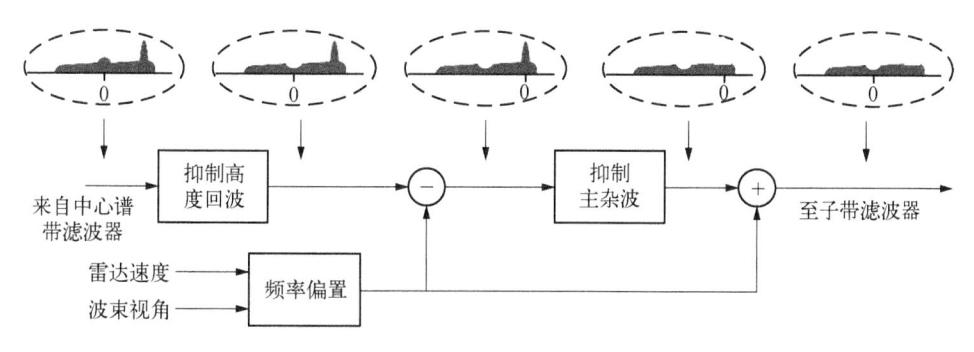

图 7-52 抑制高度杂波和主瓣杂波的模拟处理方法

中心频带滤波器的输出通过第一个滤波器,该滤波器将零多普勒频率的杂波(发射机泄漏和高度线杂波)除去。当然,任何零接近速率目标的回波也不可避免地和它们一起被抑制了。

然后对整个多普勒频谱进行频移,使主瓣杂波频率中心对准第二个抑制滤波器的抑制凹口。和低、中 PRF 工作时一样,这种频移必须是动态控制的,以适应雷达速度和天线视角变化引起的主瓣杂波频率变化。一旦主瓣杂波被去除,就反向进行同样的频率偏移,使多普勒频谱的中心再次对准在固定频率上。

至此,处理一般是在很低功率的信号上进行的。为了不使目标区的强回波信号使相邻的多普勒滤波器饱和,需对去掉高度杂波和主瓣杂波的信号进行 AGC 控制。为此,一般将多普勒频谱分为几个相邻子带分别进行自动增益控制,如图 7-53 所示。其中,一个或几个子带可以覆盖副瓣杂波区,一个或几个子带可以覆盖多普勒清晰区。对每个子带分别采用自动增益控制,就可防止一个频带中的强回波(或干扰)降低另一频带的检测灵敏度。

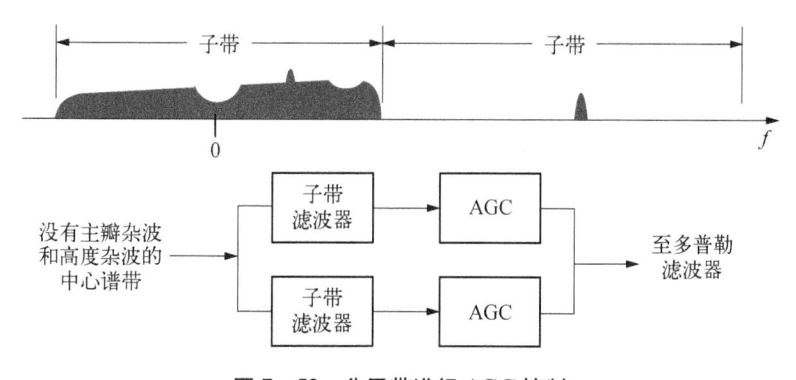

图 7-53 分子带进行 AGC 控制

经过 AGC 处理后的信号,就可加到多普勒滤波器组,进行频率检测,如图 7-54 所示。在滤波器组的积累时间结束时,对每个滤波器建立起来的信号幅度进行检测,以判断目标的存在和速度。

多普勒滤波器组的通带

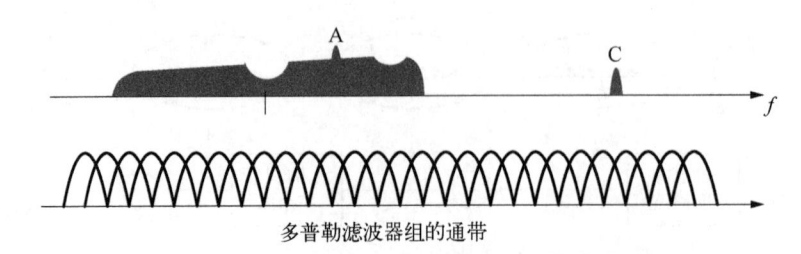

图 7-54　利用多普勒滤波器组对信号进行频域检测

如果滤波器的积累时间小于雷达天线的目标驻留时间,对目标信号的检测可采用检波后积累的方法,将整个目标驻留时间内的输出相加。然后,将每个多普勒滤波器的积累输出加到各自的门限检测器上,从而判断出目标的存在和速度。

贲德院士:心系雷达事业,擦亮战鹰之眼

贲德,中国工程院院士,长期从事雷达系统的研究、设计、开发工作,为我国研制相控阵预警雷达、机载脉冲多普勒雷达做出了重大贡献。曾获得全国科学大会奖、光华基金特等奖、国家科技进步奖一等奖等重要奖项。

2021 年 12 月 16 日,贲德院士将所获得的 200 万元奖金全部捐出,其中 100 万元在 14 所设立"贲德院士创新奖励基金",另外 100 万元用于捐赠给贲院士中学母校及奖励项目团队成员。以下内容节选自对贲德院士的访谈:

我参加工作以后,主要承担两项任务,一个是研制相控阵雷达、一个就是研究脉冲多普勒雷达。这两项技术,应该说在雷达领域里,属于最重要且最实用的技术,支撑着我们国家目前所有的雷达技术发展。

我到 14 所工作后,领导叫我干的第一件事情,就是搞一种专用仪表,主要用途是,保证导弹、卫星能够进入预定轨道。这种仪表,当时在市场上根本买不到,只能自己做,可是当年我对这种仪表,一点概念都没有。

我如果是不通晓俄文,这个事可就麻烦了。拿到这本俄文书时,我记得是 7 月份。拿到书以后,我马上从哈尔滨到了南京,从冰城到了火炉。那段时间里,我每天就读这本俄文书,从早晨看到深夜,夏天坐在床上,把脑袋伸到蚊帐外面看。用了两个星期,我就知道,这个振荡器应该怎么做了。

我在那八年时间,跟家里面根本没法联系。那时候,我一心就想把雷达的事情干好,从不计较一些条件。

突然让我搞机载雷达,最新的叫脉冲多普勒体制雷达。研制这种雷达很不容易,美国也是用了近 20 年才从理论变成了实践。

我当时跟领导说,您是征求我的意见还是组织决定?你要征求我意见,我真不一定愿意干这个事。因为我搞地面雷达,就好像从事桥梁建设的一样,我已经建过长江大

桥,以后再搞小河小江的桥,根本不在话下。但如果要搞这种最新的机载雷达,我从没有干过。

一般来说,敌方从低空入侵都是在下边,它要求把雷达放在飞机上要往下看。但那时候,我们国家已有的机载雷达,它根本不能往下观察,没法用于打仗,所以急需研制脉冲多普勒雷达。当时我们国家也想从外国买,但是需要一千万美元,而且还附加政治条件。说白了,人家根本就不想卖给你,完全受制于人。这个事很气人!

我们十院的总工程师见到我时说,你就准备脱几层皮吧。研制期间,我去向军委副主席刘华清汇报。汇报到中午时,他说你就别走了,今天中午咱们喝"断头酒",意思是,如果这种雷达你搞不出来,就要"杀头"!虽然这是饭桌上的话,但是我理解,这个话的分量还是挺重的。整整10年时间,我一点不夸张,我没休息过星期天,没休息过节假日,就是为了完成这个任务。

十年寒窗苦,平地一声雷。这个雷达做出来了,提高了我们战斗机的作战能力。说起来,1957年高考时,我考上大学,被录取到哈工大,在乡下那真是绝无仅有的,我自己高兴,别人也很羡慕。但这次把机载雷达做成功了,我的心情比考上哈工大,还要高兴!

时任国家领导人知道这个事做成了,就打电话来祝贺:别人不卖给我们,现在靠自己力量把它搞出来了。你们搞了一部"争气雷达"!

本章思维导图

(见下页)

习　　题

1. PD 处理用来解决什么问题?如何解决?
2. 查阅资料,以某典型机载 PD 雷达为例,画出 PD 雷达组成框图。
3. 总结分析主瓣杂波的特点。
4. 总结分析副瓣杂波和高度杂波的特点。
5. PD 雷达可否用于载机地速测量?如果不可以,请给出理由。如果可以,请描述其原理。
6. 对于机载火控雷达,哪些类型空中目标回波落入其主瓣杂波?
7. 对三种 PRF 工作模式的特点进行对比。
8. 查阅资料,分别以某型机载火控雷达和机载预警雷达为例,列举典型的三种 PRF。
9. 总结分析杂波对消的基本原理。
10. 思考在空空作战中,进攻时应该如何发挥好本机 PD 雷达的优势?防守时应该如何利用对方 PD 雷达的劣势?
11. 某飞机水平飞行,飞行速度为 900 km/h,雷达波长为 3 cm,相对航行方向雷达波束扫描方位角为 30°,俯仰角为 45°,波束宽度为 1°,试求雷达主瓣杂波多普勒频移的中心频率、主瓣杂波频谱宽度及旁瓣杂波频谱宽度。

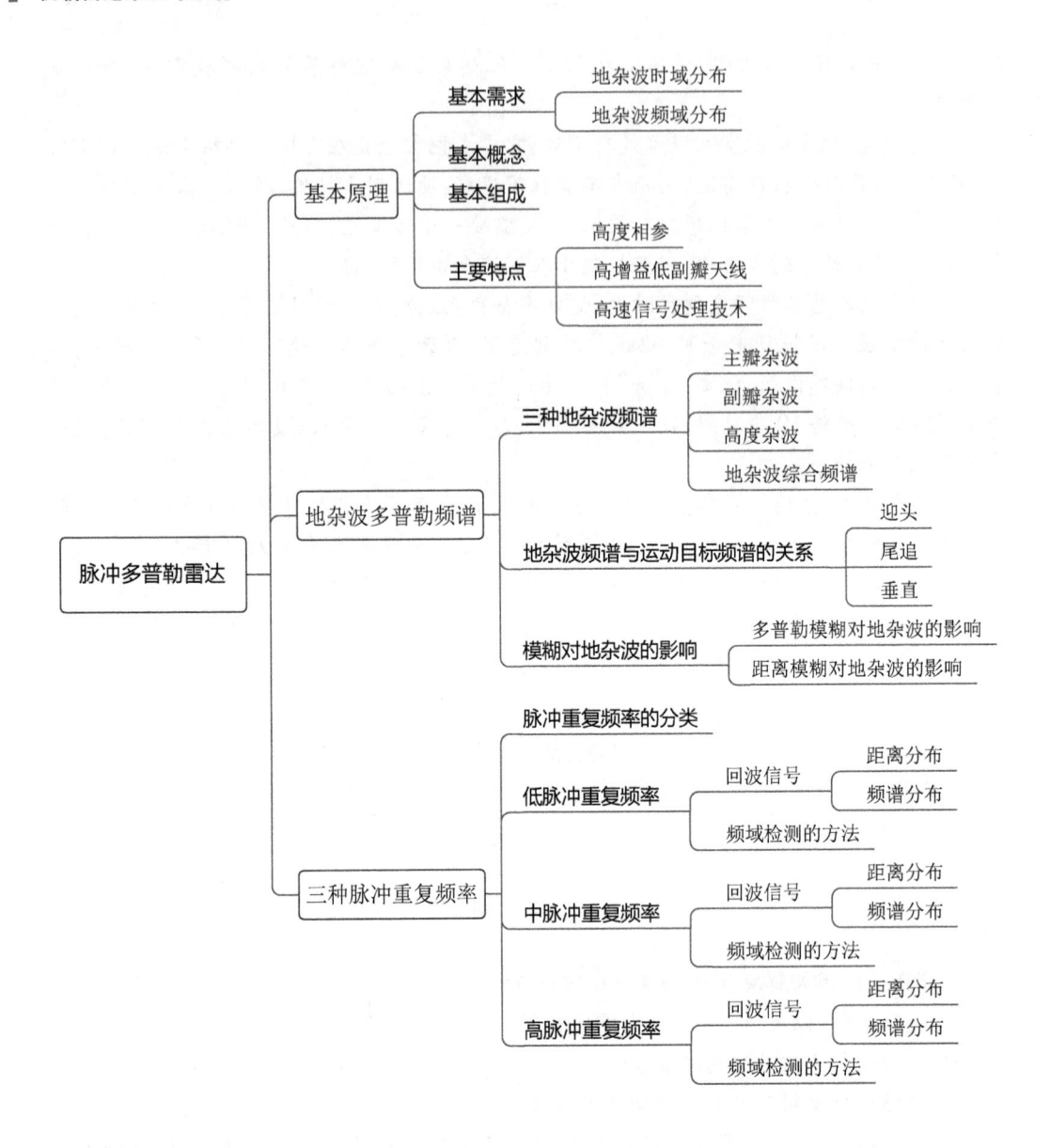

```
脉冲多普勒雷达
├─ 基本原理
│  ├─ 基本需求
│  │  ├─ 地杂波时域分布
│  │  └─ 地杂波频域分布
│  ├─ 基本概念
│  ├─ 基本组成
│  └─ 主要特点
│     ├─ 高度相参
│     ├─ 高增益低副瓣天线
│     └─ 高速信号处理技术
├─ 地杂波多普勒频谱
│  ├─ 三种地杂波频谱
│  │  ├─ 主瓣杂波
│  │  ├─ 副瓣杂波
│  │  ├─ 高度杂波
│  │  └─ 地杂波综合频谱
│  ├─ 地杂波频谱与运动目标频谱的关系
│  │  ├─ 迎头
│  │  ├─ 尾追
│  │  └─ 垂直
│  └─ 模糊对地杂波的影响
│     ├─ 多普勒模糊对地杂波的影响
│     └─ 距离模糊对地杂波的影响
└─ 三种脉冲重复频率
   ├─ 脉冲重复频率的分类
   ├─ 低脉冲重复频率
   │  ├─ 回波信号
   │  │  ├─ 距离分布
   │  │  └─ 频谱分布
   │  └─ 频域检测的方法
   ├─ 中脉冲重复频率
   │  ├─ 回波信号
   │  │  ├─ 距离分布
   │  │  └─ 频谱分布
   │  └─ 频域检测的方法
   └─ 高脉冲重复频率
      ├─ 回波信号
      │  ├─ 距离分布
      │  └─ 频谱分布
      └─ 频域检测的方法
```

第 8 章
相控阵雷达

相控阵雷达是采用相控阵天线的雷达。它与采用机械扫描天线的雷达相比,最大的差别在于天线不需转动即可实现波束快速扫描。因此,有时也被称为电扫描雷达或电子扫描阵列雷达。相控阵雷达工作原理与一般采用机械转动天线的雷达相比,差别主要源于相控阵天线,从而带来组成结构不同,进而带来信号处理和数据处理的不同。

8.1 基 本 原 理

8.1.1 相位控制的基本概念

在阵列天线上采用控制移相器相移量的方法来改变各阵元的激励相位,从而实现波束的电扫描。这种天线称为相位控制阵列天线,简称相控阵天线。图 8-1 所示为由 N 个

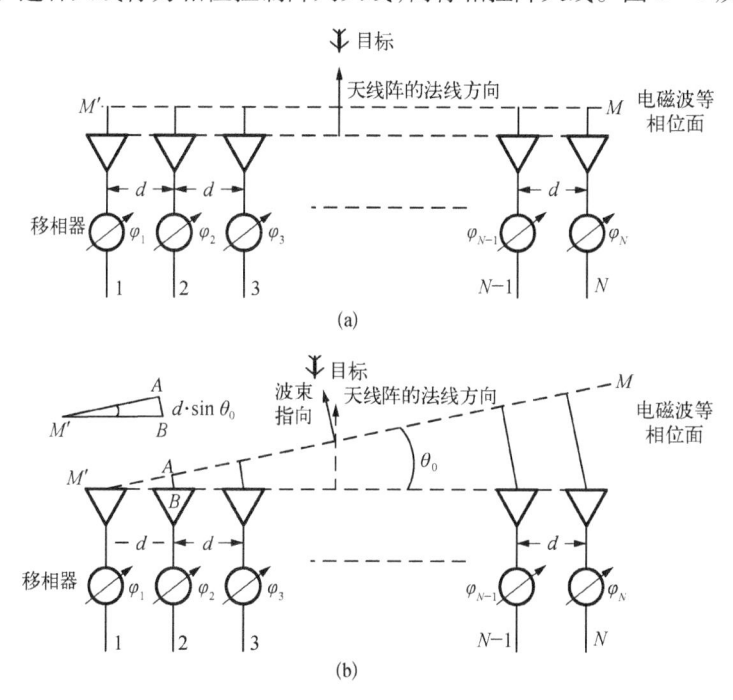

图 8-1 N 元直线移相器天线阵

阵元组成的一维直线移相器天线阵,阵元间距为 d。移相器,就是一段能够改变电磁波相位的传输线,用来改变传输的微波信号馈电相位,以适应微波馈电电路的需要。为简化分析,先假定每个阵元为无方向性的点辐射源,所有阵元的馈线输入端为等幅同相馈电,各个移相器能够对馈入信号产生 $0\sim2\pi$ 的相移量,按单元序号的增加其相移量依次为 φ_1、φ_2、φ_3、$\cdots$、φ_{N-1}、φ_N。

当目标处于天线阵法线方向时,要求天线波束指向目标,即波束峰值对准目标,如图 8-1(a)所示。由阵列天线的原理可知,只要各单元辐射同相位的电磁波,则波束指向天线阵的法线方向。根据阵列天线这一结论,若对相控阵天线中各个移相器输入端同相馈电,那么,各个移相器必须对馈入射频信号相移相同数值(或均不移相),才能保证各单元同相辐射电磁波,从而使天线波束指向天线阵的法线方向。换句话说,各个移相器的相移量,应当使相邻单元间的相位差均为零,天线波束峰值才能对准天线阵的法线方向。

在目标位于偏离法线方向一个角度 θ_0 时,若仍要求天线波束指向目标,则波束扫描角(波束指向与法线方向间的夹角)也应为 θ_0,如图 8-1(b)所示。倘若波束指向与电磁波等相位面垂直,即波束扫描一个 θ_0 角度,则电磁波等相位面也将随之倾斜,如图中 $M'M$ 方向,它与线阵的夹角也为 θ_0。这时,各单元就不应该是同相辐射电磁波,而需要通过各自的移相器,对馈入射频信号的相位进行必要的调整。

首先讨论单元 1 与单元 2 的移相器对馈入射频信号的相移情况。假设单元 1 与单元 2 的移相器分别对馈入的射频信号相移了 φ_1 和 φ_2,那么单元 1 辐射的电磁波到达等相位面 M' 点的相位为 φ_1,而单元 2 辐射的电磁波由于在空间多行程一段距离 AB,故到达等相位面时的相位为

$$\varphi_2 - \frac{2\pi}{\lambda}d\sin\theta_0 \tag{8-1}$$

根据等相位条件,在等相位面上则有

$$\varphi_1 = \varphi_2 - \frac{2\pi}{\lambda}d\sin\theta_0 \tag{8-2}$$

设两单元的相位差为 φ,式(8-2)可写成

$$\varphi = \varphi_2 - \varphi_1 = \frac{2\pi}{\lambda}d\sin\theta_0 \tag{8-3}$$

即两单元的相位差 φ,补偿了两单元波程差引起的相位差,使得两单元辐射的电磁波在 θ_0 方向能够同相相加,得到最大值,即波束指向了 θ_0 方向。

同样的分析可以得出单元 2 与单元 3 之间的相位差也为 φ,即

$$\varphi = \varphi_3 - \varphi_2 = \frac{2\pi}{\lambda}d\sin\theta_0 \tag{8-4}$$

依此类推,任意两单元的相位差都相同。因此,通过移相器的调整,使得各单元辐射电磁波的相位按其序号依次超前一个 φ,分别为 φ_1、$\varphi_2 = \varphi_1 + \varphi$、$\varphi_3 = \varphi_1 + 2\varphi$、$\cdots$、$\varphi_N = $

$\varphi_1+(N-1)\varphi$,使电磁波的等相位面向左倾斜,波束方向偏离天线阵法线方向向左一个 θ_0 角度。此时,人为规定波束扫描角 θ_0 为负。

同理,通过移相器的调整,若各单元辐射电磁波的相位按其序号的增加依次滞后一个 φ,分别为 φ_1、$\varphi_2=\varphi_1-\varphi$、$\varphi_3=\varphi_1-2\varphi$、$\cdots$、$\varphi_N=\varphi_1-(N-1)\varphi$,则电磁波的等相位面向右倾斜,波束指向偏离天线阵的法线方向向右一个 θ_0 角。此时,人为规定波束扫描角 θ_0 为正。

由前面的公式可得出 θ_0 与 φ 的定量关系为

$$\theta_0 = \arcsin\left(\frac{\lambda\varphi}{2\pi d}\right) \tag{8-5}$$

式(8-5)表明,在 θ_0 方向,各阵元的辐射场之间,由于波程差引起的相位差正好与移相器引入的相位差相抵消,导致各分量同相相加获最大值。显然,改变 φ 值,就可改变波束指向角 θ_0,从而形成波束扫描。

8.1.2 基本组成

相控阵雷达的组成方案很多,图 8-2 给出了一种典型的组成原理方框图。

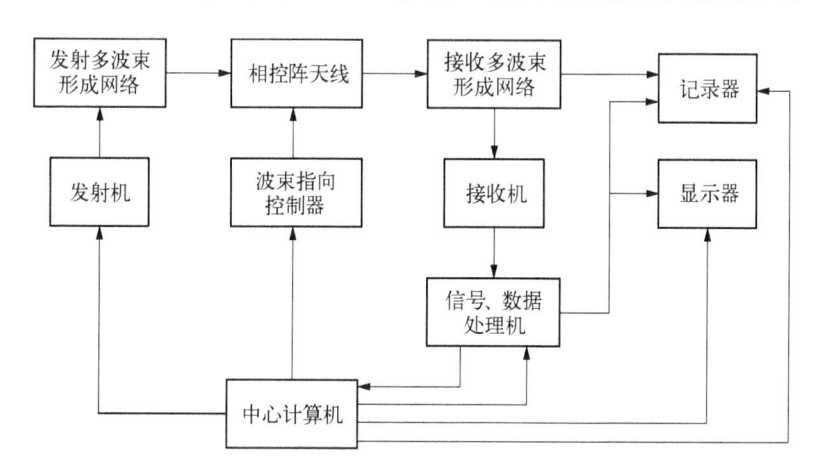

图 8-2 一种典型的相控阵雷达组成原理框图

(1) 波束指向控制器:用来控制天线阵中各个移相器产生所需要的相移量,使天线波束按指定空域搜索和跟踪目标。波束指向控制器内设有一台配相计算机,专门用于相移量的计算。

(2) 发射和接收多波束形成网络:用于在空间形成发射或接收时所要求的多个波束。

(3) 发射机和接收机:它代表有许多部发射机和接收机,甚至与天线单元的数目相同。为了使各个发射源在相位上一致,或具有一定的相位关系,采用主振放大式发射机,即振荡激励源只有一个,每个辐射单元输入端接有发射功率放大器。

(4) 信号、数据处理机:用于对信息的提取和加工。信号处理的目的是消除不需要的信号(如杂波、干扰、内部噪声等)而让目标回波信号通过,例如多普勒滤波、脉冲压缩处理等。数据处理的目的是进行自动跟踪、识别,获取目标的参数信息。

(5) 中心计算机:是整个雷达的中枢部分,它对整个雷达系统进行控制。比如,决定发射频率及波形、波束的形状/数目/搜索方式、接收终端的工作方式等;它还要协调全机工作、自动诊断雷达各部件的故障和指示发生故障的位置等。

中心计算机根据程序输入指示信号,计算出波束当前应采取的扫描方式和指向的数据送至波束指向控制器和发射系统。由此控制相控阵天线中各单元的相位和波束的数目。目标回波信号经接收机输出模拟视频信号,再经模数转换后由数据处理系统再送至中心计算机。中心计算机对目标回波数据(距离、角度、速度)进行平滑滤波处理,从而得出目标位置和速度的外推数据。根据外推数据,中心计算机再进一步判断目标的轨迹和威胁程度,然后再确定对重要目标的搜索或跟踪。

由于相控阵天线的波束指向和波束形状具有快速变化能力,与采用普通阵列天线或抛物面天线的雷达相比,相控阵雷达的性能可得到很大提高。

相控阵雷达的组成方案很多,目前典型的相控阵雷达用移相器控制波束的发射和接收共有两种组成形式,一种称为无源相控阵列,另一种称为有源相控阵列。两种相控阵雷达的主要差别是,无源是指在天线阵中只包含控制波束扫描的移相器;有源是指天线阵中包含收发(transmit/receive,T/R)组件,T/R组件不仅有控制波束扫描的移相器,还有发射时对信号进行功率放大的功率放大器,以及接收时对微弱信号进行放大的低噪声放大器。

8.1.3 相位扫描系统

相位扫描系统包括天线阵、移相器、波束指向控制器和波束形成网络等。

8.1.3.1 天线阵

目前,相控天线的阵面多为平面阵。之所以采用平面阵,是因为平面阵便于波束指向的配相计算和控制。此外,平面阵所形成的等相位面也是一个平面,具有波束方向性好、增益高、副瓣电平低等优点。如果采用其他形状的阵面(如半球形阵面),若要形成等相位面,将会使波束指向的配相计算和控制大为复杂化。

天线阵波束的扫描特性是指天线波束在相位扫描过程中波束形成、波束宽度、天线增益等的变化规律。为说明这一特性,首先需要求得相控天线阵方向图函数(方向因数)。为了便于理解,仅讨论线阵天线波束扫描的情况。

1) 方向图函数

图8-3为一个间距为d的N元直线阵列,线阵具有N个天线阵元,阵元的间距为d,每个天线阵元后端接一个可控移相器。

当阵列接收从偏离阵列法线θ角方向来的信号时,考察1号和2号两相邻天线阵元的情况。信号先到达第2号天线阵元,然后再到达第1号天线阵元,两者之间的路程差$\Delta L = d\sin\theta$,由ΔL引入的相位差为

$$\Delta\varphi = 2\pi\frac{\Delta L}{\lambda} = \frac{2\pi}{\lambda}d\sin\theta \qquad (8-6)$$

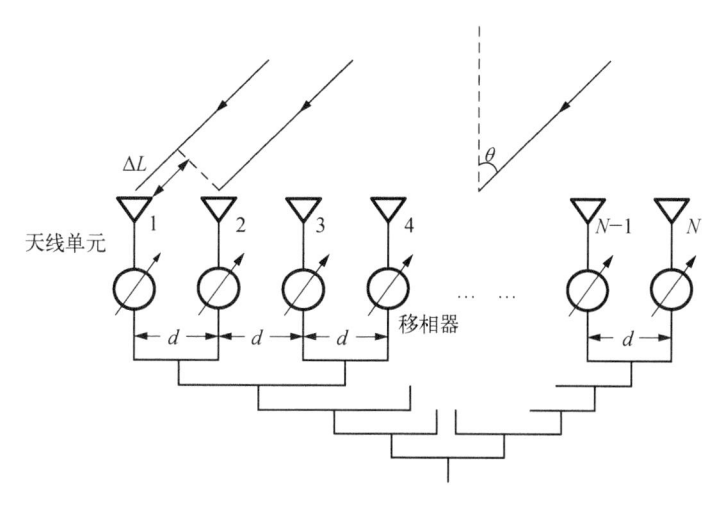

图 8-3 具有 N 个天线阵元的线阵

式中，λ 为信号波长。

可以看出，每相邻两个阵元间的相位差均为 $\Delta\varphi$，即每个阵元的相位都比其右边的阵元滞后 $\Delta\varphi$。如果以第 N 个阵元为参考点，则第 1 个阵元的相位要比第 N 个阵元滞后 $(N-1)\Delta\varphi$。如果此时阵列中所有可控移相器的相移均为 0，则阵列的信号为 N 个阵元收到的信号相加之和。假设暂不考虑每个天线阵元的方向性，且每个阵元的信号幅度均为 1，那么线阵归一化的辐射方向图函数可表示为

$$F(\theta) = \frac{1}{N} \sum_{k=0}^{N-1} e^{jk\Delta\varphi} \qquad (8-7)$$

式(8-7)为等比级数求和，可表示为

$$F(\theta) = \frac{1}{N} \frac{1 - e^{jN\Delta\varphi}}{1 - e^{j\Delta\varphi}} \qquad (8-8)$$

根据欧拉公式，并将 $\Delta\varphi$ 表达式代入，最后得到方向图的表达式为

$$F(\theta) = \frac{1}{N} \frac{\sin\left(\dfrac{N\pi d}{\lambda}\sin\theta\right)}{\sin\left(\dfrac{\pi d}{\lambda}\sin\theta\right)} \qquad (8-9)$$

当 $\dfrac{\pi d}{\lambda}\sin\theta$ 的值较小时，式(8-9)可写为

$$F(\theta) = \frac{\sin\left(\dfrac{N\pi d}{\lambda}\sin\theta\right)}{\dfrac{N\pi d}{\lambda}\sin\theta} \qquad (8-10)$$

式(8-10)为 $\sin x/x$ 的形式,即辛格函数,最大值出现在 $\theta = 0$ 的位置上,如图8-4所示。

如果改变线阵中可控移相器的相位,使相邻天线阵元间的相位差为

$$\Delta\varphi_0 = \frac{2\pi}{\lambda} d \sin\theta_0 \qquad (8-11)$$

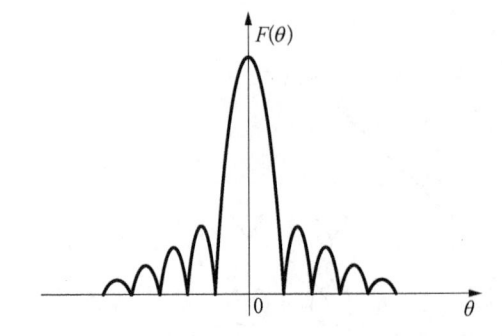

图8-4 辛格函数形式的天线方向图

式中,θ_0 为天线方向图的特定指向。因此,天线方向图的表达式为

$$F(\theta) = \frac{1}{N} \sum_{k=0}^{N-1} e^{jk(\Delta\varphi - \Delta\varphi_0)} \qquad (8-12)$$

或

$$F(\theta) = \frac{1}{N} \frac{\sin\left[\dfrac{N\pi d}{\lambda}(\sin\theta - \sin\theta_0)\right]}{\sin\left[\dfrac{\pi d}{\lambda}(\sin\theta - \sin\theta_0)\right]} \qquad (8-13)$$

当 $\dfrac{\pi d}{\lambda}(\sin\theta - \sin\theta_0)$ 的值较小时,式(8-13)可写为

$$F(\theta) = \frac{\sin\left[\dfrac{N\pi d}{\lambda}(\sin\theta - \sin\theta_0)\right]}{\dfrac{N\pi d}{\lambda}(\sin\theta - \sin\theta_0)} \qquad (8-14)$$

式(8-14)的最大值出现在 $\theta=\theta_0$ 时。由上面的公式可知,θ_0 是由 $\Delta\varphi_0$ 决定的,即改变可控移相器,使相邻阵元的相位差为 $\Delta\varphi_0$,则天线阵方向图的指向由 0 变为 θ_0。由此可见,若不断地控制移相器,改变相邻天线阵元间的相位差,那么天线阵方向图的指向就可以不断地变化,即实现天线波束的相控扫描。

对于有 N 行 M 列的平面天线阵,天线阵阵元的列间距与行间距相等,皆为 d,天线阵方向图的表达式为

$$F_a(\theta, \varphi) = \frac{1}{N} \frac{1}{M} \sum_{k=0}^{N-1} e^{jk(\Delta\varphi - \Delta\varphi_0)} \sum_{l=0}^{M-1} e^{jl(\Delta\alpha - \Delta\alpha_0)} \qquad (8-15)$$

式中,$\Delta\alpha = \dfrac{2\pi}{\lambda} d \sin\varphi$,$\Delta\alpha_0 = \dfrac{2\pi}{\lambda} d \sin\varphi_0$。

类似地,天线阵的方向图可写为

$$F_{a}(\theta, \varphi) = \frac{\sin\left[\frac{N\pi d}{\lambda}(\sin\theta - \sin\theta_0)\right]}{\frac{N\pi d}{\lambda}(\sin\theta - \sin\theta_0)} \times \frac{\sin\left[\frac{M\pi d}{\lambda}(\sin\varphi - \sin\varphi_0)\right]}{\frac{M\pi d}{\lambda}(\sin\varphi - \sin\varphi_0)} \quad (8-16)$$

$F_{a}(\theta, \varphi)$ 称为阵因子。同理,控制移相器改变天线阵中列间天线阵元的相位差,可实现天线波束在俯仰方向的扫描。

上述分析都是假设天线阵元的方向图为各向同性的,即其方向性系数为1。但实际上并非如此,天线阵元不是各向同性的。令其方向图为 $F_{e}(\theta, \varphi)$,称为阵元因子,则天线阵的方向图应为阵因子与单元因子的乘积,即

$$F(\theta, \varphi) = F_{a}(\theta, \varphi) F_{e}(\theta, \varphi) \quad (8-17)$$

可以看出,天线阵波束扫描时,天线阵方向图受天线阵元方向图的调制,因此天线阵元方向图是否理想是非常重要的因素。实际阵元的方向性一般较差,这样,在波束扫描角度不大的情况下,F_e 对 F 的影响较小,即 $F(\theta, \varphi) \approx F_{a}(\theta, \varphi)$。

2) 波束扫描特性

a. 波束宽度

天线波束半功率点之间的宽度定义为天线波束宽度,令

$$F(\theta) = \frac{\sin\left(\frac{N\pi d}{\lambda}\sin\theta\right)}{\frac{N\pi d}{\lambda}\sin\theta} = \frac{1}{\sqrt{2}} \quad (8-18)$$

可以得到

$$\frac{N\pi d}{\lambda}\sin\theta = \pm 0.443\pi \quad (8-19)$$

所以有

$$\theta_1 = \arcsin\left(\frac{0.443\lambda}{Nd}\right) \approx \frac{0.443\lambda}{Nd} \quad (8-20)$$

$$\theta_2 = \arcsin\left(\frac{-0.443\lambda}{Nd}\right) \approx \frac{-0.443\lambda}{Nd} \quad (8-21)$$

则波束宽度为

$$\Delta\theta_{3\,\text{dB}} = \theta_1 - \theta_2 = \frac{0.886\lambda}{Nd}(\text{rad}) = \frac{0.886\lambda}{D} = \frac{50.8}{D/\lambda}(°) \quad (8-22)$$

式中,D 为天线阵尺寸。

上述分析是针对天线口径为均匀照射的情况,天线波束副瓣较高。为了降低天线波束副瓣电平,天线口径照射需要加权。

相控阵天线在波束扫描时,天线阵面是不动的,偏离天线阵面法线方向上的波束宽度

与阵面法线方向上的波束宽度有差别,偏离阵面法线方向上的波束宽度变宽。下面分析相控阵天线波束扫描时,波束宽度变化的规律。

与前面推导波束宽度计算公式的方法相同,令

$$F(\theta) = \frac{\sin\left[\frac{N\pi d}{\lambda}(\sin\theta - \sin\theta_0)\right]}{\frac{N\pi d}{\lambda}(\sin\theta - \sin\theta_0)} = \frac{1}{\sqrt{2}} \tag{8-23}$$

可以得到

$$\frac{N\pi d}{\lambda}(\sin\theta - \sin\theta_0) = 0.443\pi \tag{8-24}$$

$$\sin\theta - \sin\theta_0 = \frac{0.443\lambda}{Nd} \tag{8-25}$$

在波束宽度比较窄的情况下,在波束宽度点有

$$\theta = \theta_0 + \frac{1}{2}\Delta\theta'_{3\,\mathrm{dB}} \tag{8-26}$$

$$\sin\theta = \sin\left(\theta_0 + \frac{1}{2}\Delta\theta'_{3\,\mathrm{dB}}\right) = \sin\theta_0\cos\left(\frac{1}{2}\Delta\theta'_{3\,\mathrm{dB}}\right) + \sin\left(\frac{1}{2}\Delta\theta'_{3\,\mathrm{dB}}\right)\cos\theta_0$$

$$\approx \sin\theta_0 + \frac{1}{2}\Delta\theta'_{3\,\mathrm{dB}}\cos\theta_0 \tag{8-27}$$

即

$$\sin\theta - \sin\theta_0 = \frac{1}{2}\Delta\theta'_{3\,\mathrm{dB}}\cos\theta_0 \tag{8-28}$$

于是可得到

$$\frac{1}{2}\Delta\theta'_{3\,\mathrm{dB}}\cos\theta_0 = \frac{0.443\lambda}{Nd} \tag{8-29}$$

$$\Delta\theta'_{3\,\mathrm{dB}} = \frac{0.886\lambda}{Nd\cos\theta_0} = \frac{0.886}{D/\lambda}\frac{1}{\cos\theta_0} = \frac{\Delta\theta_{3\,\mathrm{dB}}}{\cos\theta_0} \tag{8-30}$$

式(8-30)表明,天线阵扫描时的波束宽度随着扫描角 θ_0 的改变而变化,即扫描角偏离法线方向时,波束宽度变宽,为法线方向波束宽度的 $1/\cos\theta_0$ 倍。从物理意义上看,扫描时波束宽度变宽可理解为在扫描方向上阵列的有效口径减小,如图8-5所示。阵列有效口径为阵列实际口径在垂直于扫描方向上的

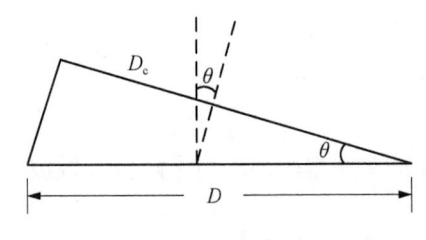

图8-5 阵列的有效口径示意图

投影,表示为

$$D_c = D\cos\theta_0 \tag{8-31}$$

所以有

$$\Delta\theta'_{3\text{dB}} \propto \frac{1}{D_c} = \frac{1}{D\cos\theta_0} \tag{8-32}$$

b. 天线增益

天线增益表示天线定向辐射能量的能力,或辐射能量在空间集中的程度,可用天线的最大辐射强度和相同输入功率下无损耗各向同性辐射器的辐射强度的比值来表示。

如果没有损耗,天线增益表示为

$$G = \frac{4\pi A}{\lambda^2} \tag{8-33}$$

式中,A 为天线有效接收面积。如果天线是矩形口径,边长各为 D_1 和 D_2,口径场是同相等幅分布,则式(8-33)可以写为

$$G = \frac{4\pi D_1 D_2}{\lambda^2} = \pi\left(\frac{2D_1}{\lambda}\right)\left(\frac{2D_2}{\lambda}\right) \tag{8-34}$$

一个由无方向性天线阵元组成的长度为 D 的天线阵,天线阵元的间距为 $d/2$。由长度为 D 的线阵的半功率点的波束宽度表达式可知:

$$\Delta\theta_{3\text{dB}} = \frac{50.8}{D/\lambda} \tag{8-35}$$

即

$$\frac{D}{\lambda} = \frac{50.8}{\Delta\theta_{3\text{dB}}} \tag{8-36}$$

将式(8-36)代入式(8-35)中,并设正交方向的波束宽度为 $\Delta\varphi_{3\text{dB}}$,则可以得到

$$G = \pi\frac{101.6}{\Delta\theta_{3\text{dB}}} \times \frac{101.6}{\Delta\varphi_{3\text{dB}}} = \pi\frac{10\,322.56}{\Delta\theta_{3\text{dB}}\Delta\varphi_{3\text{dB}}} \tag{8-37}$$

由式(8-37)可知,由于天线波束宽度随扫描角的增加而变宽,这也意味着,随扫描角的增加,天线阵的增益下降。增益随扫描角变化的关系式为

$$G(\theta_0) = G_0\cos\theta_0 \tag{8-38}$$

式中,G_0 为天线阵法线方向上的增益。

c. 栅瓣的位置和天线阵元的间距

由线阵天线方向图函数的表达式可知:

$$F(\theta) = \frac{1}{N} \frac{\sin\left[\frac{N\pi d}{\lambda}(\sin\theta - \sin\theta_0)\right]}{\sin\left[\frac{\pi d}{\lambda}(\sin\theta - \sin\theta_0)\right]} \qquad (8-39)$$

当 $(\pi N d/\lambda)(\sin\theta - \sin\theta_0) = 0, \pm\pi, \pm2\pi, \cdots, \pm n\pi$（$n$ 为整数）时,分子为零,若分母不为零,则有 $F(\theta) = 0$。而当 $(\pi N d/\lambda)(\sin\theta - \sin\theta_0) = 0, \pm\pi, \pm2\pi, \cdots, \pm n\pi$（$n$ 为整数）时,式(8-39)中分子、分母同为零。由洛必达法则可得 $F(\theta) = 1$。 由此可知 $F(\theta)$ 为多瓣状,如图 8-6 所示。其中,$(\pi d/\lambda) \times (\sin\theta - \sin\theta_0) = 0$,即 $\theta = \theta_0$ 时的称为主瓣,其余称为栅瓣。栅瓣是在非扫描角度上出现同相相加所引起的瓣。出现栅瓣将会产生测角模糊,而且会剥夺主波瓣的部分能量。另外,通过栅状波瓣接收到的地面回波和人为干扰会遮蔽感兴趣的目标,还会压低自动控制增益,从而降低雷达灵敏度。

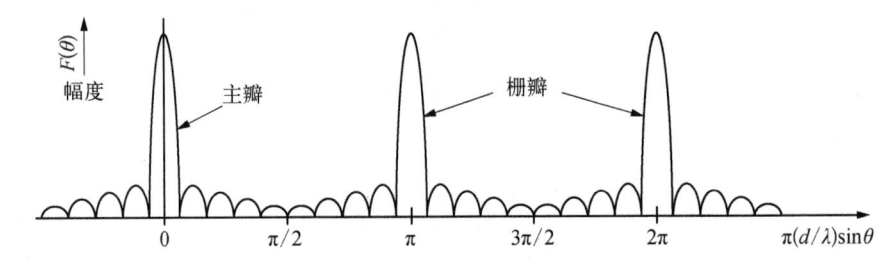

图 8-6 方向图出现栅瓣

为避免出现栅瓣,只要保证

$$\left|\frac{\pi d}{\lambda}(\sin\theta - \sin\theta_0)\right| < \pi \qquad (8-40)$$

即

$$\frac{d}{\lambda} < \frac{1}{|\sin\theta - \sin\theta_0|} \qquad (8-41)$$

因 $|\sin\theta - \sin\theta_0| \leq 1 + |\sin\theta_0|$,故不出现栅瓣的条件可取为

$$\frac{d}{\lambda} < \frac{1}{1 + |\sin\theta_0|} \qquad (8-42)$$

当波长 λ 取定以后,只要调整阵元间距 d 以满足式(8-42),便不会出现栅瓣。如要在 $-90° < \theta_0 < +90°$ 范围内扫描时,则 $d/\lambda < 1/2$,但通过后续的讨论可看出,当 θ_0 增大时,波束宽度也要增大,故波束扫描范围不宜取得过大,一般取 $|\theta_0| \leq 60°$ 或 $|\theta_0| \leq 45°$,此时分别是 $d/\lambda < 0.53$ 或 $d/\lambda < 0.59$。为避免出现栅瓣,通常选取 $d/\lambda \leq 1/2$。考虑到天线阵元间互耦的影响,d/λ 的值不宜太小。

8.1.3.2 移相器

相控阵天线实施电扫描的关键器件是移相器。对移相器的要求是：有足够的移相精度,性能稳定(如对稳定变化不敏感),插入损耗要小(小于 1 dB),重量轻(尤其是机载雷达);用于发射阵时要能够承受高峰值功率和高平均功率,频带要足够宽,能够快速改变相位(时间在微秒量级),控制信号以小的驱动功率运行等。

波长为 λ 的电磁波以速度 v 经过一段长度为 l 的传输线后的相移为

$$\Delta\varphi = 2\pi l/\lambda = 2\pi lf/v = 2\pi lf\sqrt{\mu\varepsilon} \tag{8-43}$$

式中,$v = 1/\sqrt{\mu\varepsilon}$,为电磁波传播速度;$f$ 为频率;μ 为磁导率;ε 为介电常数。电磁波传播速度 v 通常取为光速 c。但是对于移相器,它们可能是不同的。

根据式(8-43)可得,改变相移的方法有以下四种:

(1) 变线长 l。用电子开关接入或者去掉传输线的各种长度,实现相移的变化。

(2) 变磁导率 μ。当磁场改变时,铁氧体材料的磁导率发生变化,实现相移的变化。

(3) 变介电常数 ε。铁电材料的介电常数随加上的电压而变化。放电电流的变化也导致电子密度的变化,从而产生介电常数的变化。

(4) 频率 f 扫描。频率扫描是一种用于电子扫描波束的相对简单的方法,曾经用于许多雷达,但是由于它限制了带宽的使用,并且仅仅对于在一个角度坐标中电控波束。因此,现代雷达使用较少。

按照移相方式,移相器可分为机电式和电子式。机电式包括变长度线、变波导长和变极化器件等。这类移相器的移相速度慢。电子式包括铁氧体、开关二极管、等离子体移相器等。按照电路形式,移相器可分为数控式和模拟式。数控式因为与波控器电路接口方便而被常用。

8.1.3.3 波束指向控制器

波束指向控制器的作用是在雷达控制计算机给出一个天线波束位置指令后,经过波束控制器的运算,形成一套控制天线阵所有移相器的控制信号,从而实现雷达波束扫描控制。

图 8-7 所示为数字式移相器的控制原理示意图。对于一个 n 位移相器,波束控制器计算出的 n 位控制信号先送到寄存器,再由寄存器送到驱动器,最后由驱动器提供控制移相器所需的电流或电压,加到移相器上,实现对所需相移的控制。

对于一个有 N 个天线阵元的线天线阵,如果计算机给出的控制指令为 α,以第一个阵元为参考点,则通过波束控制运算形成的控制 N 个移相器的信号为

$$0 \quad \alpha \quad 2\alpha \quad 3\alpha \quad \cdots \quad (N-1)\alpha \tag{8-44}$$

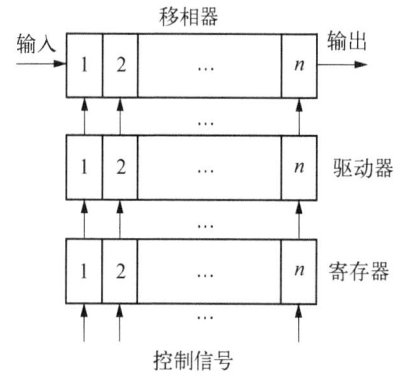

图 8-7 数字式移相器的控制原理示意图

然后,每个控制信号经过驱动器放大后,加到对应的移相器上,实现波束扫描控制。获得这套控制信号的波束控制运算比较简单,只需要进行累加运算即可,如图 8-8 所示。

对于一个具有 $N\times M$ 个天线阵元的面天线阵,为了实现波束扫描,需要进行方位、俯仰

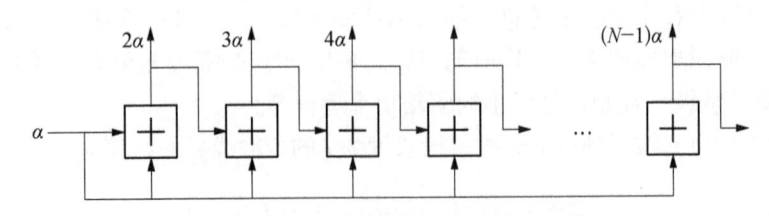

图 8-8 通过累加运算得到线阵波束控制信号

两维控制。雷达控制计算机给出控制指令 α 和 β，波束控制器接到指令后，经过运算得到控制 $N \times M$ 个移相器的信号为

$$
\begin{array}{llllll}
0 & \alpha & 2\alpha & 3\alpha & 4\alpha & \cdots & (N-1)\alpha \\
\beta & \alpha+\beta & 2\alpha+\beta & 3\alpha+\beta & 4\alpha+\beta & \cdots & (N-1)\alpha+\beta \\
2\beta & \alpha+2\beta & 2\alpha+2\beta & 3\alpha+2\beta & 4\alpha+2\beta & \cdots & (N-1)\alpha+2\beta \\
\vdots & \vdots & \vdots & \vdots & \vdots & & \vdots \\
(M-1)\beta & \alpha+(M-1)\beta & & & \cdots & & (N-1)\alpha+(M-1)\beta
\end{array}
$$

波束控制运算与上述线阵相似。方位方向有一套累加器，实现从 α 到 $(N-1)\alpha$ 的运算；俯仰方向有一套累加器，实现从 β 到 $(M-1)\beta$ 的运算；两套控制信号按行、列进行相加，得到 $N \times M$ 个移相器的控制信号。

8.1.3.4 波束形成网络

接收波束形成涉及汇集天线孔径上接收的信号，其过程是将这些信号在幅值和相位上加权，然后将加权的样本求和；发射波束形成是上述过程的逆过程。波束形成可以在射频上完成，也可转换成在中频或基带上完成。

1) 射频波束形成

在空间形成单一波束这类最简单的波束形成网络是一种同相组合网络。这类网络显然是可逆工作的，它适合于发射和接收应用。

2) 中频波束形成

为在接收阵列中实现中频波束形成，首先将每个阵元接收的射频信号经相参下变频产生中频信号。这需要将一个相参的射频本振信号分配到每个阵元的混频器上。由于下变频处理有损耗(5~6 dB)，所以要求灵敏度高时，需在每个混频器后加一个低噪声放大器。

对于一个发射模式工作的阵列，来自波束形成器的中频信号需要在每个阵元上相参地变换成射频信号。由于上变频工作在相当低的功率电平上，所以在每个阵元上需要射频功率放大。此外，由于放大器、下变频和上变频具有不可逆性，因此，在许多场合下，发射采用射频波束形成，接收则采用中频波束形成。

3) 多波束形成

为了提高雷达的空域覆盖、多路并行工作、提高数据率，以及为了实现单脉冲工作方式，需要形成多波束。形成多波束的方法有多种，可以在高频或中频形成，可以用模拟方法或数字方法形成。同时，多波束应当可以覆盖固定的空域，也可以进行扫描。发射时可以形成多波束,接收时也可以形成多波束。如果仅在接收时是多波束,那么发射波束必须是能覆盖所有接收波束的宽波束。

8.2 有源相控阵雷达

8.2.1 组成

有源相控阵雷达中每个阵元接一个接收低噪声放大器和发射功率放大器,如图 8-9 所示。

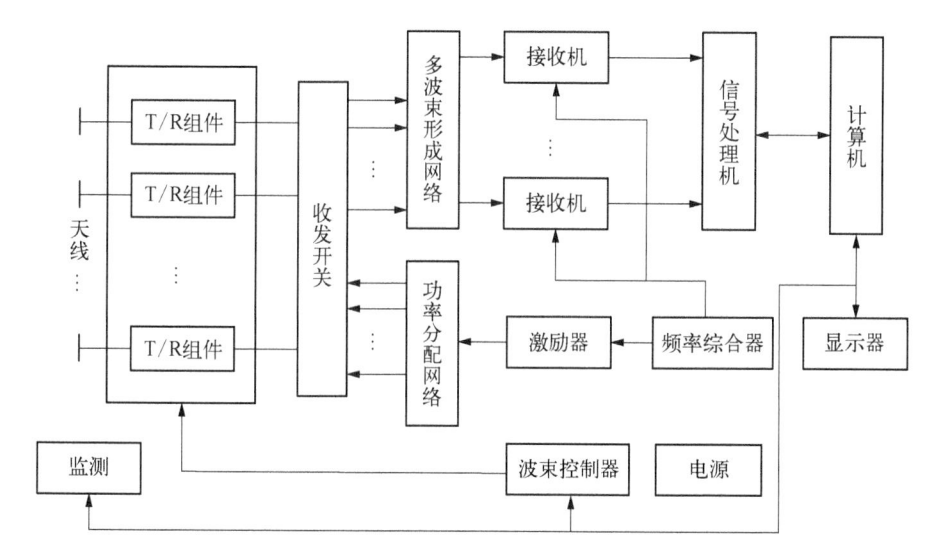

图 8-9　有源相控阵雷达组成框图

和无源相控阵火控雷达系统相比,有源相控阵火控雷达系统以有源天线阵代替无源天线阵,即每个天线单元下所连接的不仅仅是移相器,而是 T/R 组件(T 代表发射,R 代表接收)。在 T/R 组件中,除移相器外,还有对射频信号进行放大的放大器。

8.2.2 收发组件

T/R 组件是有源相控阵天线的核心器件。T/R 组件的性能在很大程度上决定了有源相控阵雷达的性能;T/R 组件的生产成本在很大程度上决定了有源相控阵雷达的推广应用前景。T/R 组件的基本组成如图 8-10 所示,它主要由 3 部分组成。

发射通道由预先放大器和功率放大器组成,作用是将经射频网络激励器产生的发射信号,放大到一定功率电平,放大后的信号再经天线单元发射出去。接收通道由接收机保护器和低噪声放大器组成,作用是将由天线单元接收到的微弱信号进行低噪声放大,以提高雷达系统的接收灵敏度。收、发公用部分由移相器和衰减器组成,并由 T/R 开关选通是接入发射通道,还是接入接收通道。公用部分的作用是控制发射和接收信号的幅度和相位,以得到所需要的天线波束。除了上述 3 个射频组成部分外,T/R 组件中还包含 T/R

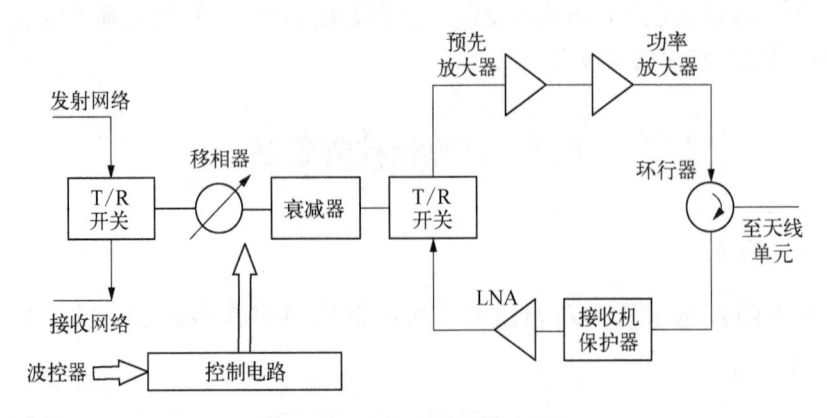

图 8-10 T/R 组件的基本组成

组件工作时所需的控制电路和各种电源,以实现对移相器、衰减器、T/R 开关等部分的控制。

发射通道的功能是提供相位和幅度经过调整的高稳定微波能量,其大小由微波器件的功率水平决定。因为 T/R 组件的能量损耗主要来自发射功率放大器,所以要特别注意提高效率,以减小功耗。为了降低发射波瓣的副瓣电平,要进行幅度加权,通常要求 T/R 组件的输出功率电平能在比较大的范围内进行控制,这是通过控制衰减量的方式来实现的。但是,连续幅度加权与要求高效率相矛盾,比较好的办法是以台阶幅度照射近似代替连续的幅度加权曲线。这样,T/R 组件可做成不同功率电平,尽管功率放大器的输出功率电平不同,但其直流-射频转换效率变化很小。

接收通道中的低噪声放大器决定着系统的噪声系数。所以,低噪声放大器一定要具有高增益,以便把放大器后面各部分的损耗及噪声系数对整个系统噪声系数的影响减至最小。事实上,低噪声放大器接在天线单元后面,天线接收到的信号直接加到放大器上。因此,低噪声放大器还要具有大动态范围,以使接收的信号不产生失真和调制。一个高增益、大动态范围的低噪声放大器容易消耗电源功率,这也是影响 T/R 组件效率的一个因素,因为接收机的工作时间远比发射机的工作时间长。为了提高效率,需要降低低噪声放大器的增益,同时又不影响系统噪声系数,所以只有降低放大器后面各部分(如移相器、衰减器、开关和波束形成网络)的插入损耗。

在接收通道中,接收机保护器的作用是防止低噪声放大器被高功率射频能量烧毁。接收机保护器是一种自控衰减器,其对小信号几乎可以无衰减地通过,而对大功率信号则会产生大的衰减,且功率越大衰减越大。射频能量有两个来源,一是匹配不理想引起的发射信号的反射能量,另一个是来自外部的射频能量。因此,接收机保护器既应在有源状态(即发射时)保护接收机,又应在无源状态(即接收时)保护接收机。由于接收机保护器的损耗直接影响接收系统的噪声系数,所以接收机保护器一定要具有低插入损耗。

数字移相器是 T/R 组件的重要组成部分。在雷达工作时,它要提供 360°范围内精确的相位控制,而且在所需的工作频带内还要满足插入损耗小、开关时间短、电压驻波比小等要求。数字移相器一般都是二进制形式的,大多数雷达要求移相器为 5~7 位,根据雷达的具体方案来确定。

T/R 组件中的衰减器也为数字式的。对它的要求是,零衰减时的插入损耗要小,有衰减时的相移要小,电压驻波比要低,在工作频带内衰减要均匀。数控衰减器的衰减范围由最小衰减步进和位数决定,给衰减器的控制端加控制电平可以得到相应的衰减量。数控衰减器和放大器一起作为可变增益放大器使用,能够调整天线波束宽度和副瓣电平,也可以在一定程度上补偿数控移相器随相位状态的改变而产生的幅度变化。

在 T/R 组件中,控制电路的主要功能是:从波束控制器接收控制移相器的控制数据,接收控制数字衰减器的控制数据,控制数字移相器和数字衰减器,控制放大器在脉冲状态下工作;控制 T/R 开关和接收机保护器工作,控制时序。控制电路由门阵列集成电路、接口集成电路及阻容元件组成,制作安装在 T/R 组件的基板上。

T/R 开关完成发射和接收转换,它可以获得较高的隔离度,但是难以耐大功率。环行器也用于实现发射和接收互换,它与 T/R 开关相比可耐大功率,但是隔离度相对较差,外形尺寸较大,因此多用于发射口。

电源管理芯片是实现 T/R 组件供电、调制、驱动、电源控制的一系列相关芯片的统称。它通过产生和控制受调节的电压或电流,使加载的雷达收发组件电路正常工作。根据电源管理芯片在雷达收发组件中的应用关系,一般将其分为稳压型电源管理芯片、PA 栅极偏置芯片、漏极电源调制芯片三类。

8.2.3 战术特点

传统的机载雷达都采用机械扫描天线和大功率集中式发射机。经过数十年的发展,虽然这种传统雷达尤其是脉冲多普勒雷达的性能得到了极大提升,但由于受到天线机械扫描速度和集中式大功率发射机的发射功率和可靠性等因素的限制,传统机载雷达的性能提升遭遇了众多的瓶颈,主要包括目标数据率低、多目标跟踪能力差、同时多功能难、可靠性低、雷达散射面积大等。

发展相控阵技术,尤其是有源相控阵技术,是突破以上瓶颈最可行和最有效的选择。有源相控阵技术采用电子控制的波束扫描方式克服了机械扫描的惯性限制,同时采用分布式功率放大、大功率微波信号空间合成的方式和射频低损耗提高了探测距离,在高可靠性方面也具有先天的优势。

1) 雷达作用距离成倍增长

(1) 更大的发射功率。有源相控阵采用大量分布式小功率固态功放,用空间功率合成实现大功率发射。

(2) 更低的射频损耗。有源相控阵与无源相控阵的工作机理和馈电方式不同,每个 T/R 组件的功放输出信号就近连接辐射器,因此前者具有比后者小得多的射频损耗。

(3) 更大的天线口径和增益。天线采用固定安装,可以安装在截面最大的雷达罩根部。

(4) 快速、灵活的波束扫描提高探测性能。波束在目标上的驻留时间和更新时间可以分别达到最优化状态,以满足探测和跟踪距离的需要。

(5) 灵活、先进的检测、跟踪技术提高探测性能。可采用告警加确认、检测前跟踪等技术。

2) 灵活的波束赋形满足不同的功能需求

(1) 笔状波束。空空状态,为获取最远的作用距离和最高的测角精度,往往采用笔状波束。

(2) 余割平方波束。空地状态,为获得最大的距离覆盖范围,往往采用俯仰余割平方波束。

(3) 发射宽波束、接收多波束。近距格斗时,发射一个同飞机平显视场接近的宽波束,用多个笔状波束填充该范围空余,形成一种目标很难逃逸的格斗方式。

3) 实现高精度多目标跟踪和同时多功能

机械扫描雷达扫描时需要克服惯性,例如驱动电机以 100~150 °/s 的速度转动时,波束的敏捷性会受其能力限制,改变波束运动方向的时间大约需要 0.1 s。因此,传统机扫雷达只能实现较低跟踪精度的边扫描边跟踪方式。

而相控阵雷达的波束能在不到 1 ms 内实现扫描范围内的任意改变,因此可实现跟踪加搜索方式。相控阵雷达能在几乎同一时间内完成一种以上的雷达功能。它可以用时间分割的方法交替用同一阵面完成多种功能。如雷达在进行地图测绘、地物回避、地形跟随、威胁回避的同时,还可实现对空中目标的搜索和跟踪,对其进行攻击,并能因此开发出很多新的雷达功能和空战战术。为充分发挥战斗机多用途功能创造了条件。

4) 实现与电子战综合的能力

有源相控阵雷达宽带的优势,使雷达在宽带内进行无源侦察和有源干扰成为可能。由于有源相控阵雷达天线孔径的面积和辐射功率远远超过载机上任何一部电子战设备,所以当雷达天线用于电子侦察和干扰时,在雷达覆盖的频段内电子侦察的精度远远超过一般电子支援侦察(electronic support measures)系统,干扰功率也大大高于一般自卫式干扰机,如高增益电子侦察(high gain ESM, HGESM)和高功率电子干扰(high power electronic counter measures, HPECM)。

HGESM 就是利用雷达天线的高增益和高精度测角能力,在雷达波束覆盖空域和频率范围内,实现无源侦收并完成对侦收信号的分析鉴别,为载机提供远距离的、更高精度的无源探测、识别能力。

HPECM 则是利用了雷达天线的高增益和大功率,在雷达波束覆盖空域和频率范围内,提供大功率的压制干扰或离散的、外科手术式的干扰。

5) 抗干扰和低截获能力极大提升

采用有源相控阵天线后,雷达可工作的带宽扩展到 4 GHz 以上,而普通机械扫描体制的机载火控雷达可工作带宽通常只有 300 MHz 左右,带宽成倍增加可以大大降低敌方电子侦察能力、干扰功率密度,敌方将不太可能完成对雷达全工作频段的压制干扰,更不容易采用窄带的阻塞干扰。这些可大幅提升有源相控阵火控雷达抗干扰的能力。同时有源相控阵雷达可以采用无序、离散波束替代机械扫描雷达周期、连续波束来搜索、跟踪目标,这也可以降低雷达被 ESM 跟踪和截获的概率。

有源相控阵雷达可采用的低截获措施包括功率控制、空域控制、时间控制、频域控制、复杂波形等。

6) 可靠性大幅提升

机械扫描雷达需要驱动发电机、旋转关节来驱动天线转动。这些都可能导致故障的发生。机械扫描雷达的故障中,很大一部分是由集中式的行波管发射机和它的高压电源造成的。

相控阵雷达没有机械转动机构、没有高压电源、没有真空管器件,因此其可靠性与传统机械扫描雷达相比有较大幅度的提高。

无源相控阵雷达中,唯一的有源器件是移相器,高质量的移相器是非常可靠的。有源相控阵雷达由数千个独立的 T/R 组件和辐射单元组成,这种固态器件由集成电路构成,只需要低压直流电源供电,本身可靠性就很高,而且相互之间存在冗余,因此少数单元失效对系统性能影响不大。试验及试飞表明,10% 的单元失效时,对系统性能无显著影响,不需维修;30% 失效时,系统增益降低 3 分贝,仍可维持基本工作性能。单个组件故障产生的影响可以通过适当改变其最邻近单元的辐射使其达到最小。这种柔性降级特性对作战飞机是十分需要的。这样,一个设计优良的有源相控阵天线的平均无故障时间可以达到与飞机的寿命相当。

7) 大幅降低雷达反射截面积

在任何必须有小 RCS 需求的飞行器中,雷达天线的安装都要受到严格关注。当从与飞行器表面垂直的方向(如轴线方向)照射时,即使是一个相当小的平面阵列都会产生相当大的 RCS。机械扫描天线周期性地运动,与敌方的入射电磁波存在周期性的正交,这样很难降低天线的反射截面积。

有源相控阵天线在安装时通常稍为向上倾斜,这样,从正前方入射的主波瓣波束,被本机电扫阵列向上反射,所以对方雷达接收机很难接收到电扫阵列所产生的回波。

在天线的周围可以布置雷达波吸收材料,对阵列边沿存在的后向散射予以屏蔽。结合雷达天线罩的设计,使雷达隐身成为可能。

8) 散热需求高

传统雷达采用单一发射机,发热集中,散热也易设计。有源相控阵的 T/R 组件密集遍布天线阵面,没有足够的间隙供传统的通风冷却使用,电控移相单元本身也消耗功率,增加了冷却负担,只能使用更加复杂但也更加高效的液冷。

冷却液将热量从发射/接收单元带走,然后回收到风冷装置散热,或者通过和油箱中较冷的燃油进行热交换散热,温度略微提高的燃油则在发动机燃烧中消耗掉,将发射/接收单元产生的热量最终一起带走。

9) 扫描角度受限

相控阵雷达随着波束扫描时偏离天线阵面法线角度的增加,天线的有效面积降低、天线的增益下降、波束宽度变宽,降低了雷达的战术性能。因此,一般将扫描角度限定在一定的范围之内。

8.2.4 技术特点

8.2.4.1 信号检测

相控阵雷达信号检测与采用机械扫描天线的雷达相比存在一些特点,主要与下述三个因素有关：一是与相控阵雷达天线波束的快速扫描特性（即可快速改变天线波束指向的能力）有关；二是与天线波束形状可快速变化的能力有关；三是与相控阵天线的多通道特性有关。第一个因素使相控阵雷达具有多种工作方式，可实现多种功能，因此可选用多种信号波形，这使相控阵雷达信号检测具有多样性。第二个因素使相控阵雷达空间滤波特性用于改变天线波束宽度，相应地改变雷达数据率和相控阵雷达信号能量管理。第三个因素使相控阵雷达实现目标检测的信号处理具有并行多通道的特性，这既带来信号处理通道数目的增加，也带来一些采用机械扫描天线雷达所不具备或难以实现的能力，如同时多波束形成、多辐射源定向、自适应空域滤波等。相控阵天线的多通道特性使相控阵雷达信号处理机具有多通道并行处理的特点。大规模集成电路技术、高速并行处理及各种先进算法的飞速发展，使相控阵雷达信号处理的特点更能充分发挥。

与采用机械扫描的雷达相比，利用相控阵天线波束快速扫描的特点，相控阵雷达在实现信号检测上的灵活性主要反映在以下几个方面：

(1) 可灵活改变搜索空域的大小。根据预计要观察目标的特性与飞行方向和对雷达作用距离的需求，可改变方位与仰角搜索空域，通过缩小搜索空域而增加雷达作用距离。

(2) 可将雷达搜索空域划分为多个子区域。将整个雷达搜索空域划分为若干个子搜索空域后，可通过改变各子搜索空域的观察时间等措施，灵活改变各子搜索空域的作用距离，亦即通过降低部分子搜索空域的作用距离，提高另一些子搜索空域的作用距离。集中能量工作方式（即烧穿工作方式）的实现，可通过改变波束驻留时间来实现，亦可通过改变每一重复周期内的信号脉冲宽度来实现。波束驻留时间与信号脉冲宽度的改变，使雷达信号检测所需的匹配滤波器设计也应相应改变。

1) 相控阵天线波束指向捷变带来的检测特点

将相控阵天线波束指向快速变化的能力应用于雷达信号检测时，可具有以下一些特点。

a. 改变波束驻留时间

利用相控阵天线波束指向捷变能力，可改变波束驻留时间，控制各个不同波束指向的探测数目 N，相应地，信号检测匹配滤波器按 N 个探测脉冲进行设计。

b. 序列检测的应用

序列检测器是一种双门限检测器，在作假设检验时，设置两个判决门限 y_1 与 y_2，则假设检验过程为：当 $y(t) \geq y_2$ 时，判为 H_1；当 $y(t) < y_1$ 时，判为 H_0；当 $y_1 \leq y(t) < y_2$ 时，继续检验。也就是在不能作出 H_1、H_0 判决时，暂时不作出判决，继续假设检验过程，相应地在搜索方向继续发射探测信号，观测该方向回波信号。

在机械扫描雷达搜索过程中，由于天线转速基本恒定，序列检测只能在信号幅度上实现，即只能设置两个信号电压门限。在相控阵雷达中，由于天线波束扫描的灵活性，除在信号幅度上设置双重门限外，还可在脉冲数目上设置双重门限。

c. 调节探测信号脉冲持续时间

雷达探测信号脉冲的最大宽度（持续时间）取决于雷达发射机。显然，无论是机械扫描雷达还是相控阵雷达均可通过改变脉冲持续时间（即宽度）而改变雷达发射机输出的平均功率。但是,雷达发射机输出平均功率是雷达实现信号检测、跟踪目标和测量目标参数的一个重要资源,因此,在充分利用发射机平均功率条件下,对于相控阵雷达来说,可以利用波束指向捷变能力,在一个重复周期内,将雷达发射信号占空系数允许的最大脉冲宽度分别用于调节不同波束指向的检测性能。其原理如图8-11所示。

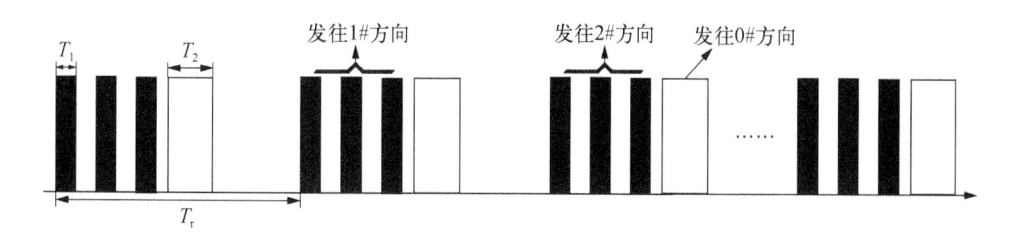

图 8-11 通过改变脉冲宽度调节不同方向检测性能原理

图 8-11 中假定每一个重复周期 T_r 内,信号总的脉冲宽度保持不变。相应的发射机输出平均功率也保持不变。宽脉冲用于探测 0# 方向,对 0# 波束方向进行信号检测;而每个重复周期内均用 3 个窄脉冲,分别对 1# 和 2# 方向进行检测。信号波形变化,雷达接收系统中的匹配滤波器也相应变化,这是相控阵雷达在信号检测上具有的一种灵活性。按这种方式,可同时实现对远程目标与近程目标的信号检测。

2) 相控阵天线波束形状捷变带来的检测特点

相控阵天线波束形状是指相控阵天线波束的波束宽度、天线波束主瓣形状的对称性、天线波瓣副瓣电平、副瓣位置、天线波束零点数目及副瓣电平的对称性等。利用这一特点,使相控阵雷达信号检测具有常规机械扫描雷达没有的一些特点。

a. 天线波束宽度变化可带来信号形式变化及检测特点

通过改变孔径照射函数,例如使照射函数的相位分布散焦,可以将相控阵天线波束展宽。之后,虽然接收信号功率电平降低,但由于缩短了对整个空域的搜索时间,如仍维持整个空域的搜索时间,则在每一个波束位置上可以增加波束驻留时间。图8-12 中以两种不同方位波束宽度的天线波束对同一搜索空域进行搜索。

显然,用宽波束进行搜索时,如每一波束位置上波束驻留时间相同,则搜索完整个空域所需的时间便可缩短。用窄波束进行搜索时,同样条件下,搜索时间便应加长。在上述波束驻留时间相同的假设条件下,用宽波束搜索

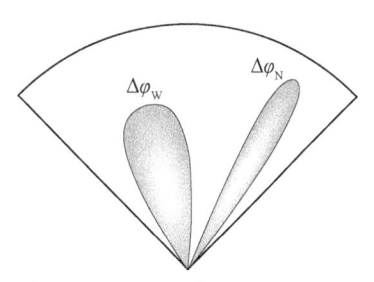

图 8-12 用宽、窄波束进行搜索工作的示意图

时,因发射天线增益降低,雷达作用距离较窄波束搜索时要近。如果将搜索完同样的空域所需的搜索时间保持不变,则用宽波束进行搜索时,在每一波束位置上的波束驻留时间便可以高于用窄波束搜索时的驻留时间,即用宽波束进行搜索时可以有更多个重复周期的信号进行相参积累,抵消了发射天线增益降低的影响。在假设相参积累处理时不存在损失的条件下,搜索波束宽窄对雷达搜索作用距离没有影响。

b. 在干扰与杂波方向降低天线副瓣电平对信号检测的影响

改变相控阵天线波束形状可用于抑制杂波与人为有源干扰。波束形状捷变能力抑制杂波与人为有源干扰是相控阵雷达信号检测的一个特点。例如,机载对地观测雷达,可使天线波束在下视方向的副瓣电平降低,而在上视方向允许更高的副瓣电平,以降低地杂波强度。

此外,用自适应天线波束调零方法抑制若干个方向进入的有源干扰是波束形状捷变应用于雷达信号检测的另一例子。

3) 相控阵雷达的多通道处理特性

相控阵雷达的多通道特性反映在相控阵发射与接收状态。当雷达处于发射状态时,雷达照射到目标的辐射信号是相控阵发射天线中各个辐射器亦即天线单元辐射信号的总和。发射多通道特性除可用于改变信号辐射方向与信号在空间的能量分布外,也可用于改变信号形式在空间的分布,从而改变雷达的信号处理。

相控阵雷达天线包括众多的天线阵元,每一个接收天线阵元都可以看成一个接收通道,与一路接收机相连,拥有一路信号处理设备。显然,在天线单元层面上直接实现多通道接收处理,设备量将是很大的。为降低处理量,可以在子天线阵层面上实现多通道接收处理,即将若干个天线阵元构成一个子天线阵,在子天线阵内仍用馈线网络实现信号合成,然后才送通道接收机进行处理。

对于具有多个接收波束的相控阵雷达,每一接收波束具有一路接收机。因此,整个雷达接收天线阵也是具有多通道信号处理的系统。

相控阵雷达接收天线的多路性为同时进行时间-空间二维信号处理提供了可能性。改变相控阵接收天线波束形成过程中所需要的各通道信号的权值,可以灵活改变天线波束的指向与形状,因而相控阵雷达可以较方便地实现两维自适应空域滤波。

8.2.4.2 距离测量

与常规机械扫描雷达相比较,在相控阵雷达中对目标距离进行测量有一些特点。这主要与相控阵雷达天线波束扫描的快速性、灵活性与相控阵雷达工作方式有关。

1) 在搜索与跟踪状态下分别进行距离测量

相控阵雷达特别是具有在方位与仰角方向上同时进行相扫的三坐标雷达,一般均有边跟踪边搜索与搜索加跟踪功能。在搜索状态下,雷达功能主要是检测搜索区域内是否存在目标,这时对目标的距离测量的精度要求相对不高。搜索时,采用信号波形也以检测为主,信号带宽通常较窄,以便在很宽的搜索距离波门宽度内,雷达信号处理机中距离测量过程能实时快速完成。

在目标确认/检验过程中,可以采用具有较宽频带的信号,适当提高测距精度,使跟踪起始后,能较准确地将跟踪波门的中心位置对准预测的目标距离,从而缩短跟踪波门的宽度。在跟踪状态下,应提高距离测量精度,降低跟踪波门宽度,相应的雷达信号波形也与搜索状态有所区别。雷达信号带宽有所增加,雷达信号的重复周期也可按目标距离与跟踪波门宽度来加以调整,例如可以采用具有较高重复频率的脉冲串信号,并使其具有一定的测速功能。

2) 多目标同时测距能力

相控阵雷达具有多目标、多功能工作的特点，相应的相控阵雷达距离测量系统也应具有同时对多目标进行测距的能力。在一个雷达观测方向如果同时存在多个目标，在搜索时，雷达可以实时对它们的距离进行录取，而在跟踪时则应有多套距离跟踪回路，分别对多批目标进行距离跟踪处理。

3) 在同一周期内可对多个不同角度方向的目标进行距离测量

多批目标位于不同方向、不同距离上，可以在同一重复周期里对它们进行跟踪并同时进行测距。在同一重复周期内，可用多个不同脉冲宽度与不同信号带宽的信号分别进行距离跟踪测量。根据目标回波距离差异，将不同目标距离跟踪波门前后分开。

为了跟踪更多目标和提高跟踪数据率，也可以在同一周期里或相邻周期里对多个目标按不同跟踪数据率，以不同信号带宽、不同脉冲宽度来分别进行距离测量。采用这种方式的一个优点是可以获得更高的相对距离测量精度。

4) 单周期脉冲距离测量与短脉冲串距离测量

由于二维相扫的相控阵雷达在两个角度方向上天线波束均较窄，无论是搜索数据率还是跟踪数据率要求均很突出，因此大多数情况下均不得不采用很短的脉冲串信号，例如在一个波束位置上，波束驻留时间只能两三个重复周期。极限情况下，不得不采用单周期信号。这一种信号形式给相控阵雷达的距离测量带来一些新的特点。

由于是用少数几个脉冲，甚至是单个脉冲工作，因此，为了保证雷达的探测距离，每个脉冲的持续时间(即脉冲宽度)均较宽，故必须采用线性调频或相位编码脉冲压缩信号，其脉宽应满足信号检测所需的能量要求，信号带宽满足测距精度要求。

8.2.4.3 角度测量

凭单个回波脉冲即可测量目标所在角度位置是相控阵雷达实现对多个目标进行跟踪的重要条件。单脉冲测角方法对相控阵雷达天线、馈线系统的构成，雷达接收系统与信号处理机的构成有重要影响。

单脉冲跟踪方法分两种，连续跟踪与离散跟踪。机械扫描跟踪雷达属于连续跟踪雷达，相控阵雷达虽然可以对重点目标采用连续跟踪方式，但因为要实现多目标跟踪，故主要采用离散跟踪方式。在相控阵雷达中采用的测角方法与机械扫描雷达相比，虽无本质差别，但具有一些特点，这与相控阵接收天线是多路系统以及天线波束的快速扫描特性等有关。

1) 多目标单脉冲测角与跟踪

相控阵雷达需要实现多目标跟踪，要在跟踪多批目标的同时还要完成搜索功能，发现可能出现的新目标，这使得相控阵雷达的时间资源有限，对每一个目标的跟踪照射时间往往只有几个，甚至只有一个重复周期，即真正意义上的单个脉冲跟踪。

如果相控阵雷达在实际工作过程中只需对一个重点目标进行跟踪且不需进行搜索时，相控阵雷达仍然可以对该目标进行连续跟踪。当采用单脉冲测角的相控阵雷达天线安装在机械上可连续转动的高精度天线转台上时，如只对单个目标进行跟踪，则与普通机械转动单脉冲跟踪雷达的测角与跟踪方式相比，可获得更好的性能。

2) 高信噪比角度测量

由于对每一个目标的跟踪照射时间少,为了保证测角精度,降低接收机噪声对测角精度的影响,单个回波脉冲的信噪比要求较机扫单脉冲雷达要高。

3) 非瞄准式跟踪

对于机械扫描的单脉冲跟踪雷达,由于只跟踪一个目标或波束内目标群中的某一个主要目标,波束指向始终跟随这一目标在角度上的变化而移动。因此,雷达在截获目标转入跟踪状态之后,跟踪天线波束的最大值指向便紧随目标位置变化而移动,对目标实现连续跟踪。在连续跟踪状态下,被跟踪目标在大多数情况下均位于天线波束最大值附近,它在波束宽度内的分布范围较窄,跟踪精度也较高。

当采用相控阵天线对多个目标进行跟踪时,由于按时间分割原理进行离散跟踪,对每一目标的跟踪驻留时间短,跟踪采样间隔时间远大于信号重复周期,故很难使天线波束最大值始终保持在目标所在方向。因此,被跟踪目标的位置在天线波束宽度内的分布范围较宽。特别是进行多目标离散跟踪时,测角精度会下降。

4) 多波束测角

为了提高雷达的搜索与跟踪数据率,相控阵雷达中常用多个波束同时工作。因此,多个波束覆盖在较大的角度范围内应具有同时进行单脉冲测角的能力。

8.2.4.4 速度测量

相控阵雷达测量目标速度的方法取决于对测速精度的要求和在多目标跟踪环境下能用于测速的总观测时间,它与跟踪目标数目和跟踪数据率等有关。需同时跟踪的目标数目越多,能用于对每一个目标测速的信号功率与时间资源就越少,即对每一个目标观测时间的增加受到雷达目标数目、数据率等的制约。考虑到空间探测相控阵雷达作用距离远、跟踪目标数目多等特点,故只能对少数重要目标、威胁度高的目标或需要进行分类识别的目标进行测速。

8.2.4.5 数据处理

相控阵雷达采用电扫描,不存在机械扫描天线转动时的惯性,因此可以在毫秒级甚至百微秒级的时间内改变波束指向。只要目标在波束的覆盖空域内,通过合理分配波束照射时间,就可以实现对目标的闭环跟踪。这一优势使相控阵雷达能真正实现多目标跟踪和攻击,提高作战效能。相控阵雷达对多目标的跟踪大多是采用分时离散方式进行的,也就是将雷达的时间片资源按目标探测、跟踪的不同需求进行划分。在不同的雷达时间片对不同的目标进行电磁辐射,以获取目标的雷达回波,经过雷达的接收、解算获取目标的测量信息以便于实现对多个目标的离散跟踪。在对某个目标进行电磁辐射的同时,需要对其他目标航迹进行外推以维持跟踪。

因此,相控阵雷达相对传统机械扫描雷达在数据处理方面的流程基本相似,可以根据雷达的应用场景来选择不同的模型和算法构成雷达目标跟踪系统。差别主要在于相控阵雷达跟踪目标的方式更加多样化,而且可以进行检测前跟踪。

"中国预警机之父"王小谟院士

王小谟,中国现代预警机事业的开拓者和奠基人。1961年毕业于北京工业学院(现北京理工大学),1995年当选中国工程院院士。2013年荣获2012年度国家最高科学技术奖。

王小谟从事雷达研制工作50余年,先后主持研制过中国第一部三坐标雷达等多部世界先进雷达,在国内率先力主发展国产预警机装备,提出中国预警机技术发展路线图,构建预警机装备发展体系,主持研制中国第一代机载预警系统,引领中国预警机事业实现跨越式、系列化发展,并迈向国际先进水平。

20世纪80年代,王小谟主动策划,整合十几年的研究基础,综合分析国内各方面的科研力量,最终在国家的大力支持下,开启了一边国际合作、一边自主研制预警机的漫漫航程。合作研制期间,王小谟受命担任预警机工程中方总设计师,提出采用大圆盘、背负式、三面有源相控阵新型预警机方案,这是世界首创。同时,他坚决主张并且部署安排了国内同步研制,并做出了样机。当外方迫于国际压力单方面中止合同时,他部署安排的国内同步研制工作,也取得了重大进展,并做出了预警机样机。国产预警机正式立项后,王小谟主动推荐优秀年轻专家担任总设计师,自己担任总顾问,倾心指导年轻的总师们确定总体技术方案,开展技术攻关、系统集成和试验试飞方案等重大工程研制事项,为中国首型预警机的研制成功作出重要贡献。

本章思维导图

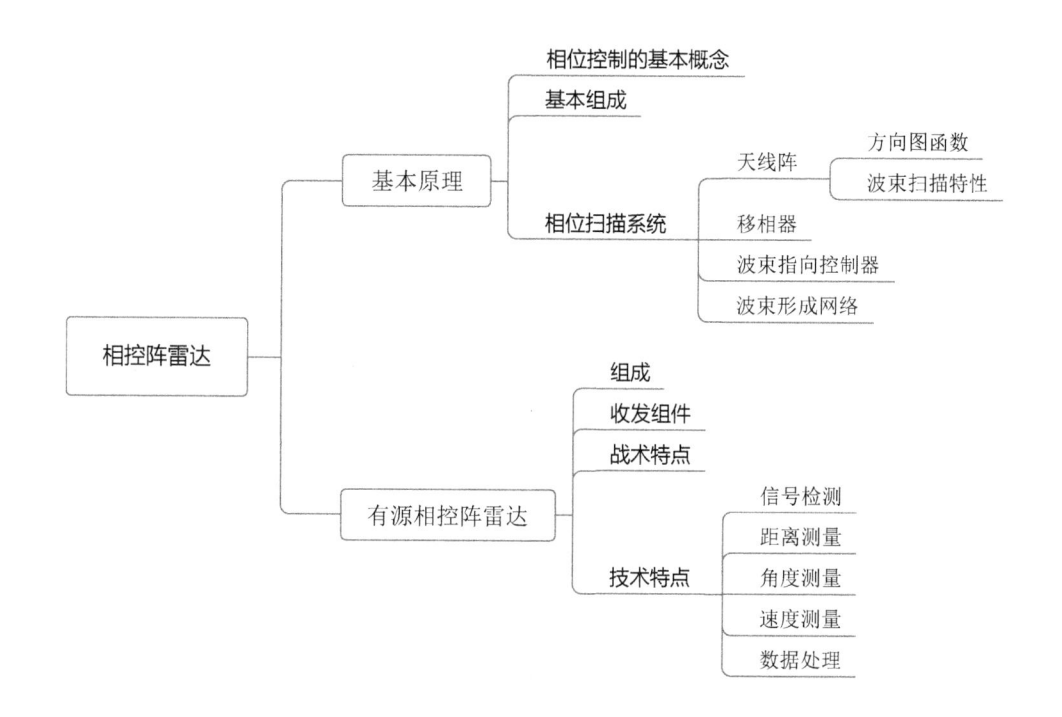

```
                            ┌── 相位控制的基本概念
                            │
                            ├── 基本组成
            ┌── 基本原理 ──┤
            │               │                   ┌── 天线阵 ──┬── 方向图函数
            │               │                   │            └── 波束扫描特性
            │               └── 相位扫描系统 ──┤── 移相器
            │                                   ├── 波束指向控制器
相控阵雷达──┤                                   └── 波束形成网络
            │
            │                   ┌── 组成
            │                   ├── 收发组件
            │                   ├── 战术特点
            └── 有源相控阵雷达─┤                   ┌── 信号检测
                                │                   ├── 距离测量
                                └── 技术特点 ──────┤── 角度测量
                                                    ├── 速度测量
                                                    └── 数据处理
```

习 题

1. 随着波束扫描角度增加,相控阵天线会带来哪些问题?怎样降低其影响?

2. 无源相控阵雷达相对机械扫描雷达的优缺点有哪些？
3. 查阅资料，列举 T/R 组件的技术指标及其含义。
4. 分析有源相控阵雷达在战术方面的特点。
5. 分析有源相控阵雷达在技术方面的特点。
6. 查阅资料，以某型相控阵雷达为例，分析其组成结构和工作原理。
7. 分析在作战中，如何发挥有源相控阵雷达的战术优势。
8. 某型相控阵雷达中的移相器采用的是 6 位数字式开关线型二极管移相，试计算每位传输线的长度差 Δl，对应的移相量以及移相状态的种类数。

第9章
数字阵列雷达

传统相控阵是依靠移相器、衰减器和微波合成网络来实现波束在空间扫描的。这是一种在模拟域基于射频器件和馈电网络构建的运算处理方式。模拟器件对来自内部和外部的射频干扰、温度和湿度都很敏感,而且价格昂贵。因此,传统相控阵雷达在使用方面存在很多问题,特别是在功能可重组性、可使用性、稳定性和可靠性方面。这就需要寻找新的思路来克服这些缺点。随着半导体器件技术的发展,有源相控阵雷达接收和发射都采用了数字波束形成技术,数字阵列雷达(digital array radar,DAR)的概念应运而生。数字阵列雷达是在接收与发射通道均采用数字波束形成技术的有源相控阵雷达,是有源相控阵雷达和数字雷达的发展方向。

9.1 基 本 原 理

9.1.1 基本需求

传统的平板缝阵天线采用的波束形成方式是模拟波束形成,天线有着众多的波导缝隙用于辐射和接收信号。发射信号经过固定馈电网络到达这些波导缝隙口,每个缝隙辐射的信号都有着相同的相位,由此在天线阵面法线方向实现辐射信号的同相叠加,形成发射波束方向图。同理,接收是一个逆过程,在天线口面同相接收信号,经过馈电网络,在信号合成端实现同相叠加,等效在天线阵面法线的方向形成接收波束方向图。

相控阵天线的波束形成仍然采用与平板缝阵天线相同的模拟波束形成原理,只是发射信号经过移相器后,各辐射器发射信号的等相位面是变化的,从而形成可变指向的发射波束方向图。接收时,通过移相器改变接收信号的等相位面与天线阵面的夹角,从而形成可变指向的接收波束方向图。

以上波束形成都采用了模拟射频信号波束形成原理,其缺陷是波束形成缺乏灵活性、不能满足阵列自适应信号处理的需要、对模拟电路的指标要求高。

另外,传统模拟相控阵天线因孔径渡越带来对瞬时信号带宽的限制。当雷达信号具有一定带宽时,信号频率会偏离中心频率f_0。当这种信号频率变化时,若移相器的权值不变,则所控制的波束指向就会发生偏离。也就是说,在同一指向角下(除法向角外),不同工作频率对同一移相器的相移量要求是不一样的。如果相移量固定,当雷达的工作频率不同时,天线的指向角是不一样的。因此,当雷达采用宽带信号时,天线指向角会存在漂移。

设 f_0 为雷达工作载频，Δf 为信号的带宽，θ_0 为天线的扫描角，则对位于距离阵列中心 x 的单元天线移相器的相位权值为

$$\varphi = 2\pi x/\lambda_0 \sin\theta_0 = 2\pi x/cf_0 \sin\theta_0 \tag{9-1}$$

当频率为 f_L 时，若给定相同的相位权值，则其波束指向新的方向 $\theta_0 + \Delta\theta_0$，即

$$\varphi = 2\pi x/cf_0 \sin\theta_0 = 2\pi x/cf_L \sin(\theta_0 + \Delta\theta_0) \tag{9-2}$$

当频率变化不大时，波束指向变化 $\Delta\theta_0$ 也较小，则

$$\sin(\theta_0 + \Delta\theta_0) = \sin\theta_0 \cos\Delta\theta_0 + \cos\theta_0 \sin\Delta\theta_0 \approx \sin\theta_0 + \Delta\theta_0 \cos\theta_0 \tag{9-3}$$

则

$$\Delta\theta_0 = (f_0 - f_L)/f_L \tan\theta_0 \approx \Delta f/f_0 \tan\theta_0 \tag{9-4}$$

式中，$\Delta f = f_0 - f_L$。

式(9-4)表明，当仅考虑由于宽带工作而造成的波束指向偏离时，在雷达信号带宽内，随着频偏的增加，波束指向的偏离 $\Delta\theta_0$ 线性增加。随着波束扫描角的增加（离开法线），$\Delta\theta_0$ 按其正切增加。这种随信号频率变化而引起的波束在空间上的角度指向偏离称为波束的空间色散，也称为孔径效应。孔径效应会限制发射、接收信号的带宽。相控阵天线存在宽带信号波束指向色散现象的根本原因在于用移相的办法代替了孔径渡越补偿需要的真延时。

数字阵列雷达可以在数字域实现对每个通道信号的延时，从而精确补偿电扫天线存在的孔径渡越时间，实现对宽带信号的发射和接收。而且数字阵列雷达在数字域形成波束，具有较好的数字处理灵活性，拥有传统模拟相控阵雷达不可比拟的优良性能。

9.1.2 基本组成

数字阵列雷达在架构上可简化为数字阵列与数字处理两部分，核心技术是全数字的 T/R 组件，如图 9-1 所示。

数字 T/R 组件是基于直接数字频率合成（direct digital frequency synthesizer，DDS）实现的。DDS 的逻辑框图如图 9-2 所示，一般包括基准时钟、相位累加器、正弦函数表、D/A 变换器和低通滤波器。在框图中采用了一个相位累加器对 ω（角频率）进行累加，在这里频率控制使用的是角频率增量值（$\Delta\omega$），对 $\Delta\omega$ 进行累加就完成了 ωt 的计算，其结果作为正弦查找表的输入，输出即为 $\sin(\omega t + \Phi)$，最后将该结果与幅度相乘得到最终送到 D/A 的

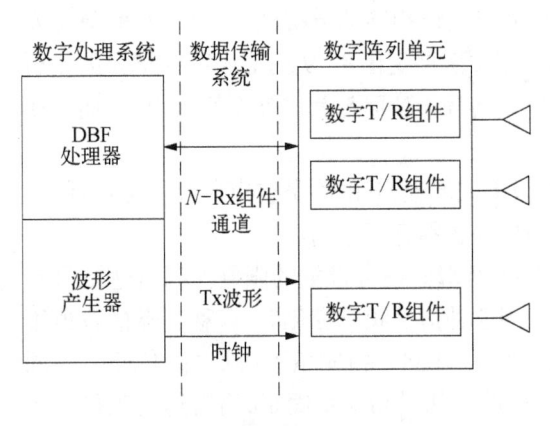

图 9-1 数字阵列雷达基本结构

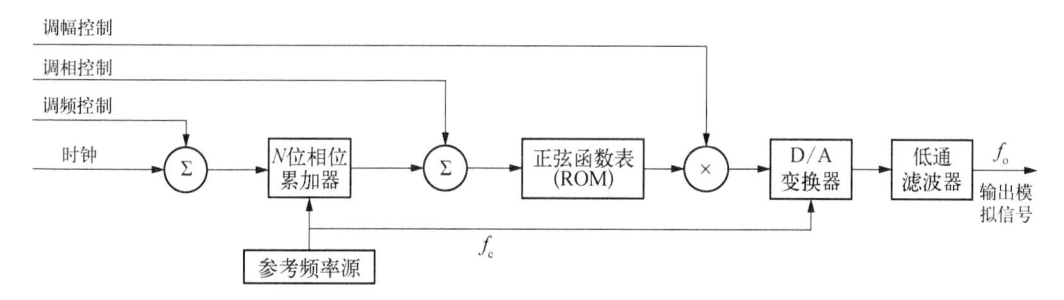

图 9-2 全数字 DDS 逻辑框图

变换数据,在某些情况下输出信号还经过滤波处理。

典型的数字 T/R 组件如图 9-3 所示。DDS 的输入信号包括时钟以及频率、相位、幅度的控制信号。DDS 产生的基带信号上变频后生成雷达发射激励信号,经高功放后传送到辐射器。接收时,变频器的发射激励变为接收本振信号,获得的接收中频信号经过 A/D 变换,变成数字信号经高速总线送处理机。

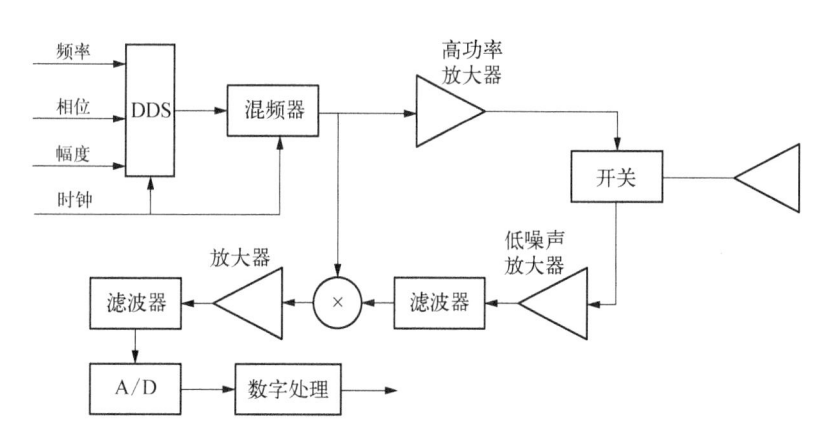

图 9-3 基于 DDS 的数字 T/R 组件工作原理

数字 T/R 组件没有移相器和衰减器,波束控制在数字域完成。数字 T/R 组件的代价是在 T/R 组件中增加了 DDS、A/D 变换、变频器、中频放大器和滤波器等数字模拟集成电路。由于增加的这些电路部件的体积较大,数字 T/R 组件目前主要应用于较低的 S 频段以下频率。全数字 T/R 组件用 DDS 的相移功能替代传统微波数字控制的移相器,用 DDS 的幅值控制功能替代传统微波数字控制的衰减器,它兼备波形生成和波束形成,并且完成数字发射波束形成。目前,DDS 在相位、频率和幅值控制方面可提供很高的精度。

9.1.3 数字波束形成原理

数字波束形成(digital beam forming, DBF)是在阵列天线波束形成原理的基础上,引入先进的数字信号处理方法而建立起来的一门新技术。其基本原理与相控阵天线类似,都是通过控制阵列天线每个阵元激励信号的相位和幅度等参数来产生方向可变的波束。数字波束形成把阵列天线输出的信号进行 A/D 采样数字化后送到数字波束形成器的处理单元,完成对各种信号的复加权处理,形成所需的波束信号。只要信号处理的速度足够快,就可以产生不同指向的波束。

9.1.3.1 接收数字波束形成

接收波束形成就是在接收模式下以数字技术来形成接收波束,是用一定形状的波束来通过有用信号或需要方向的信号,并抑制不需要方向信号的干扰。

在 DAR 中接收数字波束形成系统将空间分布的天线阵列各单元接收到的信号分别不失真地进行放大、下变频等处理为中频信号,再经 A/D 变换器转换为数字信号。然后,将数字信号送到数字处理器进行处理,形成多个灵活的波束。数字处理分成两个部分:波束控制器和波束形成器。波束控制器则用于产生适当的加权值来控制波束;波束形成器接收数字化单元信号和加权值而产生波束。

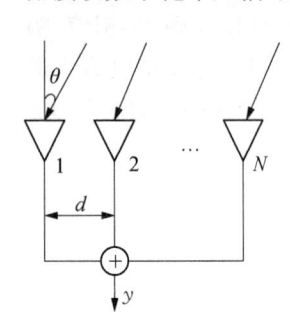

对于一个线性阵列天线,如图 9-4 所示,该天线各阵元都相同,间距相等为 d,形成一个一维线阵。假设入射波为平面波,频率为 ω_0,入射角为 θ。根据互易定理,以下分析所得结果对发射天线阵也同样适用。

以阵元 1 为参考点,不考虑互耦,设其接收到的信号为

$$x_1(t) = e^{j\omega_0 t} \quad (9-5)$$

若入射信号为远区信号,则第 i 个阵元所接收到的信号为

$$x_i(t) = e^{j[\omega_0 t - (i-1)\varphi]} \quad (9-6)$$

图 9-4 阵列天线工作原理图

式中,$\varphi = 2\pi d\sin(\theta)/\lambda$。

从而阵列的输出信号矢量可以表示为

$$\boldsymbol{y}(t) = e^{j\omega_0 t}[1, e^{-j\varphi}, \cdots, e^{-j(N-1)\varphi}]^T = e^{j\omega_0 t}\boldsymbol{A} \quad (9-7)$$

式中,$\boldsymbol{A} = [1, e^{-j\varphi}, \cdots, e^{-j(N-1)\varphi}]^T$,为方向矢量。

对于一个固定天线阵列,由于各单元同相激励,其方向图主瓣总是指向阵列法线方向。如果信号从非法线方向入射,则不能获得最大输出功率,或者说没有指向期望信号的方向。如果对各阵元的输入乘上一个权值,如图 9-5 所示,则可通过改变权矢量来改变方向图,如波束指向、主瓣宽度、副瓣电平等。

其中权矢量

$$\boldsymbol{W} = [\omega_1, \omega_2, \cdots, \omega_N]^T \quad (9-8)$$

则输出信号的幅度为

$$F(\theta) = |\boldsymbol{y}| = |\boldsymbol{\omega}^H \boldsymbol{A}(\theta)| \quad (9-9)$$

当权矢量 $\boldsymbol{W}$ 取全 1 时,波束主瓣仍是指向法线方向。若各阵元权的幅度为 1,相位按一定规律变化,则可控制波束指向。使波束指向 θ_0 的权为

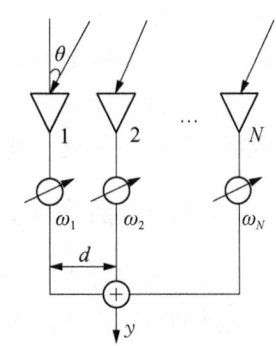

图 9-5 带加权向量的天线阵列

$$\omega_s = A(\theta_0) = x(t) = [1, e^{-j\varphi_0}, \cdots, e^{-j(N-1)\varphi_0}]^T \qquad (9-10)$$

式中，$\varphi_0 = 2\pi d\sin(\theta_0)/\lambda$。

此时的方向图为

$$F(\theta) = |\omega_s^H A(\theta)| = \left|\sum_{i=1}^{N} e^{j(i-1)(\varphi-\varphi_0)}\right| \qquad (9-11)$$

可以看出，改变 θ_0 即可改变波束指向。如果同时对幅度进行加权，则还可以获得低副瓣的特性。

因此，数字波束形成的物理意义在于对某一方向的入射信号，用复数权矢量 W 的相位对阵列各分量进行相位补偿，使得在信号方向上各分量同相相加，以形成天线方向图的主瓣；而在其他方向上非同相相加形成方向图的副瓣；甚至在个别方向反相相加形成方向图的零点。

权矢量 W 分为固定不变的权矢量和自适应可变的权矢量两类。权矢量固定不变的波束形成称为普通波束形成，其权矢量主要用于调整阵列信号在期望的目标信号方向上的同相位。因此，普通波束形成器就是匹配滤波理论在空域阵列信号中的应用。

权矢量 W 可以随环境和系统本身变化而自适应地调整，被称为自适应波束形成。自适应有两层含义：一是对环境变化作自适应，如干扰信号波达方向变化、噪声环境变化等，自适应波束形成可以自动调整权矢量来跟踪干扰信号方向的变化；二是对系统本身变化的自动调节能力，如对阵列天线与通道间的幅相不一致性的变化具有自动调节功能。自适应波束形成的基本思想就是在波束最大值指向目标方向的同时，尽可能地抑制干扰和噪声功率。这等价于在保证信号功率为一定值的条件下，使波束形成输出的总功率最小化。因此，在数学上可以将自适应波束形成一般框架描述为一个带约束的一次优化问题，即

$$\begin{cases} \min & W^H R W \\ \text{s.t.} & f(W) = 0 \end{cases} \qquad (9-12)$$

式中，$R = E[XX^H]$ 为阵列信号相关矩阵或协方差矩阵；$f(\cdot)$ 为施加于权矢量 W 的约束方程。各式各样的自适应波束形成方法的区别就是在于约束方程的不同具体形式。

9.1.3.2 发射数字波束形成

发射波束形成指的是通过器件或设备使一个口径天线沿着空间指定的方向发射信号。人们曾经认为 DBF 技术只能用于接收模式，而从阵列天线发射波束形成的机理，DBF 技术同样适用于发射模式。传统相控阵天线发射波束所需要的幅度与相位是在射频阶段通过衰减器和移相器来实现的，而从数学意义上来讲，加权和移相可以在信号与天线阵元之间整个传输通道的任意一级实现。随着 DDS 技术的发展，利用 DDS 技术将雷达发射信号产生频率源和幅相控制融为一体，从而实现相控阵天线发射波束的全数字控制，称为发射数字波束形成。

发射数字波束形成以数字计算的方法实现发射信号的幅度加权和移相功能，从而在空间合成发射波束。与传统的相控阵天线相比，发射数字波束形成有如下优点：发射波束的形成和扫描采用全数字方式，波束扫描的速度更快，控制灵活；幅度和相位连续可调，

控制非常精确,易于实现低副瓣的发射波束,并可望在发射状态下形成零点;各天线阵元通道之间的幅相校正易于实现,只需改变有关模块中 DDS 的相位、幅度控制因子,不需要专门的校正元器件;DDS 技术能实现移相和幅度加权,又能实现本振信号的产生;对于大阵列、长脉冲信号而言,孔径的渡越时间是个难以克服的问题,而发射 DBF 技术则可以通过控制时钟来实现真正的延时;采用数字 T/R 模块后,不需要射频功率分配网络和接收功率相加网络,但需要视频控制信号分配系统(实质是一个数字总线系统)来分配二进制的数字控制信号(频率、幅度和相位)。

由此可见,各种数字波束形成技术也可用于发射波束的形成,使得相控阵雷达发射波束具有更好的性能。

发射数字波束形成系统的核心是全数字 T/R 组件,它可以利用 DDS 技术完成发射波束所需的幅度和相位加权以及波形产生和上变频所必需的本振信号。发射数字波束形成系统根据发射信号的要求,确定基本频率和幅/相控制字,并考虑到低副瓣的幅度加权,波束扫描的相位加权以及幅/相误差校正所需的幅相加权因子,形成统一的频率和幅/相控制字来控制 DDS 的工作,其输出经过上变频模式形成所需工作频率。

9.1.4 分类

数字阵列雷达的核心是通过阵列天线和阵列信号处理实现数字波束形成、实现空时自适应处理抑制干扰和杂波、实现对瞬时宽带信号的发射和接收。阵列天线的单元越多、阵列信号处理的通道数越多,天线的瞬时信号带宽就越大,自适应阵列信号处理的空间自由度就越大,数字阵列雷达的自适应处理效果就越好。

最理想的数字阵列雷达是单元级,即数字阵列天线的每一个阵元都对应着一个数字化的发射和接收通道,即实现阵元 100%数字化。单元级数字阵列雷达在低频段雷达上容易实现,因为低频段雷达的信号波长很长,整个雷达天线的阵元数量一般仅为 10~20 个,射频信号频率很低,可以直接进行数字化采样。但是在高频段尤其是机载火控雷达采用的 X 波段,由于天线的阵元数量众多(可达 2 000 个以上),如果实现阵元级的 100%数字化,一是将带来不可承受的经费压力;二是自适应处理的运算能力需求将呈几何增加,超出现有计算设备的能力,而且带来的自适应处理收益并不会呈线性增长;三是系统规模将过于庞大,难以解决工程制造和可靠性问题。

缓解单元级数字阵列雷达复杂和昂贵的方法是在高频段采用子阵级数字阵列雷达形式。子阵级数字阵列天线将一定数量的天线阵元集合为一个天线子阵,然后每个天线子阵对应着一个数字化的发射和接收通道。一般用数字化阵到与天线阵元的比例来衡量子阵级数字阵列雷达的数字化水平,并进行分类。子阵级数字阵列雷达可分为小子阵数字阵列雷达和大子阵数字阵列雷达。当天线子阵的阵元数量介于阵元总数的 5%~10%时,雷达即达到高数字化水平(小子阵数字阵列)。高数字化水平数字阵列雷达已经可以获得足够的空间自由度、足够好的天线副瓣抑制和足够的瞬时信号带宽。

9.2 空时自适应处理技术

9.2.1 基本需求

PD 处理为了抑制多普勒扩散后的运动杂波,只能采用较长相干积累时间使多普勒滤波器的带宽变窄,但是对于主瓣杂波无能为力,如图 9-6 所示。

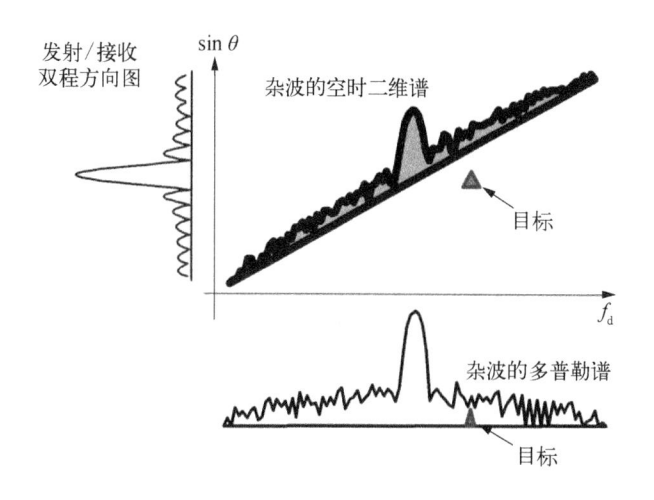

图 9-6 空时自适应处理需求

来自不同方向的地杂波的多普勒频率是不同的。雷达按其天线方向图接收的全方位地杂波多普勒谱被严重展宽,并覆盖运动目标的多普勒频率。从多普勒域来看,运动目标与杂波混叠在一起。运用传统的时域一维多普勒滤波处理分离运动目标与静止的地杂波的方法将不再有效。从空域的波达方向来看,同样是运动目标与杂波混叠在一起,仅从空域滤波(波束形成)也无法将目标从背景杂波中分离出来。如何有效抑制因平台运动使多普勒谱展宽的地杂波,提高强杂波背景中微弱动目标信号的检测性能,成为运动平台雷达实现动目标检测的关键问题。

假定雷达置于一个运动平台上,平台运动速度为 v,雷达工作于正侧视模式(后面的结果易推广到非正侧视情况,为了简化分析,本教材只分析正侧视情况)。为了简化分析,忽略了高度维。对于一个给定的距离单元,其总的杂波回波来自此等距离环内目标位置处的杂波散射点的贡献(如果雷达系统是距离模糊的,则此距离单元的杂波回波来自多个等距离环内的杂波贡献)。位于雷达正侧视处的杂波散射点的斜视角(与雷达运动速度矢量夹角)为 90°。所以,此散射点的多普勒频移为 0。更一般地,对于位于与雷达正侧视方向的夹角为 θ 处的杂波散射点,其多普勒频移为 $2v/\lambda \sin\theta$。需要注意的是,同一个多普勒频移对应于两个不同的杂波散射单元(即这两个不同的杂波散射单元会产生同一个多普勒频移),一个位于雷达观测方向,另一个位于雷达后瓣。由于天线的后瓣增益很低,因此后瓣杂波通常被忽略,但是在某些系统中需要考虑它们的影响。如果忽略后瓣杂波,则

杂波的多普勒频移和空域有一一对应关系,即

$$f_d = 2v/\lambda \sin\theta \tag{9-13}$$

归一化为

$$\bar{f}_d = f_d/f_r = 2v/\lambda \sin\theta f_r = 2vT_r/\lambda \sin\theta \tag{9-14}$$

如果地面静止杂波回波的多普勒频率为 f_d,那么就可以确定其到达角与雷达正侧视方向的夹角为 θ。因此,在多普勒-$\sin\theta$ 平面(通常称为空-时平面)上,杂波回波为一条沿对角线的能量脊,如图 9-6 所示。来自不同到达角的地杂波幅度取决于此方向的天线增益,因此在雷达正视方向附近的杂波幅度最大,而在天线的副瓣和后瓣区的杂波幅度较小。

$\bar{f}_d$ 可进一步改写为

$$\bar{f}_d = (2vT_r/\lambda)(\lambda/d)(d/\lambda)\sin\theta = (2vT_r/d)(d/\lambda\sin\theta) \tag{9-15}$$

令 $\beta = 2vT_r/d$,$\bar{\theta} = d/\lambda\sin\theta$,则

$$\bar{f}_d = \beta\bar{\theta} \tag{9-16}$$

同一个等距离环内所有杂波散射体对应频率的集合在空-时平面中表现为一条直线,称为杂波脊。杂波脊的斜率为 β。杂波空时谱为背脊线上的杂波强度,空时谱上杂波的扩散程度表现为杂波脊的分布。因此,对于每个感兴趣的目标,可能存在具有相同多普勒频率但角度存在一定偏移的地杂波区,通过旁瓣和主瓣泄漏淹没目标信号。

9.2.2 基本原理

运动平台雷达杂波回波的这种多普勒频谱,随杂波散射体所在空间的方向变化而变化的时空耦合特性(即空变特性)是运动雷达的一个基本特点。空时处理的目的就是在杂波占据的角度-多普勒波束处放置一个抑制凹口。由于前述杂波的二维特性,该凹口将取决于感兴趣的目标角度-多普勒。对空间不同位置采集信号(即空间采样信号)的处理就是利用波达方向信息进行区分的方向滤波,而同时对时域和空域采样信号进行处理,以期同时利用多普勒谱和波达方向信息来区分运动目标和静止的地杂波的方法,就是空时二维信号处理。由于环境和系统的不确定性,实际工程中通常采用自适应方式,这就是空时自适应处理(space-time adaptive processing,STAP)方法。其实,虽然既存在与目标波达方向相同的杂波分量,也存在与目标多普勒谱相同的杂波分量,但是与目标相同的多普勒谱的杂波分量,其波达方向与目标也重合的概率并不大。因此,用 STAP 方法抑制杂波的性能能明显高于传统的一维多普勒处理方法。

空时自适应处理就是对 $N×K$ 维的矩阵 X 表示的空域和时域采样信号进行加权求和,形成一标量数据输出,如图 9-7 所示。

STAP 对每个距离单元的联合慢时间/相位中心数据,应用矢量匹配滤波处理。通常

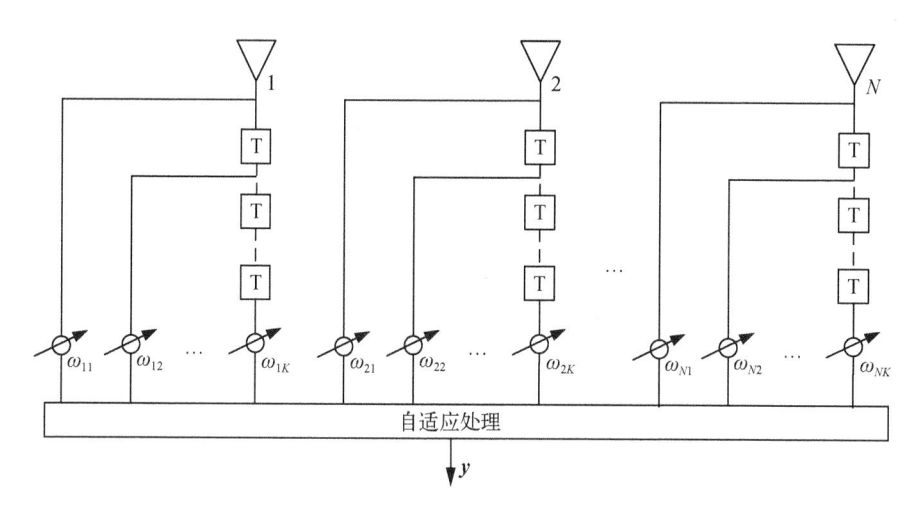

图 9-7 STAP 原理框图

假定 STAP 之前先进行脉冲压缩处理。雷达数据块沿着距离单元 l_0 的二维切片 $y[l_0, m, n]$，称为空-时快拍(简称为快拍)。把此 $N \times M$ 二维快拍矩阵的所有列堆叠在一起形成一个 $NM \times 1 = P \times 1$ 维列矢量 y。

STAP 实质是将一维空域滤波技术推广到时间与空间二维域中，在高斯杂波背景加确知信号的模型下，根据似然比检测理论导出一种空时二维联合自适应处理结构，即最优处理器。

STAP 的硬件基础是系统在方位向有一个由 N 个分开一定距离放置的接收天线和相应的相参接收通道。

STAP 能有效地抑制主瓣和副瓣杂波，同时拥有极低的最小可检测速度，从而改善雷达的杂波抑制性能，提高对地面慢动目标的检测能力，也可提高对空中目标过主杂波凹口的检测能力。

虽然 STAP 技术相对于 PD 是很大的跨越，性能也有较大提升，但实际情况异常复杂，地形的快速起伏、大量离散强杂波点的存在、瞬息万变的电磁环境均使得传统意义上的 STAP 技术有时难以应对复杂的新环境。

数字阵列雷达对每个接收通道进行 A/D 处理，这为 STAP 创造了条件。

阵列天线实现空域采样，不可避免地存在各类误差而难以实现超低副瓣，从副瓣进入的地物杂波会严重影响弱目标检测。但是，现有发射系统的频率稳定度足以保证脉冲序列(时域采样)实现超低副瓣(-70 dB 以下)多普勒滤波。因此，可先对每个空域通道进行高带外抑制的多普勒滤波，将空时全分布的杂波进行局域化处理，再对其中若干个相邻多普勒通道输出信号作空时自适应处理，从而将局域杂波更有效地滤除，同时可以满足实时处理的要求，即降维 STAP。如果仅是待检测的多普勒通道参与处理，则称为 1DT 方法或 FA(即局域化)方法。如果除了待检测通道，还有其左右相邻的 $m-1$ 个多普勒通道的输出一起参与空时联合域的自适应滤波，则称为 mDT 方法。图 9-8 所示即为 3DT 方法，如果参与自适应处理的只有通道 k，即为 1DT 方法。

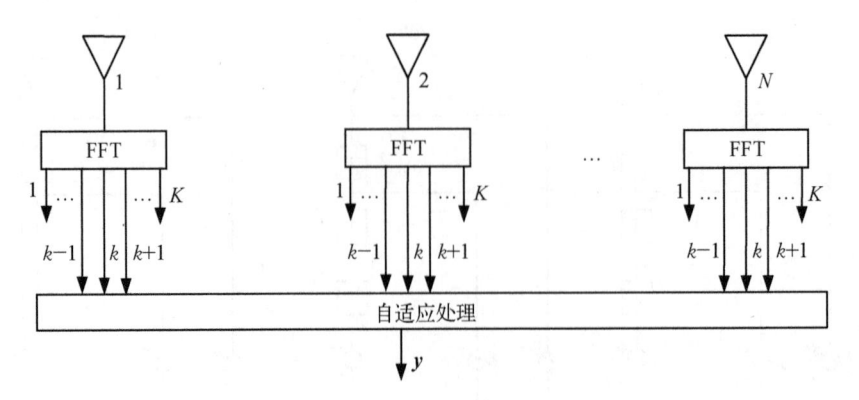

图 9-8　3DT 方法原理框图

9.3　基本特点

9.3.1　优点

数字阵列雷达在技战术上具有非常明显的优势,正得到越来越多的应用。

(1) 降低系统损耗,提升雷达探测能力。一方面,波束加权和脉压加权在不同距离上可灵活设定,这样可实现近距离低副瓣和远距离低损耗,兼顾了近区反杂波和远区弱目标信号检测。另一方面,对于固定发射与接收波束单波束,天线增益随偏离最大波束的角度呈单程增益的平方次下降。而在数字阵列雷达体制下,可以利用数字波束形成的同时多波束能力,通过合理设计,形成多个指向不同高低角度的高增益笔状接收波束,以弥补接收天线增益随偏离最大指向角的下降,降低波束交叠带来的目标损失,从而有利于提高雷达探测威力。

(2) 探测精度高。常规雷达采用的顺序扫描测角、波束扫描测角,在数字阵列雷达中可同时对多波束,不同距离波束数和波束指向灵活控制,波束交叠电平低,可以采用多波束联合参数估计的方法实现高精度目标测量。

(3) 易于实现超低副瓣。常规相控阵雷达使用数字移相器的位数受到限制,高位数移相器的移相精度很难得到保证,需采用虚位技术且副瓣电平受到影响,另外移相器和衰减器的精度和量化误差影响了副瓣电平,而数字阵列雷达有高的幅相控制精度,所以可以获得更高的天线性能。天线副瓣低,降低了雷达副瓣杂波强度,提升了强杂波背景下检测目标的能力。

(4) 易实现多波束及自适应波束形成。空间探测/导弹预警等情况下雷达需采用多波束工作方式,这样可以充分利用能量。以模拟方式形成多波束无比复杂,数字阵列雷达每个天线单元均采用数字化接收,在数字域实现多波束比较容易实现。另外,为了同时满足高精度和高搜索、跟踪的数据率也需要多波束。由于数字阵列雷达拥有充分的自由度,因此实现自适应波束形成也是非常容易的。空间自由度高,为自适应处理提供了最大的自由度,通过灵活运用自由度进行自适应处理,可对干扰信号进行空域、时域采样,通过空域、时域自适应滤波,数字阵列雷达可抑制空间多个干扰源的干扰,提高系统的抗干扰能力,满足未来复杂电磁环境条件下作战使用需求。

(5) 可制造性强、全周期寿命费用低。数字阵列雷达无射频波束形成网络和馈线网络,采用的是模块化设计,其基本单元是数字阵列模块(digital array module,DAM),数字阵列雷达可以由数百个甚至数千个 DAM 拼装而成,这样可以大大增加系统的可制造性并缩短研制周期,同时降低全周期寿命费用。

(6) 系统任务可靠性高。当数字阵列雷达有限个接收通道失效时,系统通过更改波束形成系数可减弱失效通道的影响。另外,由于采用了模块化的 DAM 设计,系统的可维修性非常好。

(7) 系统集成度高,重量轻,平台适应性好。数字阵列雷达中数字阵列模块采用高密度电路设计,高集成芯片构建,光纤传输网络,相对现有同样性能的雷达而言,体积、重量将大大减小,可适装多种平台。

9.3.2 难点

数字阵列雷达作为一种新体制雷达在实现上也有些难点。

(1) 收发同步控制技术。数字阵列雷达正常工作需要每个单元都同步受控,同步精度为同步时钟频率的倒数。在发射时,若不能实现同步控制,则得不到发射合成波束,且单元相互间还会产生干扰,系统不能正常工作;在接收时,若不能实现同步控制,则得不到接收合成波束,且还可能引起数据错误。数字阵列雷达收发单元根据规模不同,可从几个到几万个不等,由于每个收发单元都是独立控制,所以数字阵列雷达系统工作时相当于有几部到几万部小型雷达同时工作,可见,收发同步控制就是要实现几部到几万部小型雷达按控制同步工作。因此,该技术是数字阵列雷达的实现难点之一。

(2) 大容量数据传输与处理技术。数字阵列雷达采用单元级数字化架构,收发系统达成千上万路接收机,每路接收机输出 I、Q 信号,即使在几兆赫窄带采样数据率下,总的数据传输率也可达 1 000 Gbit/s,数字阵列雷达正常工作需要实现大容量的数据传输与同步处理,因此,该技术也是数字阵列雷达的实现难点之一。此外,为充分发挥数字阵列雷达优势,需要解决计算平台问题,支持实时多波束形成及先进信号处理、高速数据存储交换、并行信号处理等技术。

(3) 集成化设计与制造技术。数字阵列雷达是从传统相控阵基础上发展来的一种先进雷达,其面临每个通道的复杂度的增加,带来的成本、可靠性问题。通过采用多路集成化设计、多功能芯片、密集封装实现集成化、模块化、通用化。高密度系统集成与电磁兼容、多层微带电路应用、多路中频数字收发、批产自动测试、大规模生产中性能一致性等相关集成化设计与制造技术是保证数字阵列雷达大规模工程应用的重要因素。

数字阵列雷达在国内快速发展

国内各大科研院所在雷达数字化领域积极探索,取得了大量科研成果。

1. 接收 DBF 技术研究

目前,国内在接收 DBF 雷达的研制方面已经实现了型号研制,覆盖了 UHF、L、S 等多种频段,涵盖了两坐标、三坐标、无源探测以及双多基地等多种雷达体制。

2. 发射 DBF 技术研究

1996 年吴曼青在《DDS 技术及其在发射 DBF 中的应用》一文中提出了"直接数字波束控制系统"的概念,其基本思想是利用 DDS 的相位可控性来实现对相控阵发射波束的控制,并于 1998 年研制出 4 单元基于 DDS 技术的 DBF 发射阵,可以形成发射和、差波束及低副瓣的方向图,该项技术的突破,标志着发射 DBF 技术是可以实现的,证明前阶段理论研究的正确性,为下一步的研究打下了基础。

3. 数字阵列雷达技术研究

2000 年,国内首部 8 单元数字阵列雷达试验台研制成功,实现了发射波束的数字形成与扫描、在任意指定方向上的多零点形成和超低副瓣(优于-40 dB)的接收数字波束形成,在世界上率先成功地进行了对实际目标的探测,该项技术的突破填补了国内收/发全数字波束形成相控阵技术的空白,所取得的成果对于发展新型相控阵雷达具有十分重要的理论意义与实用价值。

为了进一步验证收发全 DBF 技术在工程上应用的可行性,实现数字阵列雷达技术的性能优势,为数字阵列雷达的工程应用探索出一条可持续发展的道路,2001 年中国电科第三十八所开展了 512 单元收发全 DBF 技术雷达样机研制,建立了一个 512 单元的系统样机,验证工程应用关键技术,确定数字阵列雷达体系结构,并进行了波瓣测试和系统的外场观测目标,对核心器件——数字阵列模块的各项指标进行了测试。

2005 年,该项目获得成功,完成了工程化的 512 单元数字阵列雷达系统研制。这标志着数字阵列雷达体系结构、具有自主知识产权的数字阵列雷达模块、大容量数据传输与实时多波束形成等关键技术均取得了突破;实现了在多种模式下对飞行目标的探测和连续跟踪,覆盖范围达到了方位±60°、俯仰±30°,实现了对民航目标的探测;实现了高相位控制精度、超低天线副瓣和大系统瞬时动态等关键技术指标;标志着我国数字阵列雷达已进入实用研究阶段。

目前,国内已有多个数字阵列雷达的型号产品。其中,空警-500 是世界第一款采用数字阵列雷达体制的预警机。

本章思维导图

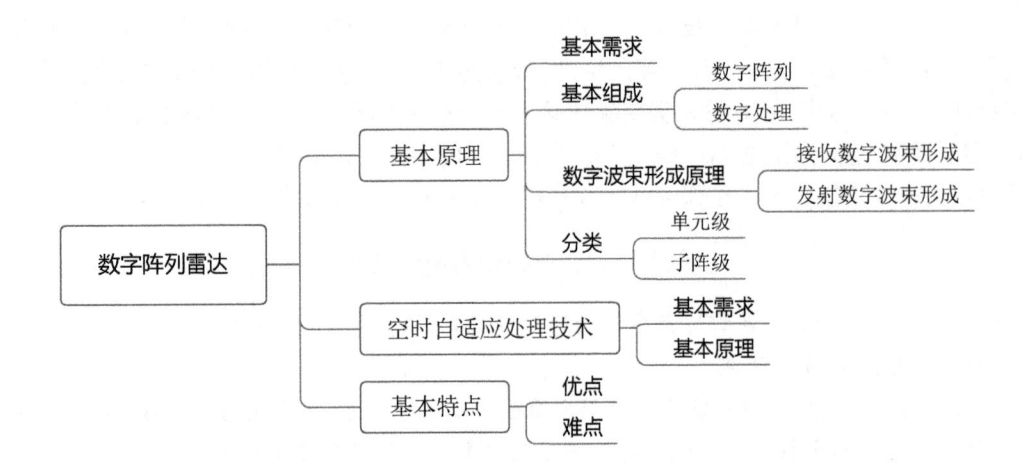

数字阵列雷达
- 基本原理
  - 基本需求
  - 基本组成
    - 数字阵列
    - 数字处理
  - 数字波束形成原理
    - 接收数字波束形成
    - 发射数字波束形成
  - 分类
    - 单元级
    - 子阵级
- 空时自适应处理技术
  - 基本需求
  - 基本原理
- 基本特点
  - 优点
  - 难点

习　题

1. 对比分析机械扫描雷达、无源相控阵雷达、有源相控阵雷达、数字阵列雷达的组成结构。
2. 简述接收数字波束形成的基本原理。
3. 简述发射数字波束形成的基本原理。
4. 简述数字 T/R 组件的组成和工作原理。
5. 查阅资料,总结 STAP 技术的基本原理。
6. 总结分析数字阵列雷达的系统架构。
7. 总结分析数字阵列雷达的技术特点。

第10章
成像雷达

高分辨力的地图测绘是现代机载雷达普遍具备的一种工作方式,给操作员提供了更为丰富直观的目标信息。虽然雷达不能获得与光学摄影系统相当的分辨力和图像质量,但是它有两个非常重要的优点:首先,由于无线电波具有优良的传播性能,所以雷达可穿透云层并能在恶劣天气条件下对场景进行成像;其次,由于不需要太阳的照射,所以雷达可以24小时全天时成像。它们通过发射脉冲为自身的工作提供"光源"。根据雷达对地成像的画面精细程度,可将雷达对地成像技术划分为真实波束测绘(real beam mapping, RBM)、多普勒波束锐化(Doppler beam sharpening, DBS)和合成孔径雷达(synthetic aperture radar, SAR)三种成像方式。现代雷达还可以对地三维成像,即干涉合成孔径雷达(interferometric synthetic aperture radar, InSAR)技术,得到目标的高程信息。

雷达除了可以对静止的地面进行成像,还可以对运动的目标成像,比如正在飞行的飞机、正在航行的舰船等。这种成像方式是通过逆合成孔径雷达(inverse synthetic aperture radar, ISAR)来实现的。

10.1 真实波束测绘

10.1.1 基本原理

雷达安装在运动平台之上,天线向平台行进方向的侧向发射宽度很窄的波束。由于地面点到平台的距离不同,地物后向散射信号被天线接收的时间也不相同。根据回波信号到达天线的先后顺序,就可实现距离向的扫描。通过平台的前进,扫描面在地面上移动,即可实现方位向的扫描。

地面不同物体对雷达电磁波的反射能力不同,通过显示雷达波束扫过地面时所接收的回波信号强度的差异,就可产生一幅地面图形。这种地图与光学地图有许多不同的地方。光学地图上亮的地方,在雷达地图上也许不亮,这是由于雷达测量的仅仅是目标回波信号幅度,是一个标量数据。光学地图的分辨力要高一些,因为光的波长较短。

这种成像方式相对于其他方式,没有做过多的处理,被称为真实波束测绘技术。这种雷达被称为真实孔径雷达(real aperture radar, RAR)。雷达测绘的地图所提供的画面精细程度取决于雷达对靠得很近物体之间的距离和方位的分辨能力,即分辨单元的大小,如图10-1所示。

图 10-1 中 ρ_R 表示距离方向上的能够分辨的最小间距;ρ_α 表示横向上能够分辨的最小间距。对雷达地图测绘来说,距离方向的分辨力主要受雷达脉冲宽度的限制。而横向的分辨力主要受天线波束宽度的限制,在进行真实波束地面测绘时,地图的横向分辨力由天线的方位波束宽度决定,即由雷达的角度分辨力决定。

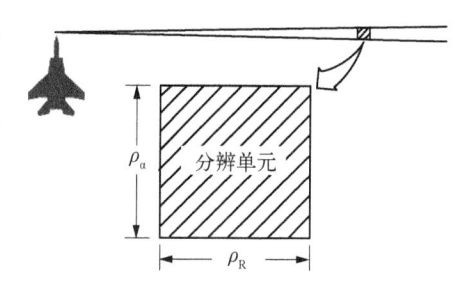

图 10-1 雷达地图测绘的分辨单元

10.1.2 距离向分辨力

如图 10-2 所示,RBM 在距离向的分辨率 ρ_R 是在距离向能够分辨的最小单元,可表示为

$$\rho_R = \frac{\tau c}{2\cos\beta} \quad (10-1)$$

式中,β 为雷达波的擦地角。擦地角在一定范围内变化,对应的距离向分辨力也在一定范围内变化,即雷达的距离向分辨力是随着擦地角变化的。近地端对应的距离向分辨力低,远地端对应的分辨力高。如果擦地角为 90°,即向正下方成像时,无法分辨相邻的地面点。

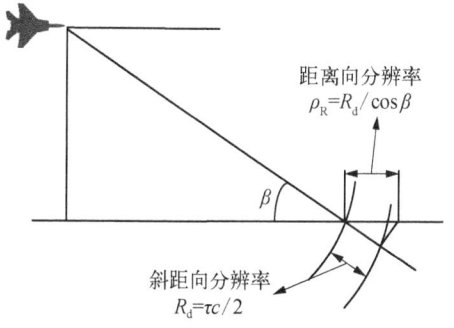

图 10-2 距离向分辨率示意图

由 ρ_R 的表达式可知,脉冲宽度越小,距离向分辨力越高。但是脉冲宽度过小会造成雷达发射功率下降,回波信号的信噪比降低。提高距离向分辨力一般不采用减小脉冲宽度的措施,而是采用脉冲压缩技术。

10.1.3 方位向分辨力

对雷达来说,其测角的角分辨率定义为天线半功率点波束宽度。此波束宽度又称为 3 dB 波束宽度。

雷达天线的 3 dB 波束宽度主要由天线面的尺寸确定,天线面的尺寸也称为天线口径(孔径)。天线口径的尺寸相对工作波长越大,则波束越窄。

对直径为 D,均匀照射的圆口径天线,其 3 dB 波束宽度为

$$\theta_{0.5} = 1.02\frac{\lambda}{D} \approx \frac{\lambda}{D} \quad (10-2)$$

利用雷达进行地图测绘时,其方位角度上的线分辨率不仅与天线的波束宽度有关,而且目标的距离有关,如图 10-3 所示。在距离 R 处的天线方位向分辨率 ρ_α 为

$$\rho_\alpha \approx R\theta_{0.5} = \frac{\lambda}{D}R \quad (10-3)$$

式中,R 为目标与天线之间的斜距。

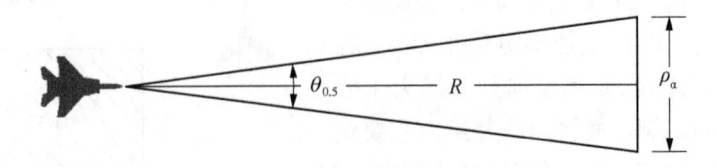

图 10-3 方位向分辨率

式(10-3)说明,在斜距 R 一定的情况下,要提高方位向分辨率只有两条技术途径,一是采用更短的波长,二是增大天线口径,但是这两个技术途径都是有限度的。

10.1.4 几何特征

根据雷达成像的特点,其在图像上会形成固有的几何特征,包括距离向压缩、透视收缩、顶底位移和雷达阴影等。

1) 距离向压缩

雷达成像地面点在图像中的位置由该点到天线中心的斜距来确定,如图 10-4 所示。地面上两个目标点 A 和 B 在像平面对应的点为 a 和 b。如果 A 和 B 相距比较近,可以视为直角 $\angle ACB$ 为直角,对应的地面距离(简称地距)R_g 与斜距 R_s 之间的关系为

$$R_s = R_g \cos\beta \tag{10-4}$$

斜距比地距小,而且同样大小的地面目标,离天线正下方越近,其在图像上的尺寸越小。因此,在图像上存在近地点被压缩、远地点被拉伸的现象。

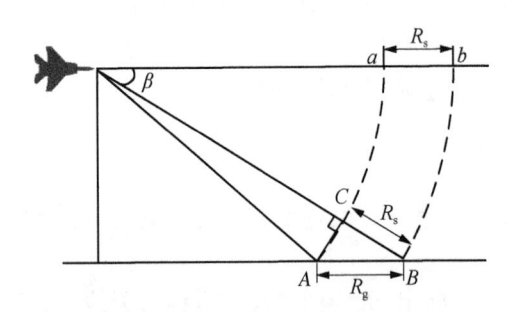

图 10-4 雷达成像斜距投影示意图　　图 10-5 透视收缩示意图

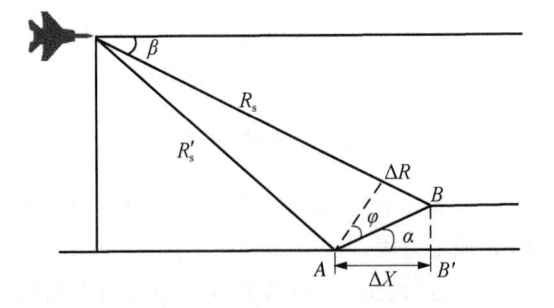

2) 透视收缩

当雷达波束照射到位于雷达天线同一侧的斜面 AB 时,雷达波束到达斜面顶部的斜距 R_s 与到达底部的斜距 R_s' 之差 ΔR 比斜面对面的地距差 ΔX 小,在图像上斜面长度被缩短。这样的现场称为透视收缩,如图 10-5 所示。图 10-5 中,α 为斜面的坡度角。

$$AB = \Delta X/\cos\alpha \approx \Delta R/\sin\varphi \tag{10-5}$$

因此,对应的收缩比 l 为

$$l = \Delta R/\Delta X = \sin\varphi/\cos\alpha \tag{10-6}$$

背向天线的地面斜坡也存在透视收缩,只不过斜面长度看起来被拉长,如图10-6所示。

3)顶底位移

当雷达波束到斜坡顶部的时间比到斜坡底部的时间短时,顶部图像先被记录,底部图像后被记录,斜坡底部和顶部图像颠倒显示的现象称为顶底位移,如图10-7所示。图中,顶部 B 的图像先于底部 A 到达。顶底位移是透视收缩的进一步发展。

图 10-6 背坡透视收缩示意图

4)雷达阴影

山脉、高大目标的背面因接收不到雷达信号,从而在图像中形成阴影,这种现象称为雷达阴影,如图10-8所示。阴影的长度 L 与地物高度 h 和俯仰角 β 存在以下关系:

$$L = h/\sin\beta \tag{10-7}$$

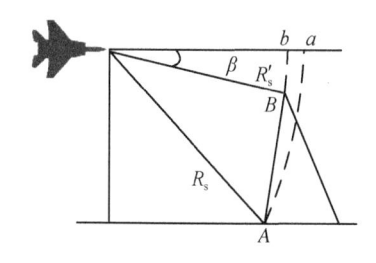

图 10-7 顶底位移示意图

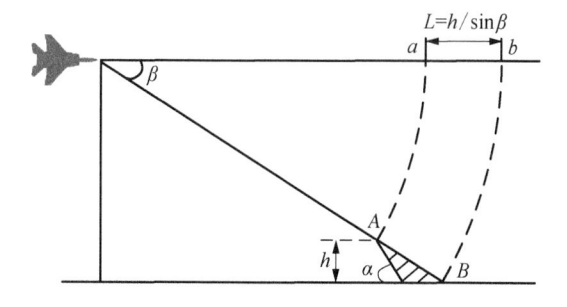

图 10-8 雷达阴影示意图

10.2 合成孔径雷达

10.2.1 基本原理

从20世纪50年代开始,雷达研究人员在探索提高方位分辨力的技术方法上形成了新的概念,并取得成功。这种新的概念,就是采用合成的方法来等效增大天线的长度,从而提高地图测绘的方位分辨力。

对真实阵列天线来说,它之所以能形成窄波束,从而得到高的分辨力,是因为天线中的每一个小单元天线所接收到的电波在传输线上叠加起来的结果。如果每个小天线单元的位置安排得合适,传输线尺寸也设计得好,使接收到的信号有恰当的相位关系,则叠加起来以后,根据波的干涉原理(类似线性系统的叠加原理),可以使从某一方向接收到的信号总强度(N 个天线元从同一方向接收来的信号,按矢量相加的方法叠加起来,得到总强度)很大,而从另一方向来的信号,矢量相加的结果,总强度很小。这样就形成了一个方向性很好的方向图。

假如不用这么多的实际小天线,而是只用一个小天线,让这个小天线在一条直线上移动,如图10-9所示。小天线发出第一个脉冲并接收从目标散射回来的第一个回波,把它存贮起来后,就按理想的直线移动一定距离到第二个位置;小天线在第二个位置上再发一个同样的脉冲波(这个脉冲与第一个脉冲之间有一个由时延而引起的相位差),并把第二个脉冲回波接收后也存贮起来。以此类推,一直到这个小天线移动的直线长度相当于阵列大天线的长度时为止。这时候把存贮起来的所有回波(也是 N 个)都取出来,同样按矢量相加的方法加起来。它和原来的线阵天线比较,无论在物理模型和数学方法上没有本质上的不同。区别仅在于:原来的线阵天线,各个小天线元接收到的信号在传输线上是同时相加的。而现在是先把小天线在不同位置所接收到的信号依次存贮起来,然后再取出来相加,增加了一个存贮和取出过程。这个概念不但是正确的,而且带来了技术上的重大突破。这就是合成孔径或合成天线的概念,如图10-10所示。

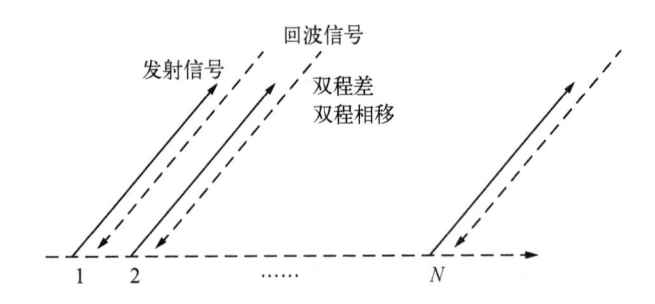

图10-9 一个小天线按直线移动形成的线阵

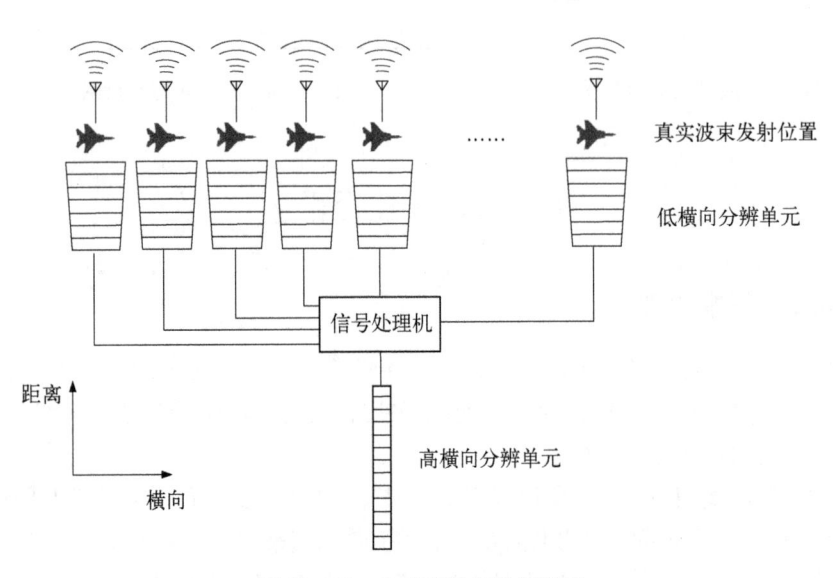

图10-10 合成孔径处理示意图

下面分析合成孔径天线的方位分辨率。如图10-11所示,机载雷达天线 a 沿着飞机运动方向 X 移动。当它在位置 X_1 时,从飞机正侧方向向地面发射无线电波,其横向波束角为 β。设地面目标 P 为一理想点目标,恰好处在波束角的前沿上。天线发出的第一个脉冲波传播到目标 P 的位置时,目标 P 就产生散射,有一部分后向散射的能量被天线 a 接收,并被送往接收机里进行处理和存贮。天线到达第二个位置 X_2 时,发射第二个脉冲波,并得到目标 P 后向散射回来的第二个回波,又经过接收机的处理和存贮。以此类推,一直到天线移动到位置 X_N 为止。这时它发射的第 N 个脉冲波束的后沿刚好碰上目标 P,目标 P 散射回来第 N 个也是最后一个回波。飞机再向前移动时,天线的波束就离开了目标 P,这里再发射的第 N+1 个脉冲就不会再收到目标 P 的回波。

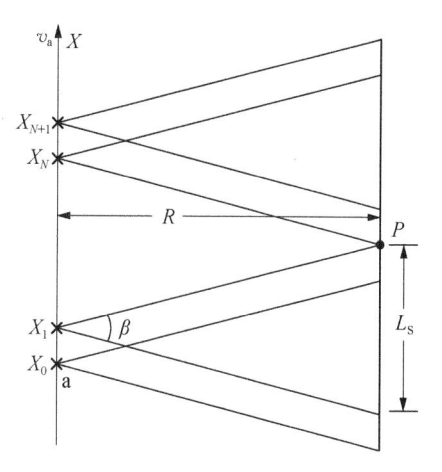

图 10 - 11 机载雷达天线波束与目标 P 的几何关系

从图 10 - 11 上的几何关系可以看出,能从目标散射回来的回波脉冲个数 N 显然与三个因素有关:一是天线发射脉冲的周期 T;二是飞机速度 V;三是波束在目标所在位置(P 点)距离处的直线长度 L_S。T 和 V 一般是固定的,则 N 就由 L_S 唯一地确定。设 P 点与飞机航线的垂直斜距为 R,则有以下简单的关系式:

$$L_S \approx \beta R \tag{10-8}$$

$$\frac{L_S}{V} = T_S \tag{10-9}$$

$$N = \frac{T_S}{T} + 1 = \frac{L_S}{VT} + 1 = \frac{L_S}{\Delta X} + 1 \tag{10-10}$$

式中,T_S 为波束对目标 P 照射的时间;ΔX 表示两个发射脉冲间飞机移动的距离。

根据上述合成孔径的概念,这个 N 就是一个线阵大天线中实际小天线单元的个数,L_S 称为合成天线(或合成孔径)长度,T_S 称为合成孔径时间。

如果从目标 P 散射回来的 N 个脉冲回波的相位关系与实际线阵中各个小天线单元所接收到的信号相位关系完全一样,则合成天线的波束角 β_S 应与孔径长度为 L_S 的线阵大天线的波束角相同,即

$$\beta_S = \beta'_S = \frac{\lambda}{L_S} \tag{10-11}$$

对于传统的相控阵天线,所有的阵元是实际存在的,并且在每一脉冲的发收时刻均是工作的。因此,天线的发收相位中心均是在天线的物理结构的中心点。对于每个脉冲来说,和信号由各阵元到中心阵元的相移决定。第 n 个阵元到中心阵元的相移为 $(2\pi/\lambda)nd\sin\varphi$。方向图可表示为

$$F(\theta) = \frac{\sin\left(\frac{N\pi d}{\lambda}\sin\theta\right)}{\frac{N\pi d}{\lambda}\sin\theta} \tag{10-12}$$

实天线阵波束方向图具有 $\sin x/x$ 的形状,其中 $x = (2\pi/\lambda)d\sin\varphi$。

而对于合成孔径阵列情况则不同,在每个时刻只有一个阵元工作,每个单元只接收自己发射信号对应的回波。单元与单元之间从目标点接收到的回波的相移,对应于这些单元到该点往返路程的差值,即双程差。所以在数据收集过程中,发收天线相位中心在合成孔径面上移动。因此,合成阵列的天线方向图和真实孔径阵列天线的方向图存在一定的区别。这个双程差显然是单程差的两倍,因而两个波之间的相位差也是加倍。这意味着,合成孔径的波束与长度加倍的实阵列波束的形状相同,即具有 $\sin(2x)/(2x)$ 的形状。这对合成天线波束角 β_S 的影响相当于把合成孔径长度 L_S 加倍。所以实际合成孔径的波束角应为

$$\beta_S = \frac{\lambda}{2L_S} \tag{10-13}$$

从式(10-13)可知,双程差的结果,使合成天线的波束角更加尖锐,方向性更好。由此得到在 P 点处合成天线的线分辨力为

$$\rho_\alpha = \beta_S R = \frac{\lambda}{2L_S}R \tag{10-14}$$

设机载雷达上实际小天线在方位方向上的孔径为 D,则在飞机正侧向斜距为 R 处由孔径 D 所得到的波束直线宽度为 βR。从图 10-11 可知,这个 βR 即为合成孔径长度,于是得

$$L_S = \beta R = \theta_{0.5} R = \frac{\lambda}{D}R \tag{10-15}$$

这样,就得到合成天线的方位分辨率为

$$\rho_\alpha = \frac{\lambda}{2L_S}R = \frac{\lambda}{2\frac{\lambda}{D}R}R = \frac{D}{2} \tag{10-16}$$

采用合成孔径技术对地进行测绘的雷达即为合成孔径雷达。其基本原理可总结为:在飞机进行直线运动中,利用机载雷达产生一个等效的阵列天线,机载雷达天线作为阵列天线的单元。在载机运动的过程中,每发射一个脉冲,飞机就前进到一个新的位置,形成阵列天线中一个新的天线阵元,然后把相继发射脉冲的回波相加,就可合成一个长度可观的大天线,从而提高方位上的分辨力。SAR 的基本原理既可以根据天线基本理论分析(如前所述),也可以从多普勒处理的角度分析(如下所述),而且从多普勒分析与 SAR 的原始概念更加一致。

假设有两个横向间隔较近为 ρ_α 的散射点,其斜距均为 R。相对于雷达,这两个散射点的张角 $\Delta\theta$ 为

$$\Delta\theta \approx \rho_\alpha/R \tag{10-17}$$

根据脉冲多普勒雷达原理中主瓣杂波的宽度计算方法,当波束斜视角为 φ 时,沿航向间隔 $\Delta\theta$ 张角的两个散射点对应的多普勒频移之差为

$$\Delta f_\mathrm{d} \approx \frac{2V}{\lambda}\Delta\theta\sin\varphi = \frac{2V}{\lambda R}\rho_\alpha\sin\varphi \qquad (10-18)$$

即横向间隔为 ρ_α 的两个散射点在斜视角为 φ 时的多普勒之差。

只要多普勒分辨率 ΔF 低于 Δf_d,对数据进行多普勒分析处理就可以分辨开这两个散射点。频率分辨率反比于信号的持续时间 T,即 $\Delta F = 1/T$。在这里,信号持续时间就是合成孔径时间 T_S。只要满足 $1/T_\mathrm{S} \leqslant \Delta f_\mathrm{d}$,横向间隔为 ρ_α 的两个散射点就可以分辨开来,即

$$1/T_\mathrm{S} \leqslant \frac{2V}{\lambda R}\rho_\alpha\sin\varphi \qquad (10-19)$$

也就是

$$T_\mathrm{S} \geqslant \frac{\lambda R}{2V\rho_\alpha\sin\varphi} \text{ 或 } \rho_\alpha \geqslant \frac{\lambda R}{2VT_\mathrm{S}\sin\varphi} \qquad (10-20)$$

式(10-20)说明,当积累时间达到一定程度时,就能分辨出距离较近的两个目标。式(10-20)将距离分辨率推广到了斜视模式。在正侧视情况下,$\varphi = 90°$,与前述基于天线基本理论的分析结果完全一致。

随着 SAR 天线技术方面的快速发展,特别是有源相控阵天线技术的进步,SAR 系统对天线波束指向的控制已从机械控制方式转变为电控制方式,波束指向越来越灵活,实现了多种不同的工作模式,以便为不同的需要提供多种分辨率、观测带宽度或极化方式的雷达图像。其中较常见的有早期的条带模式、扫描模式、聚束模式,以及后续的滑动聚束模式、马赛克模式和循序扫描地形观测模式等。

尽管 SAR 图像的质量令人满意,但是人们在对场景图像进行分析和理解的时候,更倾向于使用光学图像。光学的原始图像是彩色的,SAR 的原始图像却是黑白的,这源于 SAR 测量的是目标的标量反射系数(伪彩 SAR 图像通常是合成同一场景的不同极化或者不同波段的多幅雷达图像而得到的)。另外,光学图像的分辨力较 SAR 要高。

10.2.2 分类

前面介绍了 SAR 成像的基本原理,其基本假设是对每一个回波信号进行相位调整,即聚焦处理,形成聚焦阵列。如果不进行相位调整,则为非聚焦阵列。据此,合成孔径阵列可分为非聚焦阵列和聚焦阵列两类。

10.2.2.1 非聚焦阵列

如图 10-12 所示,从目标 P 到阵列中心的距离和到阵列边缘的距离是有差别的,信号传输路径的差别会造成相位的差别。也就是说,阵列中每个单元收到的从目标反射信号的相位是不同的。由天线理论可知,当天线口径照射为等相位时,才能获得理想的天线增益和波束宽度。因此,理想的情况是对天线阵中单元间的相位差进行补偿,从而就有聚焦阵列和非聚焦阵列之分。对单元间相位差进行补偿的阵列为聚焦阵列,否则为非聚焦

阵列。

非聚焦工作方式就是对 SAR 方式下接收的回波信号在处理时不进行相位调整而直接相加。可以想到,这样做的结果在一定范围内也能提高方位分辨力,但其效果一定比聚焦型要差一些。这是因为既然对回波信号不进行相位调整,则相应的合成孔径长度一定受到限制。设 L_s' 为非聚焦合成孔径长度,超过这个长度范围的回波信号由于其相对相位差太大,如果让它与 L_s' 范围内的回波信号相加,其结果反而会使能量减弱,而不是加强。这是很容易用两个矢量相加的概念来理解的。如果两个矢量的相位差超过 π/2,则它们的和矢量可能小于原来矢量的幅度。下面计算非聚焦型合成孔径雷达的分辨率。

首先要确定非聚焦合成孔径长度 L_s'。如图 10-12 所示,BP 是天线到目标的最近距离,AP 和 CP 都大于 BP。如果电波由 A 到 P 的往返距离与由 B 到 P 的往返距离之差大于 1/4 波长时,它们的相位就会超过 π/2,所以 AC 就是非聚焦合成孔径的有效长度 L_s'。由图 10-12 所示的几何关系得

$$\left(R + \frac{\lambda}{8}\right)^2 = \left(\frac{1}{2}L_s'\right)^2 + R^2 \quad (10-21)$$

化简后得

$$L_s'^2 = \left(R + \frac{\lambda}{16}\right)\lambda \quad (10-22)$$

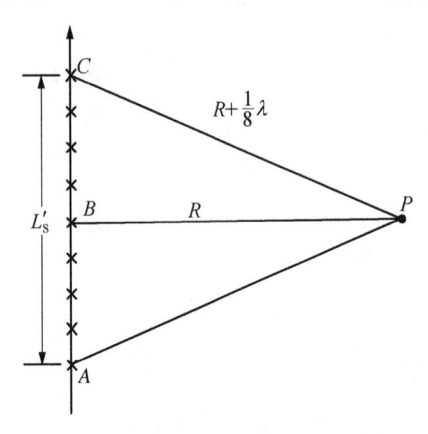

图 10-12 非聚焦阵列几何关系

由于 R 很大,λ 很小,则 R 远大于 λ/16,式(10-22)可简化为

$$L_s' = \sqrt{\lambda R} \quad (10-23)$$

这样非聚焦合成孔径雷达的方位分辨率为

$$\rho_\alpha' = \frac{\lambda}{2L_s'}R = \frac{1}{2}\sqrt{\lambda R} \quad (10-24)$$

这个结果表明,非聚焦合成孔径技术所得到的方位分辨率与波长及斜距乘积的平方根成正比,与实际天线大小无关。

非聚焦合成孔径与聚焦型的相比,其分辨力虽然差一些,但其信号处理技术要简单得多,这是有实用意义的。特别对机载合成孔径雷达来说,由于飞机飞行高度一般不会超过 20 km,非聚焦合成孔径仍能得到相当高的方位分辨力,比常规雷达要好得多。

10.2.2.2 聚焦阵列

聚焦阵列的原理是:对从目标到阵列各天线单元的信号之间的相位差进行补偿,使从目标到各天线单元的信号是同相的,实现理想的阵列综合。前述介绍 SAR 基本原理时,就是以聚焦阵列为例进行的。现在的问题是:聚焦阵列相位补偿值为多少呢?

如图 10-13 所示,B 点为阵列中心,P 点为目标所在位置,BP 为阵列轴线。在 △BCP 中,ΔR_n 为从阵列中心算起,第 n 个天线单元与中心单元的路程差。所以有

$$CP^2 = BC^2 + BP^2 \quad (10-25)$$

即

$$(R + \Delta R_n)^2 = R^2 + d_n^2 \quad (10-26)$$

因为 $2R$ 远大于 ΔR_n，所以

$$\Delta R_n \approx d_n^2/(2R) \quad (10-27)$$

ΔR_n 对应的相位差为

$$\Delta \varphi_n = 2\Delta R_n(2\pi)/\lambda = 2\pi d_n^2/(\lambda R) \quad (10-28)$$

取 $2\Delta R_n$ 是因为考虑到往返路程。从式(10-28)可以看出，阵列中任何一个单元与中心

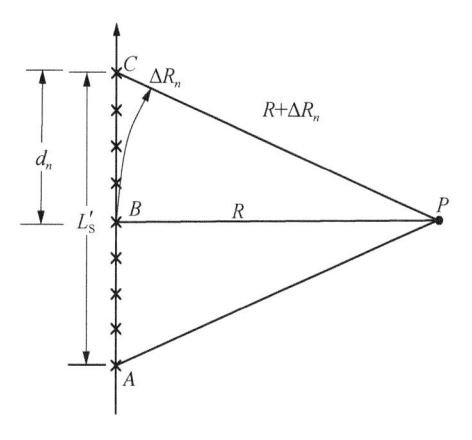

图 10-13 聚焦阵列几何关系

单元相比，接收到的信号的相位差正比于该单元至阵列中心距离的平方。也就是说，相位补偿值为 $-2\pi d_n^2/(\lambda R)$。据此可得聚焦阵列的横向距离分辨率为 $D/2$。

根据聚焦阵列的横向距离分辨率，可得以下结论：

（1）聚焦阵列的横向距离分辨率为实天线口径长度的一半，与距离无关。这是因为聚焦阵列的长度与距离成正比，长距离目标比短距离目标的合成孔径更大。

（2）聚焦阵列的横向距离分辨率与信号波长无关，原因是长波长的阵列长度比短波长的阵列长度更长。

（3）实天线的长度越小，横向距离分辨力越高。这正好与实际天线的横向距离分辨率的关系相反。这是因为实天线口径越小，波束越宽，聚焦阵列的长度越长。但实天线口径还受限于雷达的作用距离，如果要保证一定的作用距离，那么实天线的口径不能过小。另外，在进行 $\theta_{0.5} = \lambda/D$ 的近似时，其前提是天线波束较窄。如果天线孔径过小，波束展宽，则前述近似不再适用。极端情况下，$\theta_{0.5} = \pi$，相当于没有方向性的天线。此时，$\Delta f_d = 2v/\lambda - (-2v/\lambda) = 4v/\lambda$。因此，$\rho_\alpha = v\Delta t = v/\Delta f_d = \lambda/4$。

10.2.3 作用距离

与常规雷达相比，SAR 的雷达方程需考虑两个方面问题：一是关于 σ 的表达；二是回波信号在合成孔径时间内的相干积累效应。

据雷达目标散射理论，地面散射单元的有效面积 A_c 为

$$A_c = \rho_a \rho_{rg} \quad (10-29)$$

式中，ρ_a 为方位分辨率；ρ_{rg} 为地距分辨率，地距分辨率就是距离分辨率在地面上的投影，即

$$\rho_a = 0.5\varphi_{3dB}R = 0.5\lambda/L_S R = 0.5\lambda/(T_S V)R \quad (10-30)$$

$$\rho_{rg} = 0.5c\tau\sec(\psi_g) \quad (10-31)$$

其中，L_S 为合成孔径的长度，$L_S = T_S V_S$，这里 T_S 是回波信号相干积累时间；V 是 SAR 的运动速度；ψ_g 为擦地角。于是

$$\sigma = \sigma^0 \rho_a \rho_{rg} = 0.25\sigma^0 \lambda/(T_S V) Rc\tau\sec(\psi_g) \tag{10-32}$$

式中,σ^0 为面目标的后向散射系数,是一个无量纲的量,常用 dB 表示。

对于 SAR,在时间 T_S 内相干积累了 $n = T_S f_r$ 个回波信号,这里 f_r 是发射脉冲的重复频率。因此,回波信号增加了 n 倍。代入基本雷达方程,可得

$$P_r = \frac{P_t G_t G_r \lambda^2 \sigma}{(4\pi)^3 R^4} = \frac{P_t G_t G_r \lambda^2}{(4\pi)^3 R^4} 0.25\sigma^0 \lambda/(T_S V) Rc\tau\sec(\psi_g) = \frac{P_t G_t G_r \lambda^3 \sigma^0 c\tau\sec(\psi_g)}{4(4\pi)^3 R^3 T_S V}$$

$$\tag{10-33}$$

当 P_r 正好等于 $S_{i\min}$ 时,就可得到 SAR 的雷达方程:

$$R_{\max} = \left[\frac{P_t G_t G_r \lambda^3 \sigma^0 c\tau\sec(\psi_g)}{4(4\pi)^3 S_{i\min} T_S V}\right]^{\frac{1}{3}} \tag{10-34}$$

SAR 的雷达方程与经典雷达方程相比,最大的区别在于各参数与距离是三次方关系。

10.3　多普勒波束锐化

10.3.1　基本原理

SAR 技术能够提供很高的方位分辨能力,但它要求按照严格规律积累回波。因此,天线的指向应保持不变,与航路垂直。并且载机只能做直线飞行,否则要进行很复杂的运动补偿。此外,SAR 的成像时间也相对较长。所有这些同机载前视雷达实时成像的要求有很大差距。

多普勒波束锐化技术不是通过多个真实波束回波合成的方法来压缩波束的,恰恰相反,它是把一个真实天线波束划分成为若干个子波束。由于各子波束中心线同真实天线波束中心线之间的夹角不同,因此,在同一距离上各子波束对应的区域相对于雷达的径向速度是不同的,这个速度差导致各子波束回波之间有多普勒频率差 Δf_d。在频域设置一组适当的窄带滤波器即可利用这个频率差 Δf_d 区分开真实天线波束宽度内各子波束所对应的回波,从而有效地改善雷达的方位分辨力。

由以上分析可知,DBS 技术是利用了回波中的多普勒频率信息,通过频域的高分辨力处理,等效地对真实天线波束进行划分,这正是人们称之为多普勒波束锐化的原因。其中,滤波器的个数 N 称为锐化比。

10.3.2　方位分辨力

下面利用图 10-14 所示的几何关系推导 DBS 的基本定量关系。设载机沿 X 轴方向平飞,速度为 v。载机高度为 H,雷达天线主波束投射到方位角为 θ、斜距为 R 的地面区域上。天线瞄准轴与载机速度矢量的夹角为 ψ。方位角 θ 为 ψ 在水平面的投影,高低角 ε 为 ψ 在垂直面的投影。雷达与成像区域的水平距离 r 为斜距 R 在水平面的投影,天线主

波束宽度为 θ_A。

根据图 10-14 可知,天线瞄准轴方向的多普勒频移为

$$f_{d0} = \frac{2V}{\lambda}\cos\psi = \frac{2V}{\lambda}\cos\theta\cos\varepsilon \quad (10-35)$$

其中,λ 为发射波长。

对于位于同一斜距 R 处的环带内的散射体而言,ε 均保持不变。而偏离 θ 为 $\Delta\theta$ 的散射体之回波的多普勒频移相对于 f_{d0} 的变化 Δf_d 为

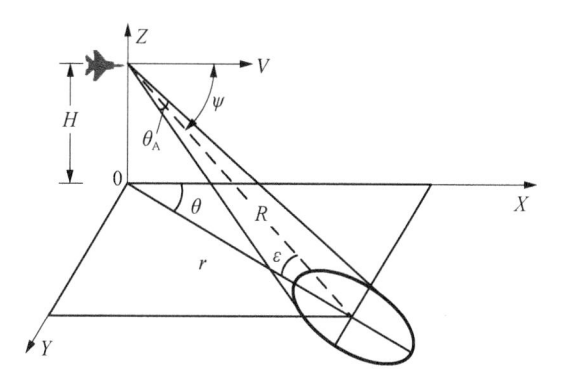

图 10-14 DBS 成像的几何关系

$$\Delta f_d = \frac{2V}{\lambda}\sin\theta\cos\varepsilon\Delta\theta \quad (10-36)$$

因此,整个波束宽度范围内多普勒频移的变化范围为 $f_{d0}\pm f_{dM}$,其中

$$f_{dM} = \frac{V\theta_A}{\lambda}\sin\theta\cos\varepsilon \quad (10-37)$$

若将主波束地面回波的多普勒频移范围 $f_{d0}\pm f_{dM}$ 同发射脉冲重复频率 f_r 对应起来,并将天线瞄准轴对应的多普勒频移 f_{d0} 定在 $f_r/2$ 处。多普勒处理以速率 f_r 取 N 个回波信号采样,在等于 f_r 的频率区间上用快速傅里叶变换形成 N 个等间隔的多普勒滤波器,使得每个多普勒滤波器的带宽 $\Delta f(\Delta f=f_r/N)$ 同子波束之间的多普勒频率差 Δf_d 对应起来。这样,这些滤波器的输出即分别代表了真实天线波束内各个子波束所对应的回波信号强度。相应的子波束宽度应为

$$\Delta\theta = \frac{\lambda f_r}{2NV\sin\theta\cos\varepsilon} \quad (10-38)$$

则在斜距 R 处的方位分辨率为

$$\rho_\alpha = \frac{\lambda f_r R}{2NV\sin\theta\cos\varepsilon} \quad (10-39)$$

从式(10-39)也可以看出影响方位分辨率的几个因素。当方位角 θ 不同时,天线主波束地面回波的频谱范围 $f_{d0}\pm f_{dM}$ 也不同。若希望在不同的方位角 θ 处保持方位分辨率 ρ_α 为恒定(同时,为了处理机便于实现,希望快速傅里叶变换的点数 N 也保持恒定),则需使脉冲重复频率 f_r、天线方位扫描速度以及回波积累时间 T_p 均应当相应的变化。即当 θ 减小时,天线方位扫描速度应减慢,f_r 亦应减小,而 T_p 则应当相应地增加;而当 θ 增大时,天线方位扫描速度应增快,f_r 亦应增大,T_p 则应当相应地减小。但在一部实际的雷达中,要求上述各参数连续地变化是有一定困难的。因此往往需采用一些

简化的方法。例如，将 f_r 取为一个固定的较大的数值，以保证在不同方位角的情况下均不致发生频谱的混迭。然后在此 f_r 范围内用点数较多的快速傅里叶变换形成较多的多普勒滤波器。这样当 θ 不同时，天线主波束地面回波的频谱总会落在 f_r 之内的某一部分，从而相应的那些多普勒滤波器有输出。这样虽然对处理机能力的要求有所提高，并且当 θ 较小时，方位分辨力略有下降，但去掉了需要 θ 和 f_r 连续变化这样一个苛刻的要求。一般在以载机飞行方向为中心的 ±10° 左右范围内不进行 DBS 成像，可用 RBM 成像进行补充。

10.4 逆合成孔径雷达

10.4.1 基本原理

SAR 成像模式下，雷达移动，对目标区域成像得到背景图像。ISAR 成像模式下，与 SAR 正好相反。ISAR 模式下，目标运动，而雷达可以不动也可以运动。ISAR 与 SAR 的分辨原理在距离向上相同，都是对宽频信号进行脉冲压缩以实现高分辨，但方位向上的分辨原理则有所区别，SAR 主要是利用雷达平台的运动信息进行方位分辨，而 ISAR 则是利用目标的转动来进行方位分辨。ISAR 的成像特点在于其目标通常为较小的非合作目标，无法准确知道其运动参数，且背景通常为海面、天空等单一干净的场景。由于这些特点，通常需要采用一些模型来简化目标的运动，最常用的是转台模型。转台模型可以将 ISAR 目标的运动进行简化，从而给成像处理带来方便。如图 10-15 所示，目标相对于雷达从 A 位置运动到 C 位置的过程可以分解为三个步骤。

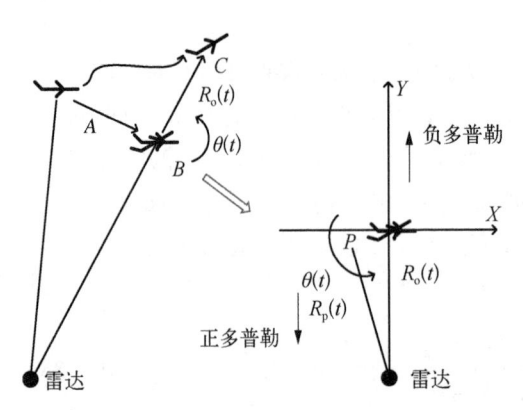

图 10-15 转台模型示意图

第一步：目标以雷达为圆心从 A 位置转动到 B 位置。在这部分运动中，雷达与目标的距离保持不变，其对最终回波及后续成像不产生任何影响，可以忽略。

第二步：目标在 B 位置绕自身中心转动。转台运动是实现 ISAR 方位向分辨的关键。

第三步：目标延雷达与目标中心连线从 B 位置平移运动到 C 位置。这部分的平移运动会造成回波的时延，其多普勒频移也会造成回波上的相位误差。

ISAR 成像中的距离向分辨原理与 SAR 相同，都是利用对大带宽信号的脉冲压缩来完成。与 SAR 相同，其距离分辨率与基带信号的带宽成反比。

ISAR 在方位向上的分辨原理与 SAR 有所不同，SAR 是通过平台的运动产生的多普勒带宽，对其进行方位向压缩以进行方位向上的聚焦。而 ISAR 则是利用目标运动产生的多普勒频率进行分辨，且由于 ISAR 目标运动信息不可知的特点，导致 ISAR 与 SAR 在实现方位聚焦的具体方式上差别较大。

如图 10-16 所示,当目标以顺时针方向转动时,目标上各散射点的多普勒值是不同的。位于轴线(轴心至雷达的连线)上的散射点没有相对于雷达的径向运动,其子回波的多普勒为 0,而在其左或右两侧的多普勒为正或负,且离轴线越远,多普勒值也越大。于是,将各个距离单元的回波序列分别通过傅立叶分析变换到多普勒域,只要多普勒分辨力足够高,就能将各单元的横向分布表示出来。

设在相邻两次观测中(经过了 Δt 时间)目标对于雷达视线以角速度 ω 匀速转过了一个很小的角度 $\Delta \theta$,它上面的某一散射点则从 P 点移到了 P_1 点,其纵向位移为

$$\Delta y_P = r_P \sin(\theta - \Delta \theta) - r_P \sin \theta = -x_P \sin \Delta \theta - y_P(1 - \cos \Delta \theta) \quad (10-40)$$

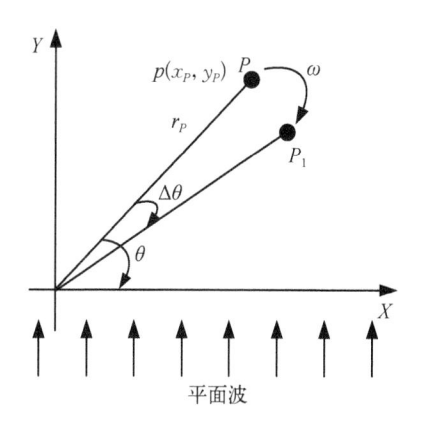

图 10-16 ISAR 横向高分辨模型

式中 x_P、y_P 为散射点 P 相对于转台轴心的坐标。纵向位移 Δy_P 引起子回波的相位变化为

$$\Delta \varphi_P = -\frac{4\pi}{\lambda} \Delta y_P = -\frac{4\pi}{\lambda} [-x_P \sin \Delta \theta - y_P(1 - \cos \Delta \theta)] \quad (10-41)$$

若 $\Delta \theta$ 很小,则式(10-41)可近似为

$$\Delta \varphi_P \approx \frac{4\pi}{\lambda} x_P \Delta \theta \quad (10-42)$$

两边同时除以 Δt 和 2π,则得

$$f_d = 2 x_P \Delta \theta / (\Delta t \lambda) \quad (10-43)$$

即

$$f_d = 2 x_P \omega / \lambda \quad (10-44)$$

对两边微分,得

$$\Delta f_d = 2 \Delta x_P \omega / \lambda \quad (10-45)$$

即

$$\Delta x_P = \Delta f_d \lambda / (2\omega) \quad (10-46)$$

而根据离散傅里叶变换的理论,多普勒分辨率 Δf_d 取决于积累时间 T,两者满足

$$\Delta f_d = \frac{1}{T} \quad (10-47)$$

所以有

$$\Delta x_P = \lambda/(2\omega T) \qquad (10-48)$$

而 $\Delta\theta = \omega T$，为在积累时间内转台转过的角度，则

$$\Delta x_P = \lambda/(2\Delta\theta) \qquad (10-49)$$

因此，以距离为量纲的方位向分辨率为

$$\rho_a = \lambda/(2\Delta\theta) \qquad (10-50)$$

ISAR 中目标运动不可控，$\Delta\theta$ 不可直接获得。因此，ISAR 的方位向分辨率也是无法直接控制的，与目标运动有关，这对实际的应用会产生一定的影响。极端情况下，如果目标相对于雷达没有自转运动，则其在方位向无法分辨聚焦。

同时对于 SAR 来说，目标通常为静止的场景，目标相对于雷达平台的位置可以通过平台上的传感器数据和天线方向等信息计算得到，但根据 ISAR 转台模型，无法在成像时获得 ISAR 目标的方位向准确位置，只能通过天线方向图进行实孔径大致定位，其精确方位位置信息需要使用其他手段才能获取。

前面的分析是以某瞬间的散射点位置和子回波多普勒值的关系来说明横向高分辨的，但是多普勒分辨越高，所需的相干积累时间就越长，散射点是否会移动而改变位置了呢？移动肯定存在，但在一般情况下影响不大。

虽然很小的转角就能实现转台目标成像，但在转动过程中，散射点还是要有纵向移动的，偏离轴线越远，则移动也越大。

前面提到过，在一般的成像算法中，是按距离单元将许多周期的数据序列作多普勒分析得到高分辨的，若在此期间产生了跨越距离单元徙动，则该散射点的子回波序列将分段分布在两个或更多个距离单元里，且在每个距离单元的驻留时间要缩短。

前面的分析中是将运动目标通过平动补偿成为匀速转动的平面转台目标，当飞机作直线平稳飞行时，一般满足或近似满足上述条件。如果飞机作加速或减速的直线飞行，仍可补偿成平面转台目标，只是转速是非均匀的。更有甚者，如果飞机作变向的机动飞行，则平动补偿后的转台目标是三维转动的。

10.4.2 综合成像原理

机载雷达对海面目标 SAR/ISAR 成像的最终目标是在对背景场景进行高分辨率成像的同时，使场景中存在的运动舰船目标也在正确的位置清晰地成像，最终得到一幅包含舰船目标的场景整体图像，获得目标区域完整的态势感知信息。这需要用到 SAR 和 ISAR 两种成像方法，一方面需要利用雷达平台的运动对背景场景进行 SAR 成像，另一方面也需要对场景中的运动舰船目标进行 ISAR 成像。

一般来说，机载雷达对海面目标成像的应用场景主要有三种。

（1）成像场景为海面上的单一船只。此种场景最为简单，但仍然需要考虑可能出现的雷达平台不规则运动以及大转角、大尺寸目标的情况。

（2）成像场景为海面上的多艘船只。此种场景较为复杂，船只可能属于一只舰队从而保持着相似的运动方向和速度，也有可能只是在港口附近拥挤的航道上随机运动，速度

和方向各不相同。

（3）成像场景为港口、岛礁、河道等附近有陆地场景的水面。水面上可能只有单艘船只也可能存在多艘船只。此种场景与第二种成像场景类似但更为复杂,需要考虑陆地背景场景的特殊性。

第二种场景在一定情况下可以转化为第一种场景,如多个目标相互之间不在同一距离单元或目标在 SAR 成像后的图像域可以分开时,其回波可以完全分离开来,目标可以进行单独成像。但如果多个目标挤在同一距离单元,或由于目标的运动导致在 SAR 成像后的图像域混在一起,则无法简单地通过直接分离回波的方式来分离目标,需要使用多目标成像的特殊算法在成像时将其分开。

第三种场景则与第二种场景类似,需要根据场景尽量将可以单独分开的目标与其他目标和陆地场景分离开来。最终可以将这三种场景中的目标通过回波分离提取的方法,转化为在干净海面背景上对单运动目标或多运动目标成像这两个问题。

根据上一小节的分析,为了达成最终成像目标,一种机载雷达对海面目标 SAR/ISAR 成像的基本方法可分为两步。第一步,根据雷达平台的运动信息,对整体回波进行 SAR 成像,得到存在散焦运动舰船目标的背景场景 SAR 图像。第二步,根据第一步得到的 SAR 图像,检测其中散焦的运动舰船目标,并尽可能地将没有混在一起的不同舰船回波分离提取出来。舰船的运动一方面会造成其 SAR 图像的散焦,另一方面也会造成其成像结果在背景 SAR 图像上的位置偏移,因此需要考虑各种可能的情况进行检测和回波分离。在 SAR 图像中检测舰船目标使用基于图像熵和图像处理的方法,而回波分离的具体方法则包括从回波域进行分离和从图像域进行分离。第三步,对上一步得到的舰船目标回波进行 ISAR 成像。第四步,根据实际应用条件对舰船动目标进行定位,将第三步获得的重新聚焦成像后的目标图像放置回背景场景 SAR 图像中的正确位置。

10.5　干涉合成孔径雷达

10.5.1　基本概念

在普通的 SAR 中,存在着一个很大的缺点,就是对于地面上的三维目标只能产生二维的雷达图像。更确切地说,地面上的三维目标是按照其到 SAR 的斜距和沿航迹的相对位移(多普勒频率)被投影到二维 SAR 图像的。如图 10-17 所示,虽然目标 A 和目标 B 在高度上不同,但是由于它们相对于雷达有相同的斜距,则在普通的二维 SAR 图像中,若 A 和 B 的方位相同,则两者将出现在同一图像单元内;若 A 和 B 的方位位置不同,则将出现在同一距离单元、不同横向距离单元内;目标 A、B 之间的高度信息 h 体现不出来。在图像的后处理技术中,如果没有目标的高度信息,也不可能把斜距-方

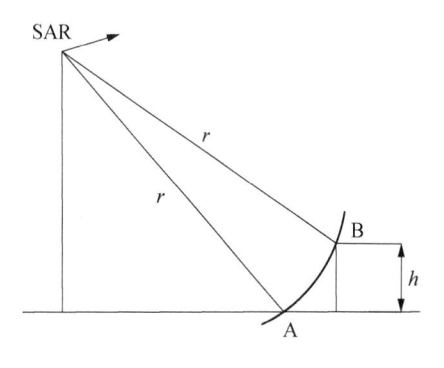

图 10-17　普通 SAR 中高度信息丢失

位格式的图像准确地变换为地距-方位格式的图像。干涉合成孔径雷达测量技术可以解决这个问题。

InSAR 是一般 SAR 功能的延伸和扩展,使雷达具有了进行高分辨三维成像的能力。它利用多个接收天线观测得到的回波数据进行干涉处理,可以对地面的高程进行估计,对洋流进行测高和测速,对地面运动目标进行检测和定位。在 InSAR 中,接收天线之间的连线称为基线。基线垂直于航向的干涉仪(基线在垂直于雷达视线的方向应有较长的分量),能够完成地面和海面高程的测量。基线沿着航向的干涉仪可以用来对洋流进行测速,对地面运动目标进行检测和定位。这两种干涉方式都可以采用飞机作为平台,也可以采用卫星、航天飞机和空间站等作为平台。

InSAR 的另一个功能是进行地面运动目标检测和定位,它属于沿航向干涉处理。沿航向干涉仪方法最早用于测量海流的速度,后来逐渐用于地面运动目标检测和定位。

SAR 成像算法处理得到的是二维复值图像,即每个图像像素同时具有幅度和相位信息。传统的二维 SAR 成像丢弃了所得图像的相位信息,仅仅给出了幅度图。而在 InSAR 中,每个像素的相位都得到了保留。InSAR 的基本思想是用两个偏置天线孔径对同一场景所成的两幅复图像进行处理。这两个孔径可以是存在于同一个天线结构上但物理上分开的接收孔径。此种情况下,一般共用一个发射孔径。也可以基于传统的单天线系统,通过多次航行获得的复图像来实现干涉处理。

机载 InSAR 一般采用双天线单航过模式,此时在载机的垂直方向安装两副天线,可以一发双收,也可以双天线轮流地自发自收(称为乒乓方式)。双航过 InSAR 模式下,不需要特别的硬件,同一雷达平台两次飞过同一区域实现 InSAR。

InSAR 不仅继承了合成孔径雷达全天候、高分辨、覆盖面广的优点,还利用了多幅相干 SAR 图像中的相位信息来提取传统合成孔径雷达很难得到的地面的三维信息和变化信息,大大拓宽了微波遥感的应用领域。InSAR 主要的应用领域有地形测绘、地球动力学、冰川观测、海洋测绘、资源调查等,而且其应用领域还在随着研究的深入而不断扩大。合成孔径雷达干涉成像已经成为 SAR 研究领域的热点之一。

10.5.2 基本原理

以双天线单航过一发双收为例来说明干涉高程测量的原理。图 10-18 所示为双天线单航过干涉的几何关系示意图。A_1、A_2 为两副天线,天线 A_1 为收发天线,天线 A_2 仅为接收信号。基线长度为 L,垂直于载体航线方向。目标 P 的位置高度为 h。

设天线 A_1 与 A_2 在同一个垂直于航向的法平面内平行地运动,基线长度 L 以及基线与地面垂直线所形成的倾角 α 为已知,则从图 10-18 的简单几何关系和余弦定理可得

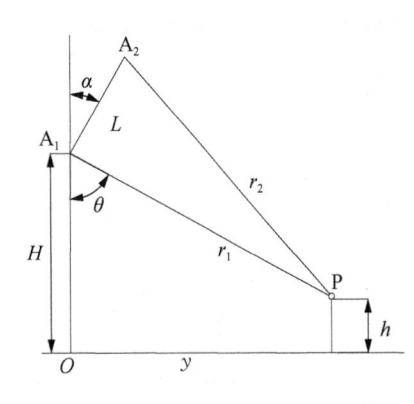

图 10-18 双天线单航过 InSAR 的几何关系

$$r_2^2 = r_1^2 + L^2 + 2Lr_1\cos(\alpha + \theta) \tag{10-51}$$

则

$$\theta = \cos^{-1}\left(\frac{r_2^2 - r_1^2 - L^2}{2Lr_1}\right) - \alpha \tag{10-52}$$

式中,r_1 为天线 A_1 到目标 P 的距离;r_2 为天线 A_2 到目标 P 的距离;θ 为天线 A_1 到目标 P 的视线方向与地面垂直线所形成的夹角,称为天线的俯视角。

在式(10-52)中,由于斜距 r_1 和 r_2 远大于基线的长度 L,因此,两者相差很小。$r_2^2 - r_1^2 = (r_1 + r_2)(r_1 - r_2)$,为了提高 θ 的测角精度,用直接的方法测量波程差 $\Delta r = (r_1 - r_2)$,而不是分别测得两个斜距 r_1 和 r_2 后再相减。

在雷达里,直接测量两个天线的波程差是将两个通道输出的信号进行比较,常用的有两种方法:一种是比较两个脉冲回波包络的时延差,称为时差测量,这种方法一般误差太大;另一种是比相法,或称干涉法,它是将两路输出的复信号比相。

波程差 Δr 和相位差 φ 之间存在下列关系:

$$\varphi = 2\pi\Delta r/\lambda \tag{10-53}$$

式(10-53)中的比相法测量,Δr 的测量是同波长相比较的,而时差测量法则是与脉冲宽度相比较的。SAR 的波长一般为脉宽的几十分之一,所以此种方法的测量精度要高得多。正是由于用了比相法(即干涉法),干涉合成孔径雷达也因此得名。

需要指出的是,两天线接收信号的波程差 Δr 虽然不大,但可能比波长 λ 大许多,即两个信号的相位差的真实值可能比 2π 大很多。从两路信号的复振幅计算相位差时,由于相位值以 2π 为模,相位 φ 只能在 $(-\pi, \pi]$ 的区间里取值,称为相位的主值(或缠绕值),它与相位的真实值 Φ 可能相差 2π 的整数倍,即 $\Phi = \varphi + 2k\pi$(k 为整数)。为此,在得到相位的主值后还要通过解缠绕处理(或称为去模糊处理)得到相位的真实值。解缠绕处理是 InSAR 里的难题之一。

通过干涉法,可以精确测量两个天线的波程差:

$$\Delta r = \lambda\varphi/(2\pi) \tag{10-54}$$

此时,天线 A_2 到目标的距离 r_2 可表示为

$$r_2 = r_1 + \Delta r \tag{10-55}$$

根据图 10-18 中的几何关系,可得

$$\theta = \cos^{-1}\left[\frac{(2r_1 - \Delta r) - L^2}{2Lr_1}\right] - \alpha \tag{10-56}$$

$$h = H - r_1\cos\theta \tag{10-57}$$

$$y = \sqrt{r_1^2 - (H-h)^2} \qquad (10-58)$$

目标 P 的位置由直角坐标中的高度 h 和水平距离 y 表示。基线长度 L 和倾角 α 是预置的，高度 H、斜距 r_1 的测量也应该比较准确，而波程差可通过干涉法测量得到，因而可以得到较高精度的目标高度。

需要指出的是，不管是时差法，还是干涉法，只有将点目标从众多目标中分离出来后才能应用。前面已经假设分离出来的是理想的点目标，实际从 SAR 图像中能够分离的是像素，像素对应于信号包络可视为点目标，但像素的尺寸相对于波长来说要大得多，应视为由许多散射点组成的复杂目标。复杂目标回波有方向敏感性问题，即对不同的视角其响应回波会有区别，这对双视角工作的 InSAR 是重要的。

此外，InSAR 的基线必须足够长，其出发点在于它测量观测区的高程时有较高的仰角测量精度。两天线在空间位置不同，首先要区分的是沿航向方向还是垂直于航向方向，沿航向方向分量对高程测量是没有贡献的。如图 10-18 所示，在垂直航向方向的法平面内，为提高测高精度，只有垂直于雷达到目标射线的孔径分量才是有效的，即有效基线的长度为

$$L_{有效} = L\sin(\alpha + \theta) \qquad (10-59)$$

实际基线长度 L 通常是固定的，随着观测区的改变，雷达射线的侧偏角 θ 会有所变化，这时的有效基线长度是不同的。

在 InSAR 中，不仅地形的变化能够产生干涉条纹，平坦的地面也带来干涉条纹，这就是平地效应。平地效应的存在，使干涉图条纹过于密集，加大了相位解缠的难度。

张直中院士：雷达与信息处理技术专家

1984 年，中国与某国军方谈妥购买装在某型战斗机上的脉冲多普勒雷达，并议定由某公司接此任务。该公司专家介绍该雷达在对地工作方式中，原来包括 RBM 和 8 倍锐化比的 DBS。但该公司专家声明，该公司收到军方指示，已经将 DBS 去除，不给中国了。张直中院士听说后非常气愤，不能容忍这种出尔反尔的霸道行径，决定自力更生，给国人争气。

1989 年，该体制雷达样机试制出来，需要将样机带上天空，做固定方位锐化比达 12 倍的试验。雷达上天测试，在空中需要好几个小时的时间。当时张院士已经 72 岁高龄，同事们劝他不要像以前一样上天，只要查看记录即可。但是张院士认为，观察飞行中的数据变化，对自己课题至关重要，需要第一手资料，执意与同事们一起上天。经过多次失败和改进，20 世纪 90 年代末，终于在某型号机载雷达上获得了比 8 倍锐化比更高的 DBS 效果。

本章思维导图

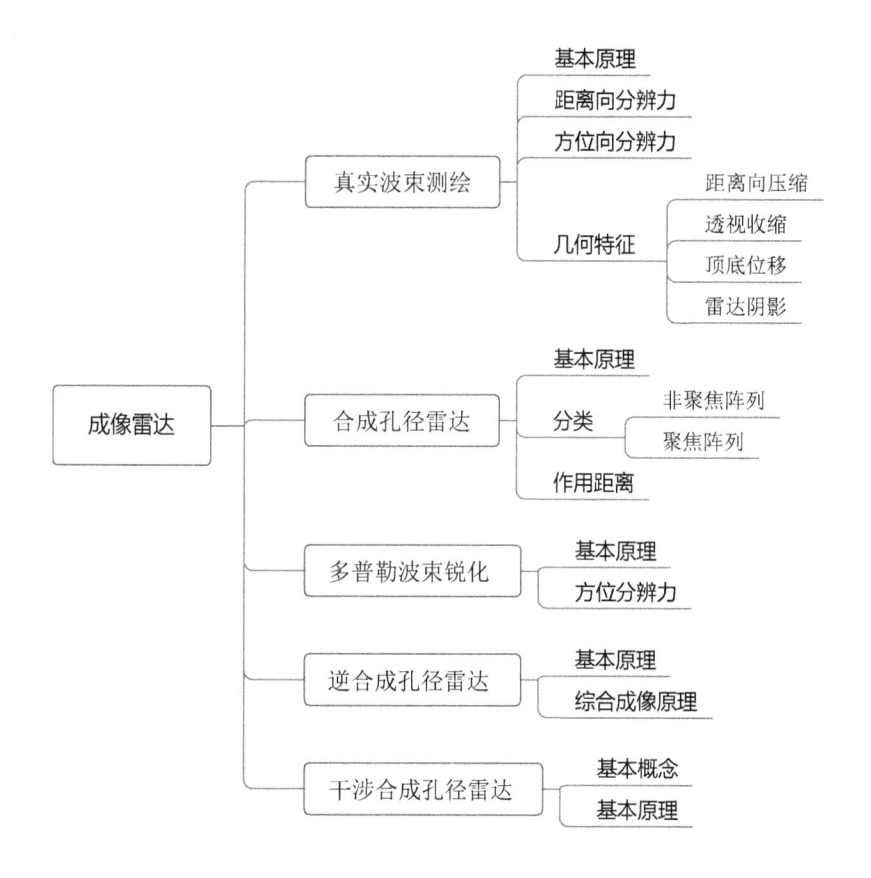

（思维导图：成像雷达）
- 真实波束测绘
  - 基本原理
  - 距离向分辨力
  - 方位向分辨力
  - 几何特征
    - 距离向压缩
    - 透视收缩
    - 顶底位移
    - 雷达阴影
- 合成孔径雷达
  - 基本原理
  - 分类
    - 非聚焦阵列
    - 聚焦阵列
  - 作用距离
- 多普勒波束锐化
  - 基本原理
  - 方位分辨力
- 逆合成孔径雷达
  - 基本原理
  - 综合成像原理
- 干涉合成孔径雷达
  - 基本概念
  - 基本原理

习 题

1. 简述雷达成像的基本原理。

2. 总结雷达成像的几何特征。

3. 总结分析 SAR 的基本原理。

4. 查阅资料，列举典型 DBS 成像范围，并说明其在 0° 左右不成像的原因。有无办法补充该部分图像？

5. 对比分析 RBM、SAR、DBS 的特点。

6. 对比分析聚焦式 SAR 与非聚焦式 SAR 的原理。

7. 对比分析雷达空空探测和空地合成孔径成像时的作用距离。

8. 总结分析 SAR 成像相对光电成像的优缺点。

9. 简述 ISAR 的基本原理。

10. 总结分析对地综合成像的基本原理。

11. 简述 InSAR 的基本原理。

12. 某机载雷达波长 3 cm,天线方位孔径 1 m,脉冲重复频率为 1 kHz,水平运动速度为 180 m/s,试分析其对斜距 100 km 的地面进行成像时,RBM、DBS(假设雷达的多普勒波束锐化比为 64,方位扫描角度为 30°,俯仰扫描角度为 10°)、聚焦 SAR 三种成像方式在方位上的分辨率,并给出三种成像方式各自作战使用场景建议。

第 11 章
雷达数据处理

雷达探测目标是在十分复杂的信号背景下进行的,雷达接收机输出的信号首先要在信号处理器中进行处理,达到抑制噪声、杂波、干扰信号和检测目标信号的目的。然后还要在数据处理器中处理,根据目标的斜距、方位角、高低角和径向速度进行计算,达到最大限度地提取目标运动参数信息,以便对控制区域内目标的运动轨迹进行估计,并给出它们在下一时刻的位置、速度预测,实现对目标高精度实时跟踪的目的。对于有的雷达,还可能根据目标的运动特性、雷达散射截面积、一维/二维图像信息、回波信号频谱特征等进一步实现目标属性、类别、型号判定方面的目标识别处理或图像信息的理解。本章仅介绍针对目标运动特性的数据处理。

11.1 功能与组成

11.1.1 功能

由于测量设备存在噪声和干扰,雷达测得的目标量测数据总是含有随机误差,即便清楚地知道目标的运动规律,也不能准确求得目标当前坐标及下一时刻的预测坐标值,只能根据量测值对其进行统计意义上的估计。对量测数据进行上述处理,可以减小雷达测量过程中引入的随机误差,提高目标位置和运动参数的估计精度,更准确地预测出目标下一时刻的状态。

因此,雷达数据处理的功能是对雷达录取的目标点迹数据(也称目标的量测数据,包括目标的斜距、径向速度、方位角、俯仰角等)进行关联、滤波、预测等处理,形成目标运动轨迹(航迹),实现对目标的稳定跟踪。

数据处理可以看作是信号处理的延伸。信号处理是在较短的时间间隔内对同一目标的多个连续回波进行处理,提高回波的信噪比以实现目标的有效检测(判决),并给出目标位置和运动参数的估计(点迹数据)。数据处理则是在相对较长的时间内对同一目标的多个点迹数据再进行关联(多目标情况下)、平滑滤波等处理,进一步提高了目标状态参量的估计精确度。

11.1.2 组成

雷达信号处理主要包括前面章节提到的杂波和干扰抑制技术、脉冲压缩和信号相参积累技术、阵列信号处理技术、目标检测技术、目标特征信息提取和识别技术等。雷达数据处理单元的输入是信号处理后送来的点迹,即点迹是数据处理的对象,数据处理单元输出的是对目标进行数据处理后所形成的航迹。概括来讲,雷达数据处理过程中的功能模块包括点迹预处理、航迹起始和终结、数据互联、跟踪等内容,而在数据互联和跟踪的过程中又必须建立波门。它们之间的相互关系可用图 11-1 来表示。

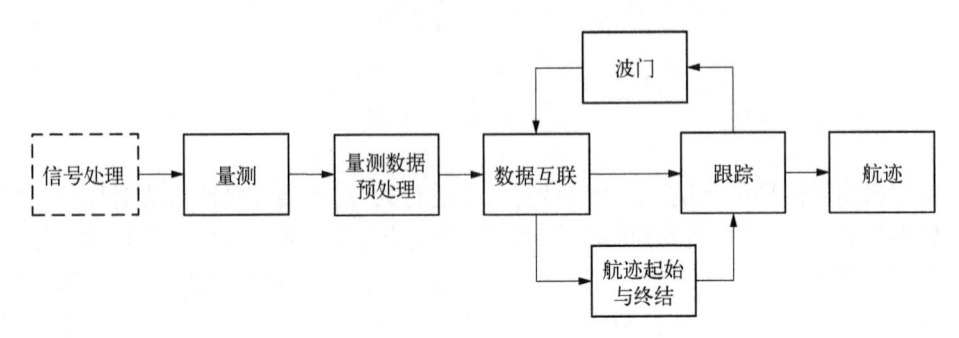

图 11-1 雷达数据处理的内容与相互关系

11.1.2.1 量测

量测是指与目标状态有关的受噪声污染的观测值。量测有时也称为测量或观测。量测通常并不是雷达的原始数据点,而是经过信号处理后输出的点迹。点迹按是否与已建立的目标航迹发生互联可分为自由点迹和相关点迹。其中,与已知目标航迹相关的点迹称为相关点迹,而与已建立的目标航迹不互联的点迹为自由点迹。另外,初始时刻测到的点迹均为自由点迹。概括来讲,量测主要包括以下几种:

(1) 雷达所测得的目标距离、方位角、高低角;
(2) 两部雷达之间的到达时间差;
(3) 目标辐射的窄带信号频率;
(4) 观测的两个雷达之间的频率差(由多普勒频移产生);
(5) 信号强度等。

在现代战场环境中,由于多种因素的影响,量测有可能是来自目标的正确量测,也有可能是来自杂波、虚假目标、干扰目标的错误量测,还有可能存在漏检情况,也就是说量测通常具有不确定性。概括来讲,造成量测不确定性的原因主要有以下几种:

(1) 检测过程中的随机虚警;
(2) 由于所感兴趣目标附近的虚假反射体或辐射体所产生的杂波;
(3) 干扰目标;
(4) 诱饵等。

11.1.2.2 数据预处理

尽管现代雷达采用了许多信号处理技术,但总会有一小部分杂波/干扰信号漏过去,为了减轻后续数据处理计算机的负担、防止计算机饱和以及提高系统性能等,还要对一次处理所给出的点迹(量测)进行预处理,即量测数据预处理。量测数据预处理指对获得的测量值在进入跟踪滤波之前进行的筛选和变换,转换为跟踪所需的测量值。量测数据预处理是对雷达信息二次处理的预处理，它是对雷达数据进行正确处理的前提条件。有效的量测数据预处理方法可以起到事半功倍的作用，即在降低目标跟踪计算量的同时提高目标的跟踪精度。量测数据预处理技术包括的内容很多，其中主要包括系统误差配准、时间同步、空间对准、野值剔除及防止出现饱和等。

1）系统误差配准

雷达对目标进行测量所得的测量数据中包含两种测量误差：一种是随机误差，是由测量系统的内部噪声引起的，每次测量时它可能都是不同的。随机误差可通过增加测量次数、利用滤波等方法使误差的方差在统计意义下最小化，在一定程度上克服随机误差。另一种是系统误差，它是由测量环境、天线、波控系统、数据采集过程中的非校准因素等引起的。系统误差是复杂、慢变、非随机变化的，在相对较长的一段时间内可看作未知的恒定值。

2）时间同步

由于每部雷达的开机时间和采样率均可能不相同，通过数据录取器所录取的目标测量数据通常并不是同一时刻的，所以在多雷达数据处理过程中必须把这些观测数据进行时间同步。通常利用一部雷达的采样时刻为基准，其他雷达的时间统一到该雷达的时间上。

3）空间对准

空间对准即把不同地点的各部雷达送来的数据的坐标原点的位置、坐标轴的方向等进行统一，从而将多个雷达的测量数据纳入一个统一的参考框架中，为雷达数据处理的后期工作做铺垫。

4）野值剔除

从航迹趋势的观点出发，那些偏离大部分数据所形成航迹的少数测量成为野值。野值可定义为：测量数据集合中严重偏离大部分数据所呈现趋势的小部分数据点。产生雷达数据野值的原因主要包括：数据记录时的过失；探测环境的变化，使得部分数据与原先样本模型不符合；实际采样数据出现的异常。

野值分为静态野值和动态野值。在雷达跟踪系统中，由于目标的机动特性，野值是动态的。野值剔除即把雷达测量数据中明显异常的值剔除。其方法包括矩形窗判断法、标准差判断法等。

5）防止出现饱和

防止出现的饱和主要指下面两种情况下出现的饱和：

（1）数据处理系统设计时，要限定能够处理的一定数量的目标数据。然而在实际系统中，要处理的数据远远超出处理能力时出现的饱和。

（2）数据处理部分被分配的处理时间有限，当点迹的数量或目标批数增加到一定数量时，也会出现饱和。在这种情况下，数据处理器对一次观测得到的数据尚没处理完，就被迫中断去处理下一批数据。

11.1.2.3 数据互联

雷达照射一次目标所得到的一组目标位置量测数据即为点迹。雷达周期性照射目标，同一批目标会出现多个点迹。如果目标在运动，各点迹出现的位置也会随之改变。

在单目标无杂波环境下,目标的相关波门内只有一个点迹,此时只涉及跟踪问题。在多目标情况下,有可能出现单个点迹落入多个波门的相交区域内,或者出现多个点迹落入单个目标的相关波门内,此时就会涉及数据互联问题。例如,假设雷达在第 n 次扫描之前已建立了两条目标航迹,并且在第 n 次扫描中检测到两个回波,那么这两个回波是两个新目标,还是已经建立航迹的两个目标在该时刻的回波呢?如果是已建立航迹的两个目标在该时刻的回波,那么这两次扫描的回波和两条航迹之间怎样实现正确配对呢?这就是数据互联问题,即建立某时刻雷达量测数据和以前其他时刻量测数据(或航迹)的关系,以确定这些量测数据是否来自同一个目标的处理过程(或确定正确的点迹和航迹配对的处理过程)。其实质是确定雷达收到的量测信息与目标源对应关系的过程。数据互联通常又称作数据关联,有时也被称作点迹相关,它是雷达数据处理的关键问题之一。如果数据互联不正确,那么错误的数据互联就会给目标配上一个错误的速度,可能会导致错过目标拦截。数据互联是通过相关波门来实现的,即通过波门排除其他目标形成的真点迹和噪声、干扰形成的假点迹。

概括来讲,按照互联的对象的不同,数据互联问题可分为以下几类:

(1) 量测与量测的互联或点迹与点迹的互联(航迹起始);

(2) 量测与航迹的互联或点迹与航迹的互联(航迹保持或航迹更新);

(3) 航迹与航迹的互联或称作航迹关联(航迹融合)。

11.1.2.4 波门

波门(或相关域、跟踪波门)是指以被跟踪目标的预测位置为中心,用来确定该目标的观测值可能出现范围的一块区域。波门大小与雷达测量误差大小、正确接收回波的概率等有关,也就是在确定波门的形状和大小时,应使真实量测以很高的概率落入波门内,同时又要使相关波门内的无关点迹的数量不是很多。落入相关波门内的回波称为候选回波。波门的大小反映了预测的目标位置和速度的误差,该误差与跟踪方法、雷达测量误差以及要保证的正确互联概率有关。

在对目标进行航迹起始和跟踪的过程中通常要利用波门解决数据互联问题。波门的主要目的就是减少不太可能的观测与航迹关联的数量,所以波门的大小必须适当。如果波门选取过大,则波门内会存在大量无效观测,从而增加数据处理的运算量;如果波门选取过小,则来自目标的真实观测可能落到波门外,这将导致丢失目标。因此,波门的大小应随着不同扫描周期、不同的目标机动情况在大波门、中波门和小波门之间进行自适应调整。

初始波门是以自由点迹为中心,用来确定该目标的观测值可能出现范围的一块区域。在航迹起始阶段,为了更好地对目标进行捕获,初始波门一般要稍大一些。

波门有多种类型,如矩形波门、圆形波门、椭圆波门等,其中常见的是椭圆波门,如图 11-2 所示。

(1) 对处于匀速直线运动目标,比如民航机在高空平稳段飞行时,设置小波门,波门最小尺寸不应小于测量误差的均方根值的 3 倍。

(2) 当目标机动比较小时,比如飞机的起飞和降落、慢速转弯等可设置中波门,中波门可在小波门的基础上再加上 1~2 倍的测量误差的均方根值。

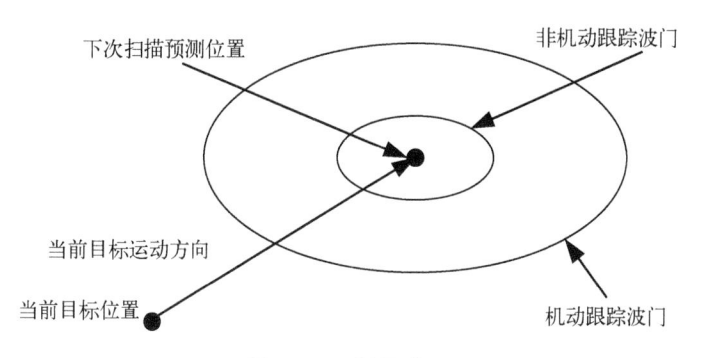

图 11-2　椭圆波门

（3）当目标机动比较大，比如飞机快速转弯，或者是目标丢失后的再捕获，可采用大波门。另外，在航迹起始阶段，为了有效地捕获目标初始波门也应采用大波门。

11.1.2.5　航迹起始与终止

航迹起始是指从目标进入雷达威力区（并被检测到）到建立该目标航迹的过程称为航迹起始，航迹起始是雷达数据处理中的重要问题。如果航迹起始不正确，则根本无法实现对目标的跟踪。

由于在对目标进行跟踪的过程中，被跟踪的目标随时都有逃离监视区域的可能性，一旦目标超出了雷达的探测范围，跟踪器就必须作出相应的决策以消除多余的航迹档案，进行航迹终结。

不同类型的目标具有不同的特点，如空空目标具有机动性强、机动和非机动同时存在等特点，空海和空地目标具有检测概率低、目标相互靠近等特点。在航迹起始中，最困难的是：机动和非机动目标的航迹起始；相互靠近目标的航迹起始；低检测概率下的航迹起始；密集杂波环境航迹起始。

11.1.2.6　跟踪

跟踪问题是雷达数据处理中的基本问题，也是关键核心问题。

跟踪是指在目标运动模型和观测模型的基础上，对来自目标的量测值进行处理，以便保持对目标现时状态的最优估计。多雷达多目标跟踪系统是一个复杂性很高的大系统，这种复杂性主要是由于雷达数据处理过程中存在的不确定性。

（1）从测量数据来看，由于雷达得到的测量数据是随时间变化的随机变量——随机序列，该序列可能是非等间隔采样得到的，而且观测噪声的非高斯性等都应在实测数据处理中加以考虑。

（2）从多目标跟踪角度看，跟踪问题的复杂性主要来源于两类情况：量测源的不确定性，由于存在多目标和虚警，雷达环境会产生很多点迹，用于滤波的量测值的不确定性；目标模型参数不确定性，这是由于目标随时可能出现机动现象，导致一开始设置的模型参数不准确，必须根据跟踪情况不断对模型参数进行调整，机动目标跟踪。

（3）从系统角度看，跟踪系统可能是非线性的，系统结构复杂，而复杂环境下的系统跟踪性能一方面取决于滤波算法本身解决量测源的不确定性和目标模型参数不确定性的能力，即滤波算法能否有效解决测量数据的互联和目标自适应跟踪问题；另一方面也需对系统本身的非线性等加以考虑。

为了能够在这些复杂条件下对目标进行有效跟踪,主要需要解决以下两个关键问题。

(1) 目标运动模型和观测模型的建立。雷达数据处理中的基础是估计理论,它要求建立系统模型来描述目标动态特性和雷达测量过程。状态变量法是描述系统模型的一种很有价值的方法,它是在系统状态方程和观测方程基础上进行的。在雷达数据处理中,系统状态方程指的是目标运动模型,观测方程指的是雷达观测模型或测量模型,由目标运动模型和观测模型构成跟踪的状态空间模型,即估计的系统模型。

(2) 跟踪算法。在状态空间中进行的跟踪算法实际上属于基于状态空间的最优估计问题,也就是状态估计算法。跟踪算法关心的问题主要有以下两点。

① 机动多目标跟踪问题。机动是目标的基本属性之一,也是进攻或回避过程中常用的运动形式。因此,机动多目标跟踪是目标跟踪领域的重点研究问题,它需要解决机动目标模型、检测以及跟踪算法。

② 跟踪算法的最优性、鲁棒性、快速性问题。即需要统筹考虑算法的跟踪实时性、跟踪精度和算法的稳健性问题。同时,随着新体制雷达的出现,如多基地雷达、多传感器组网等,需要不断研究新的跟踪算法。

目标运动模型、雷达观测模型、状态估计算法三者之间的关系如图11-3所示。

雷达观测模型主要指考虑雷达测量误差时,对雷达所获得的量测数据与目标状态之间的关系进行建模,关键在于准确描述雷达的测量误差,通常测量误差用零均值高斯白噪声进行描述。目标运动模型是为了描述目标状态随时间变化而建立的模型。关键在于准确、实时、自适应地描述目标的运动状态。目标运动建模是解决机动目标跟踪的关键。状态估计算法指在观测模型和运动模型的基础上,选择一种合适的估计算法对目标的状态进行估计。

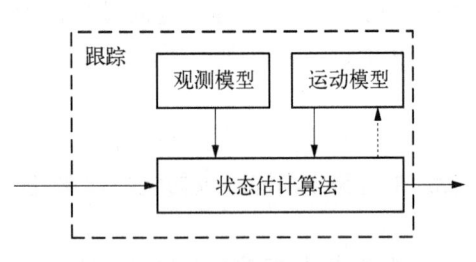

图11-3 跟踪问题的图解说明

对于雷达数据处理而言,观测模型是由雷达测量的数据决定的,而目标运动模型和状态估计算法的选择较多,许多自适应运动模型需要根据状态估计算法的结果来修正模型的准确度。因此,估计算法的估计精度受限于观测模型和运动模型,但对于自适应的运动模型而言,模型的准确度也受限于估计算法的估计精度,可见状态估计算法和运动模型之间具有相互制约、相辅相成的特点。

坐标系的选择严重影响数据处理中的跟踪设计,尽管雷达测量目标的位置参数是基于极坐标系的,但目标运动建模却不能以极坐标系为基准,而是选择直角坐标系,因此,数据处理中的跟踪是基于直角坐标系的跟踪系统。主要原因在于基于极坐标系设计跟踪系统时,目标的状态数据是极坐标系下的斜距和角度,此时,雷达的观测模型比较简单,但在极坐标系下描述目标的运动状态时,目标的运动模型是非线性的,且斜距和角度是互相耦合的,导致状态估计算法需要采用耦合滤波器,且面临非线性估计等问题,不仅使计算量增大,且估计的精度、实时性都会下降。因此,在极坐标系下对目标的运动特性进行描述是非常复杂的,且目标状态变量是互相耦合的,即使是做匀速直线运动的目标,在距离和角度上均会产生明显的伪加速度,并且这些伪加速度与距离和角度还是非线性相关的。

在跟踪系统的设计时,一般采用基于直角坐标系的目标跟踪系统。在二维坐标系中,假设雷达的测量参数为距离 r_m,方位角 θ_m,此时,目标在 k 时刻的量测向量为 $\boldsymbol{Z}(k) = [r_m(k), \theta_m(k)]^T$。如果假设目标的状态向量为 $\boldsymbol{X} = [x, \dot{x}, \ddot{x}, y, \dot{y}, \ddot{y}]^T$,则可根据极坐标系和直角坐标系之间关系,得到雷达量测信息与目标状态信息之间的关系:

$$\begin{cases} r_m(k) = \sqrt{x^2(k) + y^2(k)} \\ \theta_m(k) = \arctan\left(\dfrac{y(k)}{x(k)}\right) \end{cases} \quad (11-1)$$

观测模型是估计参数与测量参数的数学函数表达式,因此该式就是建立的观测模型。可以看出,当跟踪系统采用直角坐标系时,目标的量测信息与状态信息是非线性的关系,即目标的量测方程是非线性的。然而,与极坐标系相比,直角坐标系下的运动模型非常简单,如常见的匀速(constant velocity, CV)运动模型和匀加速(constant acceleration, CA)运动模型。

在 CV 模型中,假设目标沿某一方向做匀速运动,目标速度存在随机噪声的干扰,且假设速度的随机噪声为服从零均值,方差为 $\boldsymbol{Q}(k)$ 的高斯白噪声 $\boldsymbol{W}(k)$。目标的状态表示为 $\boldsymbol{X} = [x, \dot{x}]^T$,目标运动模型表示为

$$\boldsymbol{X}(k+1) = \boldsymbol{\Phi}(k)\boldsymbol{X}(k) + \boldsymbol{G}(k)\boldsymbol{W}(k) \quad (11-2)$$

其中,$\boldsymbol{\Phi}(k) = \begin{bmatrix} 1 & T \\ 0 & 1 \end{bmatrix}$,$\boldsymbol{G}(k) = \begin{bmatrix} T^2/2 \\ T \end{bmatrix}$,$\boldsymbol{Q}(k) = \begin{bmatrix} T^4/4 & T^3/2 \\ T^3/2 & T^2 \end{bmatrix}$,$T$ 为采样周期。

在 CA 模型中,假设目标沿某一方向做匀加速运动,目标加速度存在随机噪声的干扰,且假设加速度的随机噪声为服从零均值,方差为 $\boldsymbol{Q}(k)$ 的高斯白噪声 $\boldsymbol{W}(k)$。目标的状态表示为 $\boldsymbol{X} = [x, \dot{x}, \ddot{x}]$,目标运动模型表示为

$$\boldsymbol{X}(k+1) = \boldsymbol{\Phi}(k)\boldsymbol{X}(k) + \boldsymbol{W}(k) \quad (11-3)$$

其中,$\boldsymbol{\Phi}(k) = \begin{bmatrix} 1 & T & T^2/2 \\ 0 & 1 & T \\ 0 & 0 & 1 \end{bmatrix}$;$\boldsymbol{Q}(k) = q \begin{bmatrix} T^5/20 & T^4/8 & T^3/6 \\ T^4/8 & T^3/3 & T^2/2 \\ T^3/6 & T^2/2 & T \end{bmatrix}$,$q$ 是连续时间白噪声 $W(t)$ 的功率谱密度,反映了模型误差的程度,T 为采样周期。

CV 和 CA 模型是目标跟踪中常用的最基本的目标运动模型。一般而言,实际的目标运动方式是变化的。因此,CA 模型的跟踪精度要优于 CV 模型。

在状态估计算法的选取时,一般是以最优估计为目标的,所谓最优估计就是指在某一准则条件下使估计达到最优。估计的准则包括贝叶斯估计、最小二乘估计、最小方差估计、极大后验概率估计、极大似然估计等。比较经典的估计算法就是卡尔曼(Kalman)滤波算法,Kalman 滤波算法是线性最小均方误差准则下的最优估计。假设跟踪系统建立的线性状态空间模型为

$$X(k+1) = \Phi(k)X(k) + W(k) \tag{11-4}$$

$$Z(k) = H(k)X(k) + V(k) \tag{11-5}$$

式中，$X(k)$ 是 k 时刻目标状态向量；$W(k)$ 为状态噪声，$E(W(k)) = 0$，$E(W(k)W^T(j)) = Q(k)\delta_{kj}$；$Z(k)$ 是 k 时刻的量测向量；$V(k)$ 为量测噪声，$E(V(k)) = 0$，$E(V(k)V^T(j)) = R(k)\delta_{kj}$，与 $W(k)$ 相互独立；$\Phi(k)$ 和 $H(k)$ 分别为 k 时刻状态转移矩阵和量测矩阵。

在式(11-4)和式(11-5)所示的线性高斯系统下，Kalman 滤波算法的递推方程可分为预测和状态更新/滤波两步。

(1) 预测。

状态预测：

$$\hat{X}(k+1|k) = \Phi(k)\hat{X}(k|k) \tag{11-6}$$

预测状态的协方差：

$$P(k+1|k) = \Phi(k)P(k|k)\Phi^T(k) + Q(k) \tag{11-7}$$

(2) 状态更新/滤波。

增益矩阵计算：

$$K(k+1) = P(k+1|k)H^T(k+1)S^{-1}(k+1) \tag{11-8}$$

状态估计：

$$\hat{X}(k+1|k+1) = \hat{X}(k+1|k) + K(k+1)r(k+1) \tag{11-9}$$

估计状态的协方差：

$$P(k+1|k+1) = P(k+1|k) - K(k+1)S(k+1)K^T(k+1) \tag{11-10}$$

式中，$r(k+1)$ 为新息(或预测残差)，其表达式为

$$r(k+1) = Z(k+1) - H(k+1)\hat{X}(k+1|k) \tag{11-11}$$

预测测量值的协方差：

$$S(k+1) = H(k+1)P(k+1|k)H^T(k+1) + R(k+1) \tag{11-12}$$

从 Kalman 滤波算法的递推方程可以看出，Kalman 滤波算法由预测和滤波两部分组成。Kalman 滤波算法的递推方程可以根据 Bayes 滤波的原理从概率分布角度进行推导，也可根据正交投影定理进行推导。只要预先给定状态估计初始值 $\hat{X}(0|0)$ 和滤波估计状态的协方差矩阵 $P(0|0)$，整个卡尔曼滤波过程就可以启动并持续递推下去。

当初始状态误差和所有系统噪声均满足高斯假设，且模型均为线性时，Kalman 滤波算法得到的均方误差矩阵是基于量测的所有估计中的最小均方误差矩阵。但雷达的观测模型是非线性的，因此不能直接使用 Kalman 滤波算法进行状态估计。通常采用扩展的 Kalman 滤波算法，该算法采用一阶求导的方式，使观测模型近似线性化。但估计的性能

下降,估计结果不是最优的。

11.1.2.7 航迹形成

航迹是由来自同一个目标的量测集合所估计的目标状态形成的轨迹,即跟踪轨迹。雷达在对多目标进行数据处理时要对每个跟踪轨迹规定一个编号,即航迹号。与一个给定航迹相联系的所有参数都以其航迹号作为参考。而航迹可靠性程度的度量可用航迹质量来描述。通过航迹质量管理,可以及时、准确地起始航迹以建立新目标档案,也可以及时、准确地撤销航迹以消除多余目标档案。航迹是数据处理的最终结果,如图 11-4 所示。

与航迹有关的概念还包括以下几个。

(1) 可能航迹,是由单个测量点组成的航迹。

(2) 试验航迹,由两个或多个测量点组成的并且航迹质量数较低的航迹统称为试验航迹,它可能是目标航迹,也可能是随机干扰,即虚假航迹。可能航迹完成初始相关后就转化成试验航迹或撤销航迹,也可把试验航迹称为暂时航迹。

(3) 确认航迹,是具有稳定输出或航迹质量数超过某一定值的航迹,也称为可靠航迹或稳定航迹,它是数据处理器建立的正式航迹,通常被认为是真实目标航迹。

(4) 固定航迹,是由杂波点迹所组成的航迹,其位置在雷达各次扫描间变化不大。

在点迹与航迹的互联过程中可确定这样一种排列顺序:先是固定航迹,再是可靠航迹,最后是暂时航迹。也就是说在获得一组观测点迹后,这些点迹首先与固定航迹互联,那些与固定航迹互联上的点迹从点迹文件中删除并用来更新固定航迹,即用互联上的点迹来代替旧的杂波点。若这些点迹不能与固定航迹进行互联,其再

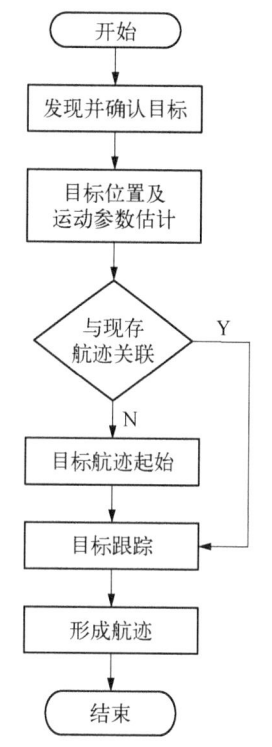

图 11-4 数据处理流程图

与已经存在的确认航迹进行互联,互联成功的点迹用来更新确认航迹。和确认航迹互联不上的点迹和试验航迹进行互联,暂时航迹后来不是消失了就是转为可靠航迹或固定航迹。确认航迹的优先级别高于暂时航迹,这样可使得暂时航迹不可能从可靠航迹中测得点迹。

(5) 撤销航迹,当航迹质量低于某一定值或是由孤立的随机干扰点组成时,称该航迹为撤销航迹,而这一过程称为航迹撤销或航迹终结。航迹撤销是在该航迹不满足某种准则时将其从航迹记录中抹去,这就意味着该航迹不是一个真实目标的航迹,或者该航迹对应的目标已经运动出该雷达的威力范围。也就是说如果某个航迹在某次扫描中没有与任何点迹互联上,要按最新的速度估计进行外推,在一定次数的相继扫描中没有收到点迹的航迹就要被撤销。航迹撤销的主要任务是及时删除假航迹而保留真航迹。

航迹撤销可考虑分以下三种情况:

① 可能航迹(只有航迹头的情况),只要其后的第一个扫描周期中没有点迹出现,就将其撤销;

②试验航迹(例如对一条刚初始化的航迹来说),只要其后连续三个扫描周期中没有点迹出现,就将该初始航迹从数据库中消去;

③确认航迹,对其撤销要慎重,可设定连续4~6个扫描周期内没有点迹落入相关波门内,可考虑撤销该航迹,需要注意的是,其间必须多次利用盲推的方法,扩大波门去对丢失目标进行再捕获,当然也可以利用航迹质量管理对航迹进行撤销。

(6) 冗余航迹,当有两个或两个以上的航迹分配给同一个真实目标时,称为航迹冗余,多余的航迹称为冗余航迹。

(7) 航迹中断,如果某一航迹在 t 时刻分配给某一真实目标,而在 $t+m$ 时刻没有航迹分配给该目标,则称在 t 时刻发生了航迹中断,其中, m 是由测试者设定的一个参数,通常取 $m=1$ 。

(8) 航迹交换,如果某一航迹在 t 时刻分配给某一真实目标,而在 $t+m$ 时刻另一个航迹分配给该目标,则称在 t 时刻发生了航迹交换,其中, m 是由测试者设定的一个参数,通常取 $m=1$ 。

(9) 航迹寿命,航迹的长度(连续互联次数),按照终结的航迹是假航迹还是真航迹又可分为:

①假航迹寿命,一条假航迹从起始后到被删除的平均雷达扫描数称为假航迹寿命。虚假点迹十分密集的情况下,即使是虚假航迹有时也维持较长的长度。

②真航迹寿命,一条真航迹起始后被误作假航迹删除的平均雷达扫描数,称为真航迹寿命。

真航迹维持时间受两个因素的限制:

①由于点迹-航迹互联错误(真点迹测量到了,但和别的航迹发生互联,密集目标环境或交叉目标环境等容易出现该问题),可能降低真实航迹质量,甚至把真实航迹当作假航迹删除。

②由于连续丢失量测次数达到给定的门限而作为丢失目标被删除,该情况容易出现在低信噪比或强干扰情况下。

从对雷达回波信号进行处理的层次来讲,雷达信号处理通常被看作对雷达探测信息的一次处理,它是在每部雷达站进行的,它通常利用同一部雷达、同一扫描周期、同一距离单元的信息,目的是在杂波、噪声,以及各种有源、无源干扰背景中提取有用的目标信息。而雷达数据处理通常被看作对雷达信息的二次处理,它利用同一部雷达、不同扫描周期、不同距离单元的信息,可以在各部雷达单独进行,也可以在雷达网的信息处理中心进行。而多雷达数据融合则看作对雷达信息的三次处理,它通常是在信息处理中心完成的,即信息处理中心所接收的是多部雷达一次处理后的点迹或二次处理后的航迹(通常称作局部航迹),融合后形成的航迹称作全局航迹或系统航迹。雷达信息二次处理的功能是在一次处理的基础上,实现多目标的滤波、跟踪,对目标的运动参数和特征参数进行估计;二次处理是在一次处理后进行的,有一个严格的时间顺序;而三次处理和二次处理之间没有严格的时间界限,它是二次信息处理的扩展和自然延伸,主要表现在空间和维数上。

11.2 主要技术指标

雷达数据处理的主要技术指标概括如下。

1) 处理时间

处理时间是指从点迹录取到态势显示的处理时间。若所采用的跟踪算法太复杂,数据处理时间占用太长,可能这一批数据还没有处理完,下一批数据又来了,造成数据处理饱和,影响处理效果和态势显示的实时性,态势显示不能准确地反映当前的目标位置信息。

2) 跟踪容量

跟踪容量是指数据处理器能同时跟踪的最大目标数量,也称为跟踪批数。这一指标的要求随着目标密集程度、传感器工作环境复杂性和硬件系统处理速度的提高而越来越高。同时由于数据漏检等原因,目标航迹可能出现断续,同一个目标航迹可能被误判成几个目标航迹,并赋予了不同的目标编号,增加了系统跟踪容量。

这就要求数据处理器要解决目标密集环境下的数据关联处理问题。由于实际航迹的断续(指同一个目标的航迹由好几段航迹来组成),可能增加航迹批号的数量,因此数据处理系统航迹批号处理要留有足够的内存余量。

3) 真目标丢失概率和虚假目标概率

这是极为重要的指标,实际上这两者是相互制约的。为了保证真实航迹的起始概率,必须建立较大的互联波门。这虽然可以提高真实目标落入波门内的概率,但落入波门内的其他无关点迹也会大量增加。在保证真实目标被起始的同时也要付出大量虚假目标被起始等代价,这对降低虚假航迹概率不利。反过来,如果要降低虚假航迹的概率,波门要建得小一点。这会导致真实目标落不到波门内,导致真实目标丢失。这就要求波门的设计要合理,根据工程上对这两项指标要求的侧重点不同而采用不同的准则,也可以在不同的探测区域采用不同的准则。在具体系统中这一指标的测试与检测器指标测试紧密相关,需要统筹考虑检测器和数据处理器指标。

4) 跟踪精度

这是数据处理器的核心指标。其中,航迹跟踪指标主要指航迹保持(维持)概率,它主要取决于跟踪波门设计、跟踪精度以及跟踪算法的鲁棒特性。为确定跟踪精度指标,一般需要多航次的系统试验。当条件受限制时,可以通过非合作目标的跟踪数据进行测试,如在观测区解算时间内检测到的点迹作为输入数据进行曲线拟合,并把该拟合曲线作为理论值进行精度计算。目前,在卫星导航十分普及的情况下,一般把修正后的卫星导航实时记录数据作为目标真实数据。但要注意,精度计算时要考虑卫星导航本身的误差、坐标变换带来的误差以及时间对齐误差等。

何友院士:信息融合,制胜战场

1992 年 9 月 24 日,德国布伦瑞克工业大学学术报告厅,来自中国年仅 35 岁的访问学者何友,正在报告他在雷达恒虚警领域中的新突破,使当今世界上该领域的经典模型,都成为其理论框架中的特例。回国后，何友对自己所提的方法作了进一步创新完善，被很多工业部门用在了国产雷达的具体研制上。

为了进一步扩大自己的科研创新成果，回国不久的何友考进了清华大学攻读博士学位。在进行博士选题时，他有意避开了自己擅长的雷达恒虚警融合检测相关课题，而是选择了信息融合领域中的另一个学科前沿课题"多目标多传感器分布信息融合算法研究"。最终，该论文荣获 2000 年度"全国百篇优秀博士学位论文"奖。

攻难题、闯难关，何友乐此不疲。在雷达检测融合、多传感器融合与综合工程应用领域，何友取得了系列创新成果。2005 年，何友出版专著《雷达数据处理及应用》。2022 年 7 月，该书更新到第四版。该书对国内外近年来雷达数据处理领域研究进展和自身研究成果进行了总结，是该领域非常重要的一本专著。该书得到了刘永坦、王小谟、贲德、吴伟仁等多位雷达界院士的联袂力荐。

本章思维导图

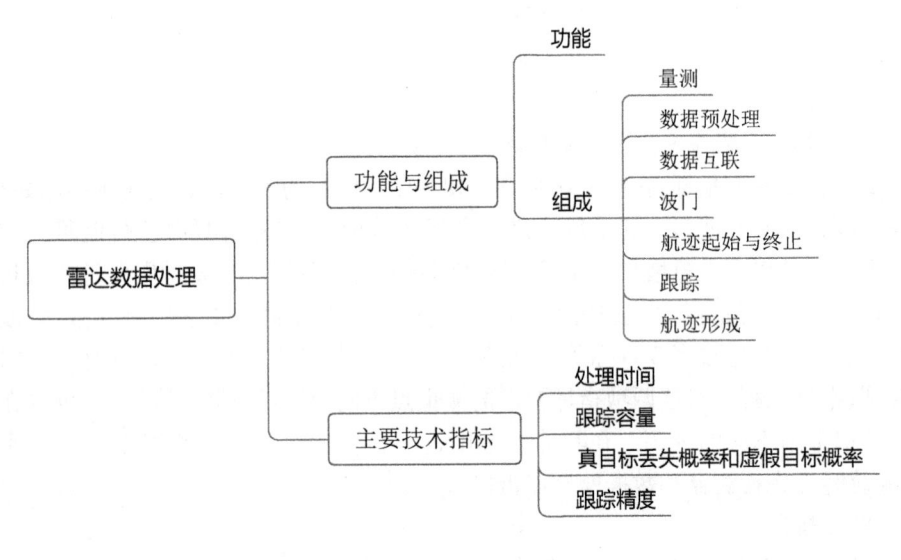

雷达数据处理
- 功能与组成
  - 功能
  - 组成
    - 量测
    - 数据预处理
    - 数据互联
    - 波门
    - 航迹起始与终止
    - 跟踪
    - 航迹形成
- 主要技术指标
  - 处理时间
  - 跟踪容量
  - 真目标丢失概率和虚假目标概率
  - 跟踪精度

习　题

1. 哪些属于雷达数据处理的内容？
2. 简述雷达数据处理的工程要求。
3. 查阅资料，分析卡尔曼跟踪的基本原理。
4. 查阅资料，简述航迹起始与终止的方法。
5. 对于 PD 雷达，当目标进入主瓣杂波区时，雷达有无保持跟踪的方法？

第 12 章
雷达电子防御

现代战争中,雷达早已不再是孤立的存在,雷达探测与对抗长期并存和发展。复杂电磁环境已成为现代和未来战场的重要标志,机载雷达面临着众多电磁威胁。这些电磁威胁主要是各种类型的电子战设备,包括敌方战斗机的自卫式电子战设备,电子战飞机的机载电子战设备以及大量的地面电子侦察和干扰设备。这些电子战设备威胁着雷达的正常工作和飞机作战使命的完成,甚至因为雷达的探测暴露载机的踪迹导致载机的安全受到威胁。电子战主要包括电子侦察、电子攻击和电子防御三部分。

12.1 基 本 内 容

对于雷达而言,电子战的重点在于电子防御,包括反电子侦察、反电子干扰、反目标隐身、抗电子摧毁(即"三反一抗")及其他防护技术和方法。

1) 反电子侦察

反电子侦察是保守己方军事秘密,掩护主要军事目标和军事行动的关键。面对现代强大的电子侦察能力,应采取一系列的反侦察措施。

2) 反电子干扰

反电子干扰是电子防御的核心,对敌方实施的电子干扰,如果不能及时采取有效的反干扰措施,就可能陷入雷达迷盲、通信中断、指挥失灵的局面,直接影响作战的进程和结局。

3) 反目标隐身

反隐身是针对隐身目标的特点,采用低波段雷达、多基地雷达、无源探测、大功率微波武器等多种手段,探测隐身目标,或烧蚀其吸波材料。

4) 抗电子摧毁

反摧毁是电子防御的一个关键,强大的实体摧毁能力给电子信息系统和设备造成巨大的威胁。

5) 其他电子防护技术和方法

其他电子防护技术和方法,如组织战场电磁兼容;应用雷达诱饵吸引反辐射武器攻击,保护真雷达的安全;应用无线电静默措施反侦察;应用组网技术反点源干扰;隐蔽关键电子设备,战时突发工作等战术、技术措施。

本教材重点介绍机载雷达反电子侦察、反电子干扰原理。

12.2　反电子侦察原理

反电子侦察的目的就是使对方的电子侦察接收机不能或难以截获和识别辐射源信号。侦察是干扰和摧毁的基础和先决条件,若雷达具有较好的反侦察能力,它将能防止敌方有针对性的干扰,并且也有利于防止反辐射武器的攻击。因此,反侦察是反干扰和抗摧毁最根本的措施之一。

敌方实施电子侦察必须具有三个基本条件:其一是拥有适当的电子侦察设备;其二是可以截获我方军用电子设备辐射的电磁信号;其三是能够对截获的电磁信号进行分析处理。这三个基本条件,缺少任何一个条件,敌方就无法实施电子侦察。因此,反电子侦察的基本原理是:使敌方难以具备实施电子侦察的条件。具体来说,雷达反电子侦察可依据三条基本原则:

(1) 使敌方电子侦察设备难以截获我方电子设备辐射的电磁信号;

(2) 使敌方电子侦察设备难以分选识别截获的电磁信号;

(3) 在条件许可下,对敌方的电子侦察设备实施欺骗、干扰或摧毁,使敌方的电子侦察设备不能发挥效能,或受到破坏。

雷达对抗侦察系统的原理分为技术和战术两个方面。技术方面主要有低截获概率技术和外辐射源雷达技术。

另外,雷达在正常工作时,不但要有意向外发射电磁信号,还可能无意辐射一些电磁信号,这些向外辐射的电磁信号将导致电磁频谱参数泄露。如果这些向外辐射的电磁频谱参数信息经过空间传播后被第三方高灵敏度的接收设备侦收,存在被复现和利用的风险,雷达的电磁频谱参数面临巨大的安全威胁。随着技术的不断发展,电磁频谱参数泄露给雷达带来的电磁频谱参数安全隐患日益突出。如何有效防止用频过程中电磁频谱参数泄露,确保雷达安全用频成为目前亟待解决的问题。

12.2.1　减小波束主瓣宽度和副瓣电平

侦察系统侦察雷达信号,是从雷达波束的主瓣或副瓣侦察到雷达信号的。因此,雷达反侦察主要有以下几个方面。

1) 减小主瓣宽度

减小雷达天线主瓣波束宽度的作用包括:

(1) 提高雷达反侦察性能。减小雷达天线主波束宽度,即减小雷达辐射信号的空间,使对方侦察更加困难,被侦察的概率降低,或者增加对方的侦察时间。

(2) 提高雷达的角分辨力。减小雷达天线主波束方位角和俯仰角宽度,可以提高雷达的角分辨力和角跟踪精度。尤其是当雷达天线波束张角与目标的线性尺寸相匹配时,雷达具有极高的分辨力,能够分辨编队机群、舰艇等级等。

2) 降低副瓣电平

由于雷达技术的迅速发展,现代侦察接收机灵敏度已经很高,即使雷达天线副瓣辐射很微弱的信号也可能被截获。副瓣占有的空间相当宽,这给对方侦察提供了有利条件,其可以从很宽的空间完成对雷达参数的侦察。

因此,必须严格控制雷达发射天线的副瓣增益来实现雷达的低截获特性。目前比较常见的方法是使用超低副瓣天线来达到控制发射天线的副瓣电平。

3) 波束参数的限制

虽然减小雷达天线主波束宽度和降低副瓣电平可以提高雷达的反侦察能力,但是实际上往往受到很多因素的限制。

12.2.2 降低辐射信号的峰值功率

决定侦察接收机截获能力的是雷达信号到达侦察接收机天线的功率密度,即单位面积上的信号功率。这个功率密度与雷达发射信号的功率孔径积和雷达与侦察接收机之间的距离有关。因此,控制雷达发射功率更加准确的定义应该是控制雷达发射的功率孔径积,其方法包括控制雷达发射的峰值功率、控制天线增益两个方面。

根据雷达方程,在其他参数保持不变时,雷达的探测距离 $R_r \propto [P_tG]^{1/4}$。显然,目标越接近雷达,探测所需的发射峰值功率孔径积越低,雷达可以根据目标的距离调整发射峰值功率孔径积。

而根据侦察接收机截获距离方程式,$R_r \propto [P_tG_{rj}]^{1/2}$。对于雷达主瓣的截获,$G_{rj} = G$。对于自卫式电子战的侦察接收机,虽然随着雷达与侦察接收机(目标)距离的缩短,侦察接收机截获雷达信号所需的峰值功率孔径积减小,但由于雷达探测所需峰值功率孔径积以 4 次方根的速度下降,快于截获所需峰值功率孔径积的平方根的下降速度,这样当雷达与目标的距离下降到某一数值时,雷达所需功率孔径积将小于截获所需功率孔径积,这个距离就是雷达采用功率控制方式探测目标的安全距离。

12.2.3 脉冲压缩技术

雷达采用脉冲压缩技术的基本目的是通过发射大的时宽带宽积信号,以获得高的距离分辨力并兼顾作用距离,而不必增加雷达的峰值功率,如图 12-1 所示。

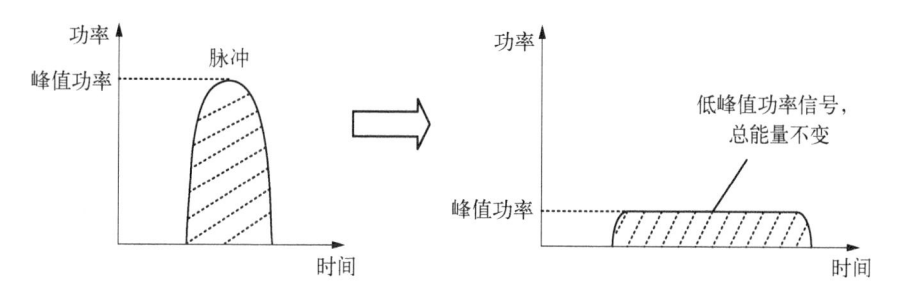

图 12-1 脉冲压缩技术降低峰值功率

发射时,信号的频谱用某个特定的扩频函数扩展成宽频带信号,送入信道中传输,这种技术称为信号扩频技术,简称扩频(或称扩谱)。在接收端采用相应的处理方法对接收到的信号进行脉冲压缩,从而获取信号所携带的信息,这种技术称为脉冲压缩技术。所以,扩频系统发射比信源信号频带宽得多的射频信号,接收机接收到的扩频信号与存储的参考信号一起进行相关处理(或匹配滤波),获得变换到原信号频带的压缩信号。

简单地说,脉冲压缩技术是指雷达在发射时采用大时宽、宽带宽的脉冲信号,而在接收时对大时宽、宽带宽的信号进行压缩处理,从而得到脉冲宽度为信号带宽倒数的窄脉冲信号,如图12-2所示。

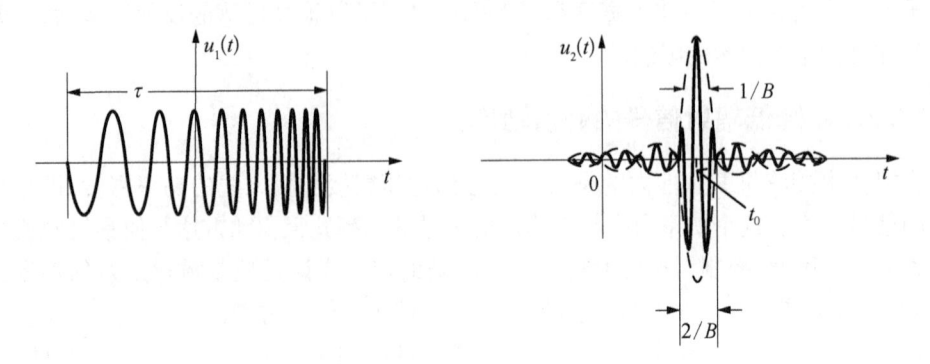

图12-2 脉冲压缩处理示意

1) 线性调频脉冲压缩

线性调频信号可表示为

$$S_i(t) = A\text{rect}\left(\frac{1}{\tau}\right)\cos\left[2\pi\left(f_0 t + \frac{\mu t^2}{2}\right)\right] \quad (12-1)$$

式中,$\text{rect}\left(\dfrac{t}{\tau}\right) = \begin{cases} 1, & |t| \leq \tau/2 \\ 0, & |t| > \tau/2 \end{cases}$ 为矩形函数。

线形调频信号的包络是宽度为τ的矩形脉冲,但信号的瞬时载频是随时间线性变化的。瞬时频率f_i为

$$f_i = 1/2\pi \text{d}\varphi/\text{d}t = f_0 + \mu t \quad (12-2)$$

在脉冲宽度τ内,信号的瞬时频率由$f_0 - \mu t/2$变化到$f_0 + \mu t/2$,调频的带宽$B = \mu t$。对于这种信号,其时宽带宽乘积$B\tau = \mu t^2$。

线性调频信号波形如图12-3所示。

线性调频信号是通过匹配滤波器实现脉冲压缩的,匹配滤波器的输出包络是输入信号的自相关函数,所以输出信号经过滤波器固有延时t_d后为

$$S_o(t) = A\sqrt{D}\,\frac{\sin(\pi Bt)}{\pi Bt}\cos(2\pi f_0 t) \quad (12-3)$$

由此可以看出,线性调频信号通过脉冲压缩滤波器后,输出信号具有如下特点。

(1) 输出信号的频率为单一载频f_0。

(2) 输出信号包络为$\sin(\pi Bt)/(\pi Bt)$的辛格函数形式,零点出现在$\pi Bt = \pm\pi$,即$t = \pm 1/B$。零点到零点间的宽度为$2/B$,压缩脉冲的宽度定义为$\pi Bt = \pm\pi/2$,即$t = \pm(1/2B)$两点间的宽度。因此,压缩脉冲宽度为$\tau = 1/B$,即调频带宽的倒数。

(a) 发射脉冲

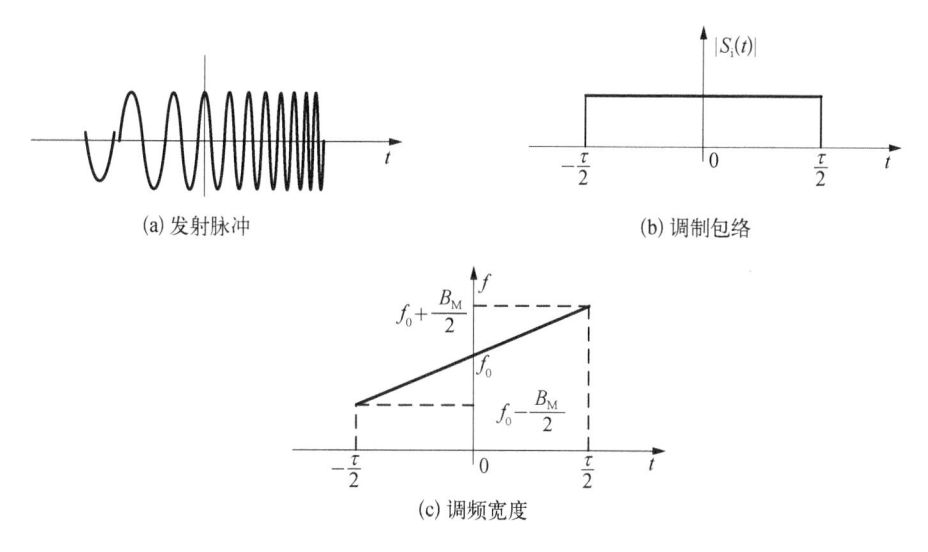

(b) 调制包络

(c) 调频宽度

图 12-3　线性调频信号波形

（3）压缩后脉冲的幅度是输入脉冲幅度的 $\sqrt{D}$ 倍，即脉冲的输出功率增大到输入脉冲的 D 倍。

（4）图 12-2 中，在主瓣之外有一系列距离副瓣。第一副瓣为 -13.2 dB，其余依次减小 4 dB，零点间隔为 $1/B$。过高的距离副瓣会影响对目标的检测，因此需要通过加权来降低脉冲压缩波形的距离副瓣。加权仅能在接收时进行，因为发射时为了获得高效率，发射机都工作在饱和状态下，无法实现对脉冲的幅度加权。但在接收时进行幅度加权，除了降低副瓣电平外，还会使滤波器失配，产生信噪比损失。

2) 相位编码脉冲压缩

与线性调频信号相类似，相位编码信号也是通过信号的时域非线性调相达到扩展等效带宽的目的。但其不同点是线性调频的调制函数在某一有限域内为连续函数，而相位编码脉冲的调制函数是离散的有限状态。相位编码脉冲信号是由许多子脉冲构成的，每个子脉冲的宽度相等，而相位是由一个编码序列决定的。假设子脉冲宽度为 τ，各个子脉冲之间紧密相连，编码序列长度为 N，则相位编码信号的等效时宽为 $N\tau$，等效带宽 B 取决于子脉冲宽度 τ，$B = 1/\tau$。所以，二相码信号的时宽带宽积为 N。

如果子脉冲之间的移相只取 0 和 π 两个数值，可构成二相编码信号，如图 12-4 所示；而如果子脉冲之间的移相可取两个以上移相值，则可构成多相编码信号。

常用的编码序列是随机编码信号序列，具有良好的距离分辨能力，如巴克码、M 序列码和 L 序列码等。

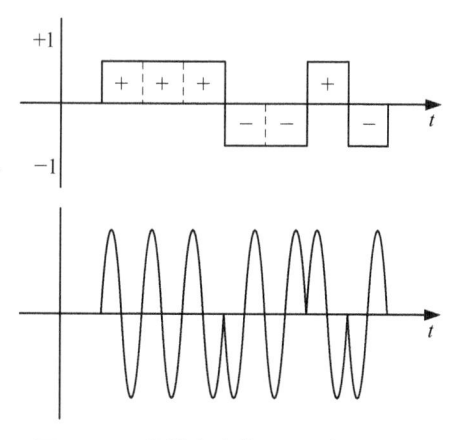

图 12-4　发射脉冲的二进制相位编码

接收的回波信号被送到一条延迟线中,延迟线的延迟时间准确地等于编码信号的总宽度 T。这就意味着,当编码信号的后沿进入延迟线时,其前沿刚好出现在延迟线的输出端,如图 12-5 所示。和编码信号一样,延迟线被分成若干段,每段的延迟时间准确地等于每个编码子脉冲的宽度,并且每一段延迟线有一个抽头,这些抽头的输出加在一起,构成一个总的输出端。这样,延迟线任何时刻输出端上的信号都等于延迟线各段所接收到的子脉冲的总和。实质上,用于实现对二相编码信号进行脉冲压缩的匹配滤波器,就是一个抽头延迟线。

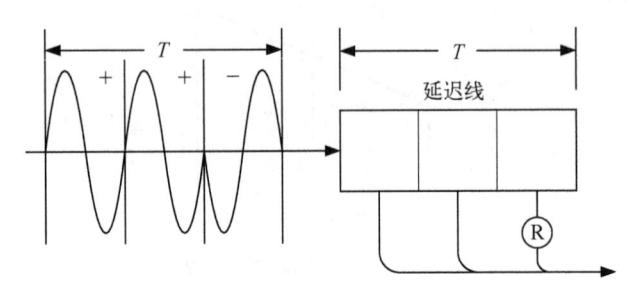

图 12-5 三位二进制编码脉冲压缩示意

设二相编码脉冲信号由 N 个宽度为 τ 的子脉冲组成,总宽度为 T,通过匹配滤波器后,将会产生压缩脉冲,输出脉冲的峰值幅度是输入脉冲幅度的 N 倍,而宽度(距离分辨力)为 τ。因此,脉冲压缩比为

$$D = T/\tau = N = TB \tag{12-4}$$

式中,$B = 1/\tau$,为子脉冲信号的带宽。

对于脉冲压缩处理,都希望在获得最大脉冲压缩信号幅度的同时,使距离副瓣尽量低。能最大限度地满足这种要求的二相编码信号为巴克码。巴克码具有非常理想的非周期自相关函数:

$$R(m) = \sum_{k=0}^{N-1-|m|} c_k c_{k+m} = \begin{cases} N, & m = 0 \\ 0 \text{ 或 } \pm 1, & m \neq 0 \end{cases} \tag{12-5}$$

其自相关函数峰值为 N,具有均匀的副瓣。巴克码的主副瓣比等于压缩比,即码长,所以称巴克码为最优二元序列。

它的特点是:距离副瓣中包含了理论上有可能的最小能量,而且此能量均匀地分布在副瓣结构中。

巴克码是很理想的二相编码。但遗憾的是,现已发现的最长的巴克码为 13 位。

已经证明四位巴克码具有特殊的性质,它不仅可消除副瓣,而且可以组成很长的码。四位巴克码和两位巴克码都有补码形式。对应地,这两种形式产生的副瓣具有相反的相位。因此,如果用这两种方式的编码交替地调制相继的发射脉冲,并且在延迟线输出中适当地切换相位反转器的位置,对交替的脉冲间隔期,当从相继脉冲来的回波被累积时,各个副瓣被对消。

更为重要的是,以一定的方式把补码形式链接在一起,就可以构造任意长度的码,如

图 12-6 所示。

不同于没有链接的巴克码,链接的巴克码产生幅度比单个巴克码高的副瓣。但由于链接是互补的,当相继脉冲被累积时,这些较高的副瓣可以对消。链接的巴克码虽然性能次于巴克码,但延长了码长,因而有利于提高雷达信号的占空比,从而增加发射信号的平均功率。

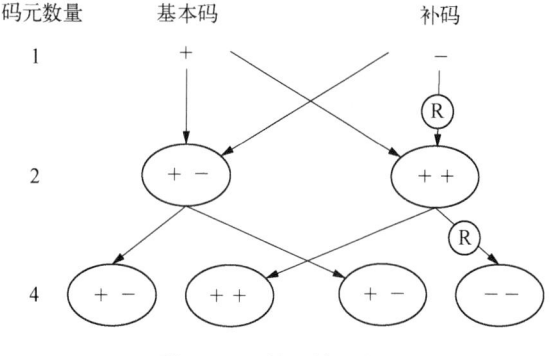

图 12-6 补码的形成

12.2.4 频率捷变技术

频率捷变技术主要包括随机捷变(伪随机)、规律捷变和自适应捷变等形式。根据脉冲间频率是否一致又可以分为脉间频率捷变和脉组间频率捷变等形式。各种形式的频率捷变技术对雷达的影响不尽相同,甚至同一种形式的频率捷变因参数取值不同也将会对成像产生截然不同的效果。

脉间随机频率捷变是雷达发射机以随机的方式工作于所选择的一组频率点上发射信号,使侦察机的测频系统跟不上雷达工作频率的变化。脉间自适应频率捷变则是针对宽带阻塞干扰的抗干扰方法。脉组频率捷变允许多普勒处理,而脉间频率捷变与多普勒处理是不兼容的。脉间频率捷变波形中每个发射脉冲的中心频率以随机的或固定的方式在大量的中心频率间变化,下一脉冲的频率不可由当前的脉冲预知。

频率捷变是当前雷达实现频域反侦察最有效的技术措施。因为它多数时间是以固定载频工作,而到关键时刻(比如战时)转为频率捷变工作。由于雷达频率捷变的带宽较宽,且是随机的,因而被侦察的概率很低。

1) 随机频率捷变技术

随机频率捷变是雷达系统完全自主地(伪自主)在工作带宽内随机选择工作频点,捷变没有规律性。而雷达的工作过程往往是一个一定数量脉冲相参积累的过程,这中间包含两层意思:一是参与积累的脉冲满足一定的数量要求;二是保证积累的相参性。随机频率捷变必然破坏脉冲间的相参性。

2) 自适应频率捷变技术

自适应频率捷变是基于对干扰信号频谱进行分析而采取的频域对抗措施,其形式包括自动寻凹、频率躲避等。其工作频点的选择除与自身的工作方式有关外,还与干扰的频点有关。因此,对于雷达而言,其工作频点的选择也具有随机性。

3) 规律性频率捷变技术

规律性频率捷变是雷达在预定的频点上按照一定的规律进行变化,这种变化具有重复性的特点,如图 12-7 所示。

4) 脉间频率捷变技术

脉间频率捷变是雷达每一个脉冲的工作频点都在变化。

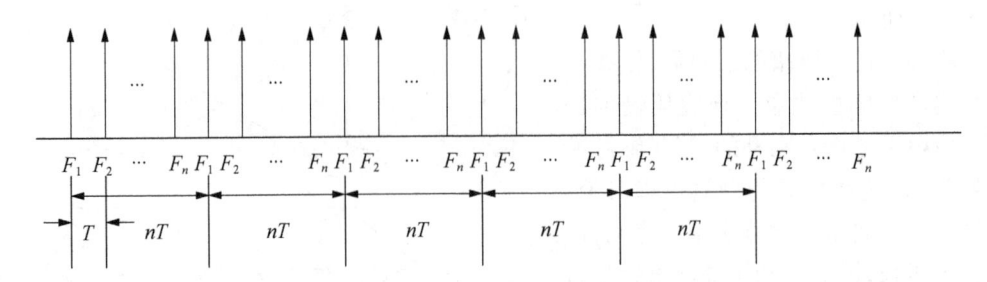

图 12-7 规律性频率捷变示意图

5）脉组间频率捷变

脉组间频率捷变是雷达的工作频点进行组间变化，如图 12-8 所示。

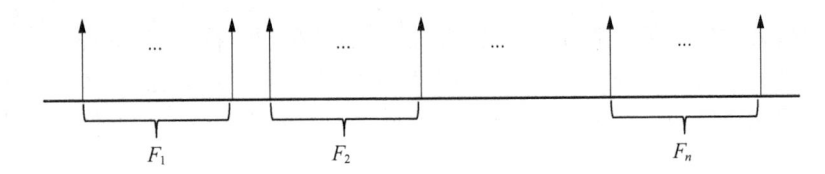

图 12-8 脉组间频率捷变示意图

频率捷变不仅是重要的反侦察手段，而且有利于雷达性能改善，主要表现在以下方面。

（1）提高雷达的作用距离。由于目标雷达截面积对频率的变化十分敏感，采用频率捷变信号就能起到脉间去相关的作用，目标起伏模型变成快起伏模型，在同样检测概率条件下所需信噪比更小。

（2）提高跟踪精度。目标回波视在中心的角度变化现象称为角闪烁，它表现为角噪声会引起测角误差。对于频率捷变雷达，捷变的发射载频提高了目标视在中心变化的速率，使角闪烁频谱落在角伺服带宽以外，使视在中心的均值更接近真值。

12.2.5 频率分集技术

频率分集雷达同时发射和接收所有的频率分量信号。频率分集信号将信号的能量分散到了多个载频上，分布在很广的频率范围内，降低了每个频率分量信号的峰值功率，这样可以显著降低雷达信号被截获的概率，增加了侦察系统的测频误差；同时通过全部频率分集信号的接收处理，避免了信号能量的大量损失，并且还可以收获频率分集带来的雷达散射截面积增益（抑制雷达散射截面积闪烁）。但是频率分集雷达以雷达硬件规模和信号处理规模的大幅增加为代价。

12.2.6 变重频技术

现代雷达采取了大量相参或非相参的信号处理和数据处理方案来提高对目标的检测概率，这种处理除了对信号的匹配性有一定的要求外，还对目标回波信号的时间同步有很高的要求。因此，为了破坏干扰的有效性，可以通过破坏干扰信号时序的相关性来实施对抗。变脉冲重复周期,即变重频技术就是破坏干扰信号同步性的有效措施,常用的有重频参差、重频抖动、重频滑变、重频分组等。

1) 重频固定

重频固定雷达信号的脉冲重复频率保持不变,也就是脉冲重复间隔(pulse repeating interval, PRI)不变,即

$$\text{PRI} = \text{PRI}_i \qquad \forall i = 1, 2, \cdots \tag{12-6}$$

式中,PRI为一非时变的确定性常数。如果某部雷达的脉冲重复间隔的最大变化量小于其平均值的1%,那么认为这部雷达具有几乎恒定的脉冲重复间隔,即重频固定。脉冲重复间隔的变化被认为是无意产生的,一般没有使用目的。如果脉冲重复间隔的最大变化量超过1%,这种变化可能出于某种特殊功能的需要。电路功能出错或设计上的特点,都可能会引起脉冲重复间隔的很大变化,但是并没有使用目的,这些也归为重频固定一类。

重频固定雷达信号的第n个脉冲的到达时间(time of arrival, TOA)可表示为

$$\text{TOA}_n = \text{TOA}_{n-1} + \text{PRI} \tag{12-7}$$

式中,n为收到的脉冲序号。

2) 重频参差

重频参差脉冲序列的雷达采用两个或两个以上的脉冲重复频率,通过顺序、重复地利用脉冲重复序列集合中的PRI值产生脉冲序列。雷达可由位置数和级数表示,位置数指被重复PRI序列的长度,而级数指重复序列中不同PRI的数目。如[T1,T1,T2]是指位置数为3、级数为2的重频参差雷达信号。对于具有i个重复频率的雷达:

$$\text{PRI}_i = \text{PRI}_k \qquad k = i \bmod m \tag{12-8}$$

式中,m为周期参差数;$\text{PRI}_k (1 \leq k \leq m)$为$m$个确定的PRI常数。每经过$m$个脉冲,各PRI值循环变化一次。参差PRI脉冲列的重复周期称为帧周期(或骨架周期),帧周期之内的各个小间隔称为子周期,帧周期等于所有子周期之和。

因此,第n个脉冲的到达时间可表示为

$$\text{TOA}_n = \text{TOA}_{n-1} + \text{PRI}_{n-1} \tag{12-9}$$

重频参差雷达脉冲序列的到达时间序列如图12-9所示。

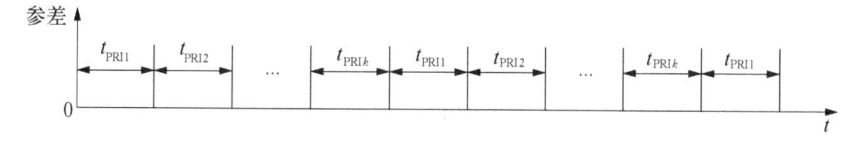

图12-9 重频参差时序

为了保证良好的距离分辨力和速度分辨力,雷斯尼克提出如下的多参差信号形式:

$$T_{ri} = T_{r\min} + \tau(k + ig) \bmod (N - 1) \tag{12-10}$$

式中,N 为构成参差脉冲帧的脉冲数;$i = 0, 1, 2, \cdots, N - 2$;$k$ 和 g 为正整数,$0 < g < N - 1$,$0 < k < N - 1$。

3)重频抖动

重频抖动是指雷达在一定的范围内随机改变重复周期的长度。即

$$\mathrm{PRI}_n = \mathrm{PRI}_0 + \delta \qquad (12 - 11)$$

式中,PRI_0 为雷达信号 PRI 的中心值或平均值;δ 一般为在范围 $[-T, T]$ 内均匀分布的随机序列。形成 PRI 抖动的调制方式很多,如正弦调制、伪随机序列调制、噪声取样调制等。抖动范围 T 与中心值 PRI_0 的比值:

$$\gamma = \pm T/\mathrm{PRI}_0 \qquad (12 - 12)$$

γ 称为最大抖动量(简称抖动量),以表现抖动的相对大小,其典型值为 $-1\% \sim -10\%$ 和 $1\% \sim 10\%$。因此,第 n 个脉冲的到达时间可表示为

$$\mathrm{TOA}_n = \mathrm{TOA}_{n-1} + \mathrm{PRI}_{n-1} \qquad (12 - 13)$$

4)重频滑变

重频滑变的脉冲重复间隔的特点是 PRI 单调地增加或减少,然后在达到一个极值时快速返回到另一个极值。这样做还可以消除目标遮蔽(盲距)。重频滑变序列的脉冲到达时间模型由式(12 - 14)表示:

$$\mathrm{TOA}_n = \mathrm{TOA}_n + P_i \pm \delta_n + \omega_n \qquad (12 - 14)$$

$$\delta_n = \begin{cases} \delta_{n-1} + \delta, & \delta_n < \max \delta_i \\ 0, & \delta_n \geqslant \max \delta_i \end{cases} \qquad (12 - 15)$$

其中,P_i 为 PRI 初始值;$\max \delta_i$ 为调制幅度;δ_n 为相邻脉冲 PRI 的变化值;ω_n 为第 n 个观测值的误差值。PRI 的变化范围为 $[P_i - \max \delta_i, P_i]$ 或 $[P_i, P_i + \max \delta_i]$。

5)重频分组

重频分组脉冲调制又称作重频脉组捷变,辐射源脉冲序列由多个常规脉冲重复间隔构成,每个 PRI 值持续一定的时间段,然后切换到下一个 PRI 参数。PRI 的切换是自动进行的,而且速度特别快。高重频雷达和中重频雷达通常采用 PRI 脉组捷变方式来消除距离模糊(在短脉冲重复间隔的脉冲多普勒雷达中)或速度模糊问题,也可以用来消除目标遮蔽(盲距)或盲速。此外,这种方式还经常用于抗干扰和抗欺骗等雷达反对抗技术中。重频分组脉冲的到达时间序列如图 12 - 10 所示。

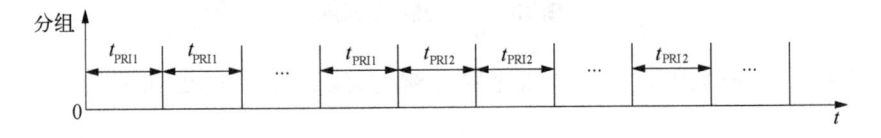

图 12 - 10 重频分组脉冲的到达时间序列

12.2.7 发射复杂波形信号

低截获概率的复杂雷达信号设计侧重的是针对截获接收机的检测、分选或定位环节进行脉内波形调制或编码。理论上常见的低截获概率雷达信号主要有线性调频、相位编码信号等。

二相编码信号低截获概率效果较差。例如，侦察接收机对它接收的二相编码信号做平方处理，即可去除编码而变成简单的宽脉冲信号，从而可以采用窄带接收的方法获得较大的处理得益，但这种方法对待多相编码是困难的，也就是说，多相编码具有更好的低截获概率性能。

另外，受单个子脉冲宽度限制，离散相位编码的带宽不可能做得很宽，因此使用信道化接收机对其测频并不困难。但对于瞬时测频接收机，离散相位编码的雷达波形具有天然的反侦察优势。

复杂信号还包括脉间波形捷变。波形可数字化产生，载频、脉内调制等参数在相邻脉冲均可根据雷达的工作模式变化相应参数。脉间波形捷变的方式包括重复周期不同、信号频率不同、脉冲宽度不同、调制方式不同等。

诱导脉冲是射频掩护的主要实现手段。射频掩护是一种主动和有意辐射电磁信号以欺骗或扰乱敌方电磁探测与侦收设备，消耗敌方作战资源，保护己方装备、人员和电磁信息安全而采取的一种战术技术行为。大功率、高占空比的微波固态功率放大器的出现，使其成为可能。该方法不拘一格，形式多样。但它的用途很明确，对雷达信号在时域、频域进行遮盖和掩护，旨在误导 ESM 系统，使其不能准确测得雷达信号参数，不能分选和识别，从而达到低截获目的。其具体做法就是在雷达工作脉冲的前方或后方发射诱导脉冲。一般情况下，诱导脉冲与工作脉冲在频谱上错开，脉宽上有所差异或者完全一致，使得干扰系统难以区分真实脉冲与诱导脉冲，发生误判，进而降低干扰效果甚至使干扰失效。尤其对于基于数字合成技术的干扰机，在多数情况下都会发生频率引导错误，导致干扰无效。

该方法对 ESM 系统产生诱导的方法包括：使得瞬时测频接收机无法准确测量雷达信号的频率；使得对雷达信号的脉冲重复频率的测量形成多值性；形成了密集、复杂的电磁环境，为 ESM 系统截获、分选和识别雷达信号设置了障碍。

诱导脉冲结构如图 12-11 所示，诱导脉冲可以是直接和真实脉冲相连（时域相连），

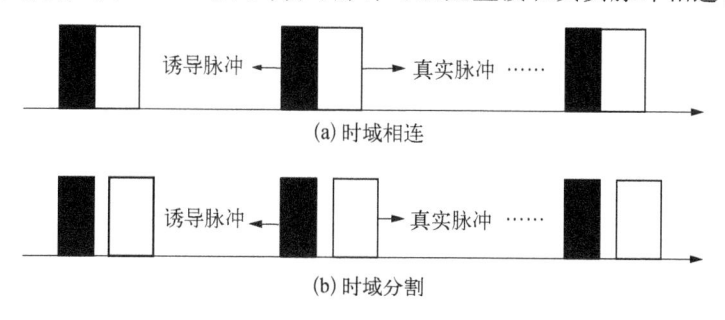

(a) 时域相连

(b) 时域分割

图 12-11 诱导脉冲示意

也可以存在一定的间隔(时域分割),根据实际使用情况决定。

雷达常用的射频诱导方式一般为前诱导方式,具体可分为单诱导脉冲与双诱导脉冲。诱导脉冲与真实脉冲的工作频率及脉宽有所差异。

综上所述,雷达反侦察的任务就是将雷达发射的信号功率尽可能地在时间、频率和空间域上分散,从而使平台侦察接收机难以对雷达信号全收全揽;而雷达本身能将发射出去的信号功率在经目标反射后所形成的回波信号尽收囊中,从而发现目标。同时,还需要通过增加雷达信号的复杂度,使雷达信号即便被截获也难以分选和识别,从而难以采取对抗措施。

12.3 反电子干扰原理

敌方实施电子干扰的目的是使我方军用电子设备效能降低或失去作用。敌方要实施有效的电子干扰,必须满足三个基本条件:其一是拥有适当的干扰机;其二是有足够强的干扰进入我方军用电子设备的接收机;其三是进入接收机的干扰与信号在波形、频谱等结构上相似,难以被接收机抑制或削弱。在这三个基本条件中,缺少任何一个条件,敌方的电子干扰就失效了。因此,反电子干扰的基本原理是:削弱或破坏敌方实施电子干扰的条件。具体来说,反电子干扰应满足三个原则:

(1) 在电子干扰进入接收机之前,尽量对干扰进行抑制、削弱或排除,并提高有用信号的电平;

(2) 当干扰进入接收机以后,利用干扰与信号在波形、频谱等结构上的差别,进一步地削弱、抑制或排除干扰;

(3) 在条件允许的情况下,破坏或摧毁敌方的干扰源。

针对干扰的特点以及所受到的限制,雷达已经发展出一套比较完备的抗干扰措施,主要从以下几个领域针对电子战系统的缺陷采取相应的抗干扰措施。

12.3.1 功率域

对抗噪声干扰的最直接办法是增大雷达发射机功率,结合高增益天线可以使雷达获得更大的探测距离,但该方法对转发式和欺骗式应答干扰等无效。另外,影响雷达探测有效的是雷达发射的平均功率,而电子战接收机截获的是雷达信号的峰值功率。因此,采用大占空比、低峰值功率的发射信号,有利于减小雷达信号被截获的距离,并仍能保持相应的探测性能。

提升雷达在功率域抗干扰能力的另一措施是降低发射支路的射频损耗。但由于行波管发射机性能的限制,在常规机械扫描雷达上占空比难以提高,发射支路的损耗也因旋转关节和有较长的传输路径而难以降低。

12.3.2 空间域

雷达在空间域反干扰的措施有以下几个方面。

1) 高增益、窄波束天线

提高天线增益,可提高雷达接收信号的信干比,增大雷达的自卫距离;窄波束可以减小从主瓣进入干扰(自卫式干扰)的受影响角度范围。

2) 降低雷达接收天线副瓣

雷达接收天线的主瓣很窄,其在整个空域的占比很小,且增益很高,具有极强的方向性,所以有源干扰信号从接收天线的主瓣进入的概率较小;而天线的副瓣很宽,则干扰信号极易从接收天线的副瓣进入。为了抑制干扰,通常副瓣增益都很低,但当雷达处于极强的有源干扰环境时,干扰信号可能淹没目标信号,从而导致雷达不能正常工作。降低从副瓣进入的干扰信号的能量,可对抗支援式干扰。

3) 副瓣消隐

设计低副瓣电平的天线,自然能降低从天线副瓣进入接收机的干扰信号。但天线的低副瓣电平是有限度的,会受到多种因素的限制。通常副瓣电平在 −30~−25 dB 左右。如果干扰信号的强度达 30 dB 左右,则从主瓣接收的目标回波信号与从副瓣进入的干扰信号将是同数量级的。

副瓣消隐系统的目的是阻止强目标和干扰脉冲通过天线副瓣进入雷达接收机。一种实现方法是,设置一个耦合到并行接收通道的辅助天线(或者称为保护天线),对来自同一信号源的两个信号进行比较。通过选择合适的天线增益,可以分辨出进入主瓣的信号和进入副瓣的信号,于是后者便可以被抑制掉。其原理如图 12-12 所示。

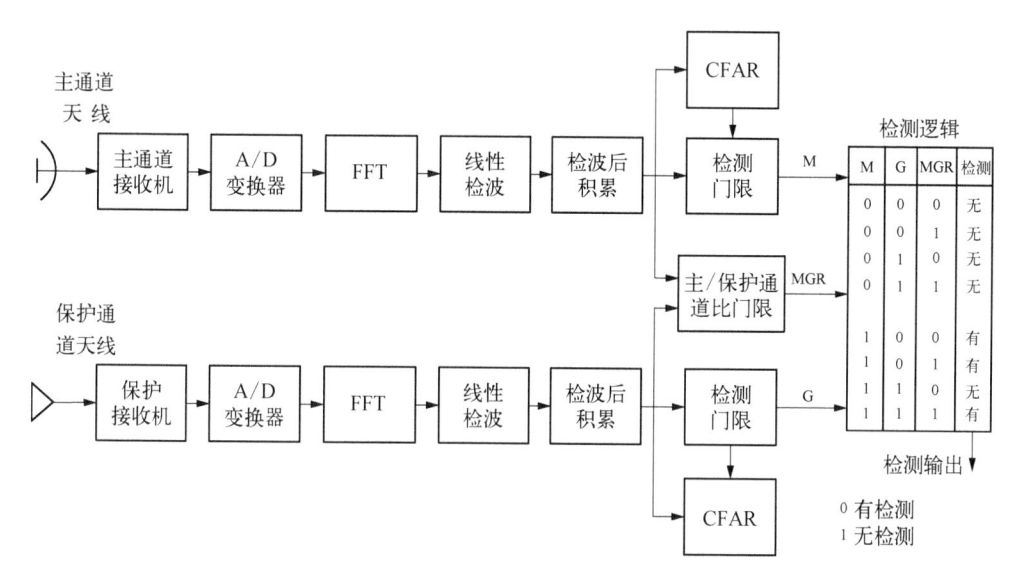

图 12-12 保护通道副瓣消隐器框图

保护通道由一个单独的接收机组成,保护通道接收机的输入由装在雷达天线上的保护天线提供。保护天线的主瓣宽度要足够宽,以包住雷达天线副瓣照射的全部区域,保护天线的主瓣增益要大于雷达天线任何副瓣的增益,如图 12-13 所示。这样,对任何一个在雷达天线副瓣中检测到的目标,保护接收机的输出大于主接收机的输出。

另一方面,由于雷达天线主瓣的增益比喇叭的增益大得多,故对任何处于雷达天线主瓣波束中的目标而言,它在主接收机中产生的输出要比保护接收机的输出强得多。

保护通道抑制副瓣杂波虚假检测的原理是通过比较两个并行接收通道的输出,以判

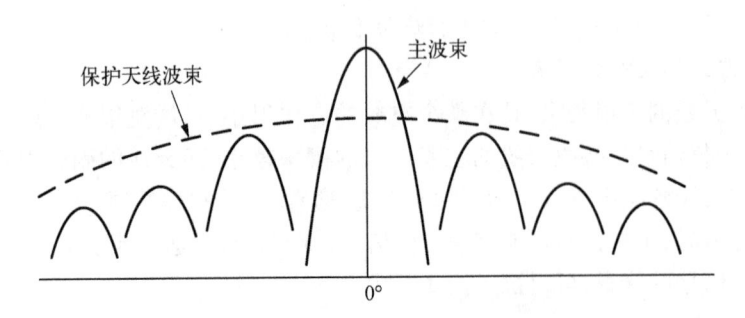

图 12-13 主天线和保护天线的方向图

断接收的信号是来自主波束还是来自副瓣。两个通道的回波在对应的同一个距离单元、同一个多普勒滤波器单元中进行比较。当在保护通道的副瓣回波大于主通道的回波信号时,主通道信号不输出。反之,主通道信号输出。这样就抑制了经雷达主天线副瓣接收的强杂波或干扰对信号检测的影响。

采用天线副瓣消隐技术抑制副瓣干扰,方法简单,实现也比较容易。这种方法的缺点主要在于:一是当主通道接收弱小回波信号的幅度可能小于辅助通道接收到的干扰信号幅度时,选通器被关闭,雷达丢失掉对小目标检测显示的机会;二是只对低占空比的脉冲干扰有效,高占空比的脉冲型干扰使主通道在大部分时间内关闭,从而使雷达失效。

4) 副瓣对消

副瓣对消(side lobe cancellation,SLC)系统原理如图 12-14 所示,它由一个接收通道和一个辅助接收通道组成。主天线(即原雷达天线)连接主接收通道,辅助天线连接辅助接收通道。

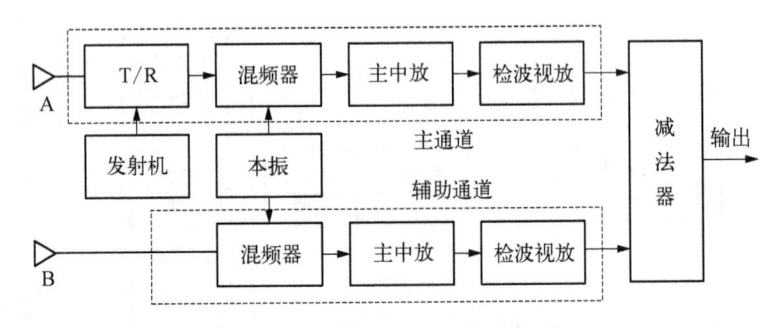

图 12-14 副瓣对消系统原理框图

理想情况下主、辅天线的方向图如图 12-15(a)所示。

辅助天线的方向图 $f_B(\theta)$ 在主天线主波束方向为 0,而在其他方向则与主天线的副瓣相同,方向图函数满足

$$f_B(\theta) = \begin{cases} 0, & (|\theta| \leq \theta_W/2) \\ F(\theta), & (|\theta| > \theta_W/2) \end{cases} \quad (12-16)$$

式中,θ_W 为波束宽度。

经主天线副瓣进入的干扰信号和被辅助天线接收到的干扰信号,只要主、辅助接收通

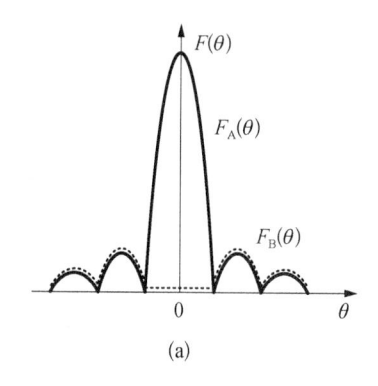

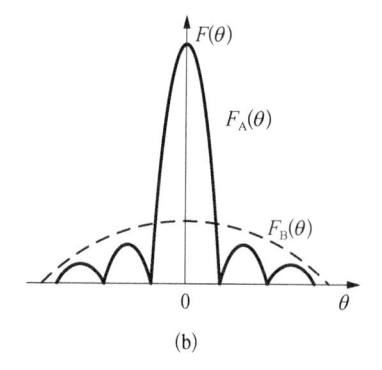

图 12-15 副瓣对消主/辅天线方向图

道传输增益平衡,经减法器即能完成副瓣对消。结果,从副瓣进入的干扰将被有效抑制,也不会对雷达天线主波束的探测性能造成很大的影响。

实际上,要做到如图 12-15(a)所示的理想辅助天线方向图是很困难的。通常用比主天线第一副瓣电平稍高一些的全向天线作辅助天线,如图 12-15(b)所示。这种情况下,只有减法器调整到主通道信号大于辅助通道时才有输出,那么从副瓣进入的干扰信号被全部抑制,而对来自主瓣的目标信号影响很小。

副瓣对消器实质是利用辅助天线接收的干扰信号来压低通过主天线副瓣方向进来的定向干扰。在雷达接收天线(以下称为主天线)的附近安装若干个辅助天线,辅助天线的主瓣很宽,增益与主天线的平均副瓣相当,为弱方向性或无方向性天线。当存在副瓣干扰时,主天线接收的干扰信号的幅度与辅助天线接收的干扰信号的幅度相当。由于各天线的空间位置不同,所以接收的干扰信号的相位存在由波程差导致的固定相移。利用各天线接收的干扰信号,通过一定的自适应算法,得到 N 个辅助天线的加权系数 $W_i(i=1,2,\cdots,N)$。辅助天线信号经加权求和后,再与主天线接收的干扰信号相减,使得主通道的干扰输出功率最小,从而达到干扰对消的目的。当干扰变化时自适应地调整权值,保持干扰输出功率最小。典型的副瓣对消系统如图 12-16 所示。

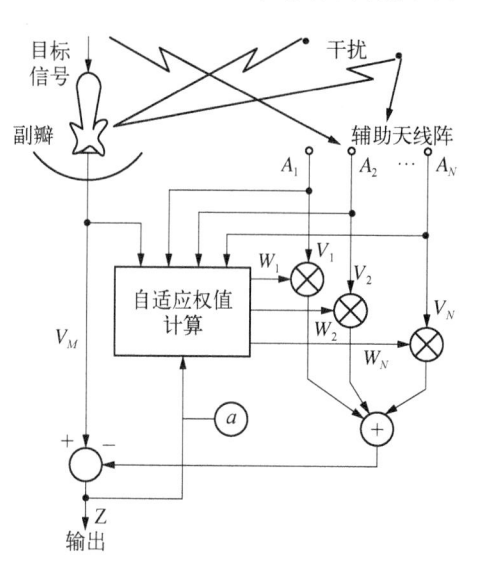

图 12-16 副瓣对消工作原理

辅助天线的加权系数通常是在雷达的休止期采样一些干扰的样本数据,然后利用适当的算法计算而得。可以认为从辅助天线接收到的所需目标信号分量与主天线的相比可以忽略不计。同时,目标信号持续时间远远小于 SLC 的自适应时间。因此,目标信号不失真地通过 SLC 系统,而在时间上连续不断的干扰信号则被对消器的自适应过程大大地降低了。

5) 单脉冲测角

采用单脉冲测角方式,具有较好的对抗角度欺骗能力。

12.3.3 频率域

雷达在频率域方面的抗干扰措施有以下几个方面。

1) 拓宽工作带宽、频率捷变

雷达发射机可采用快速宽频带的频率捷变。由于频率捷变信号的跳频速度很快(可达微秒量级),因此它能使瞄准式杂波干扰机很难截获或跟踪雷达。对于阻塞式干扰机,由于很难以足够的功率覆盖整个雷达的跳频带宽,干扰效果有限;或者迫使干扰机进入宽带压制干扰,从而增大干扰信号的带宽,降低干扰信号的功率谱密度。快速宽频带的频率捷变还增加了瞬时测频的难度,降低了数字储频作用。

脉间自适应频率捷变抗阻塞干扰的原理如图 12-17 所示。

图 12-17 脉间自适应频率捷变

干扰信号的样本应取自雷达的休止期,以避免近距离杂波的影响。然后再将休止期分为若干时间段,对应于雷达的 M 个工作频率点可分为 M 段。雷达接收机在 M 个时间段上轮流工作于 M 个频率点上接收干扰信号,让雷达信号处理系统对这 M 个时间段上所接收的干扰信号进行采样,并计算每个时间段内所有干扰采样信号的均值 μ_m(正比于干扰平均功率)。设每个时间段上各有 N 个采样点,则

$$\mu_m = \frac{1}{N} \sum_{n=0}^{N-1} X_{mn} \quad m = 0, 1, \cdots, M-1 \quad (12-17)$$

$$\mu_{\min} = \min[\mu_m] \quad m = 0, 1, \cdots, M-1 \quad (12-18)$$

由此可见,μ_m 是 M 个时间段中干扰平均功率最小的时间段,所以对应于这个时间段的接收机工作频率 $f_{\mu_{\min}}$ 就是所要寻找的干扰功率最弱的频率点。因而雷达下个发射脉冲的中心频率应捷变到这个频率上,以减小干扰对雷达工作的影响。这就实现了脉间自适应频率捷变。

雷达动目标显示、动目标检测和脉冲多普勒处理等工作方式与脉间频率捷变是不兼容的。因此,在受到有源干扰时,只能采用脉组频率捷变方式,即雷达在不同的频率点上轮流发射一组脉冲信号,每组脉冲的个数等于多普勒滤波所需的脉冲个数。

2) 瞬时宽带信号

采用脉内调制或编码波形,拓展瞬时信号带宽,雷达可以获取脉压增益,迫使干扰机增大干扰信号的带宽,降低干扰信号的功率谱密度,增加瞬时测频难度,降低数字储频作用,降低干扰的有效性或降低干扰距离。

3) 脉冲多普勒处理

对干扰和杂波进行频率滤波,获取相参积累增益,提高雷达接收信号的信干比。

4) 杂波分析和发射选择

当前,大多数宽频带阻塞式干扰机的工作频带都会超过雷达的工作频率带宽。为了对付这种干扰,雷达接收机中一般都安装一种称作杂波分析和发射选择的装置。这种装置可观测和分析干扰机的信号,找出其发射频谱的凹点,并选择最低干扰电平所对应的频率作为雷达信号的工作频率。这种对抗措施在对抗脉冲电子干扰、瞄准式杂波和非均匀性阻塞干扰时都是相当有效的,有效性主要取决于频率捷变的带宽、速度以及对灵活的干扰机干扰频率的分析能力。

现代频率合成器都可用作频率捷变的频率源,直接频率合成器几微秒的变频时间和间接频率合成器几十微秒的变频时间都可满足不同捷变频雷达对频率捷变带宽和速度的要求。

12.3.4 时间域

雷达在时间域可以采用的抗干扰措施主要包括以下几个方面。

1) 波形捷变

波形捷变包括重复频率捷变、脉宽捷变、脉内调制/编码的捷变。波形捷变可以增加电子战侦察接收机对雷达信号的侦察难度,削弱电子战数字储频的作用。因为波形的快速捷变,使电子战系统数字储频不能采用简单的示样脉冲存储技术,只能采用全脉冲存储方式,即增加了电子战系统的复杂度,还使干扰容易被雷达识破,从而降低了干扰的效果。

2) 相参脉冲串信号

脉冲多普勒处理,对干扰和杂波进行频率滤波,获取相参积累增益,提高雷达接收信号的信干比。

3) 大时宽带宽积信号

雷达可以获取脉压增益,增加瞬时测频难度,减少数字储频作用。增大信号的时宽,能有效地改善目标速度的测量精度。根据模糊函数的性质,大时宽信号具有良好的速度分辨力,从而可以提高在频域上的抗干扰能力。另外,大时宽信号的能量较高,相当于提高雷达输出信号的信干比,继而提高了雷达的自卫距离。

4) 辐射时间管理

减少雷达发射时间可以减少雷达信号被电子战侦察接收机截获的概率。

12.3.5 信号和信息处理域

雷达在信号和信息处理域采用的抗干扰措施主要包括以下几个方面。

12.3.5.1 对信号的选择

对信号的选择有很多方法和电路,例如幅度选择、宽度选择、频谱选择等。

脉冲幅度选择法用来反强干扰脉冲,它能使接收机自动输出信号,从而抑制强干扰脉冲。

脉冲宽度选择法常使用脉宽鉴别器,鉴别器有积分式和微分式两种。常用的是微分式,这种电路能消除与脉冲宽度不同的脉冲干扰信号,有时也叫反宽电路。微分式反宽的工作原理是把视频脉冲进行微分,使脉冲的前后沿分别产生正、负尖脉冲,两尖脉冲的间隔为脉冲宽度,然后将正、负尖脉冲分别送到两个平等的信道,一个信道将尖脉冲倒相,另一个信道将尖脉冲延迟一个脉冲宽度,再把两路输出的信号送到重合电路,这样只有脉冲宽度等于延迟时间的信号才能从重合电路输出,而其他不同宽度的干扰脉冲即被抑制掉。

频谱选择法是根据目标回波信号与干扰之间频谱的差别,对目标进行选择,对干扰进行滤除。常用的是微分选择电路和前面提到的阻塞滤波器和梳状滤波器等。

12.3.5.2 恒虚警检测

恒虚警检测方法就是采用自适应门限代替固定门限,而且此自适应门限能随着被检测点的背景噪声、杂波和干扰的大小自适应地调整,以保持一个恒定虚警概率。雷达恒虚警检测器的关键是获取这种自适应门限的方法。噪声电平的变化是缓慢的,相应的恒虚警处理称为慢门限恒虚警处理或噪声恒虚警处理(noise-constant false alarm rate, N-CFAR)。杂波和干扰是随机、突然和局部的,相应的恒虚警处理称为快门限恒虚警处理或杂波恒虚警处理(clutter-constant false alarm rate, C-CFAR)。现代雷达常用快/慢门限组合恒虚警处理。

1) 白噪声背景的恒虚警检测器

接收机内部噪声属于高斯白噪声,通过包络检波器以后,噪声电压 x 服从瑞利分布,其概率密度函数为

$$p(x) = \frac{x}{\sigma^2} e^{-\frac{x^2}{2\sigma^2}} \qquad (12-19)$$

式中,σ 为噪声的标准差。

设置门限电平 U_T,噪声包络电压超过门限电平的概率就是虚警概率 P_{fa},即

$$P_{fa} = p(U_T \leq r \leq \infty) = \int_{U_T}^{\infty} \frac{x}{\sigma^2} e^{-\frac{x^2}{2\sigma^2}} dx = e^{-\frac{U_T^2}{2\sigma^2}} \qquad (12-20)$$

因为瑞利分布的平均值 $\mu = E(x) = \sqrt{\pi/2}\sigma$,所以 $\sigma = \sqrt{2/\pi}\mu$。如果 P_{fa} 恒定,则

$$U_T = \sqrt{-2\ln P_{fa}}\sigma = \sqrt{-2\ln P_{fa}}\sqrt{2/\pi}\mu = \sqrt{-4\ln P_{fa}/\pi}\mu = k\mu \qquad (12-21)$$

式中,$k = \sqrt{-4\ln P_{fa}/\pi}$,称为乘系数。

根据这样的原理可得到如图 12-18 所示的在白噪声背景下的恒虚警检测器。

自动门限检测电平的形成由噪声电平估计和乘系数两部分组成。由于系统噪声平均电平的变化比较缓慢,同时为了消除目标回波信号、杂波干扰信号等对噪声平均电平估计的影响,用于噪声平均电平估计的样本数据应取自噪声区的采样。为此,原理框图中设计有噪声样本选通电路。噪声电平的平均值乘以乘系数 k 后得到自适应门限 $U_T = \hat{\mu}k$。

2) 杂波和干扰背景的恒虚警检测器

白噪声背景的恒虚警检测原理也可以应用于杂波和干扰背景下的恒虚警检测中。但

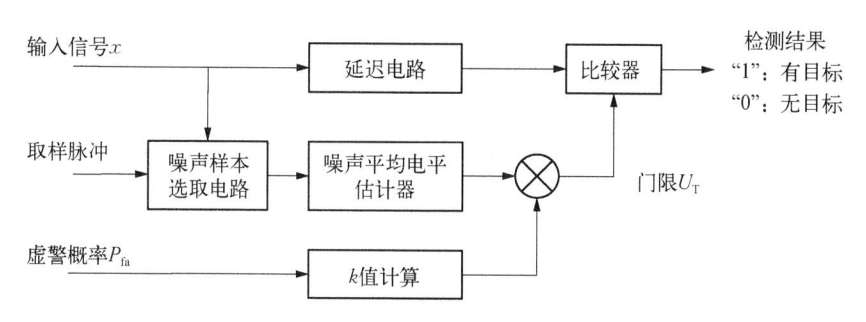

图 12-18 白噪声背景下的恒虚警检测器

是,杂波和干扰在空间的分布是时变的、区域性的,只存在于某一方位、距离、频率范围内。因而杂波和干扰背景下的恒虚警检测器与噪声背景下的恒虚警检测器有着明显的差别,其杂波和干扰的均值只能通过被检测点的邻近单元计算得到,所形成的恒虚警检测器称为邻近单元平均恒虚警检测器,也称为单元平均恒虚警(cell average CFAR,CA-CFAR)检测器,如图 12-19 所示。紧邻被检测单元的单元称为保护单元,在平均处理时不包括其对应的数据样本。这样处理的原因在于目标可能会跨越多个单元,此时,被检测单元邻近单元里的能量不仅仅含有杂波或干扰,还含有目标的反射能量。

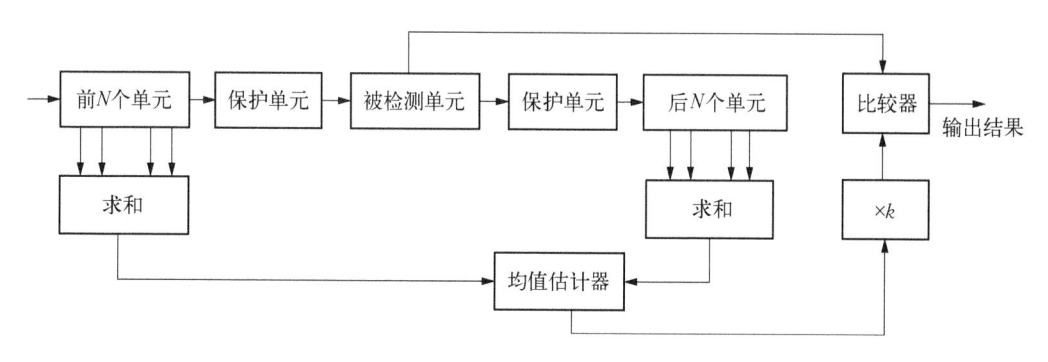

图 12-19 CA-CFAR 的原理框图

图 12-19 中 $2N$ 个参考单元构成了计算均值估计 $\hat{\mu}$ 用的数据窗,在每次发射脉冲后,接收的所有回波数据将从这个数据窗依次滑过,由于参考单元数目有限,均值估计 $\hat{\mu}$ 会有一定起伏。参考单元数越少,均值估计 $\hat{\mu}$ 的起伏越大。由于 U_T 是根据估计值 $\hat{\mu}$ 设置的,存在误差,所以 U_T 必须比由已知 $\hat{\mu}$ 计算得到的门限大一些,也就是必须适当提高门限(提高乘系数 k)。但门限值的提高将降低发现概率,所以需要增加信噪比以保持指定的发现概率。这种为了达到指定的恒虚警要求而需要额外增加的信噪比称为恒虚警损失 L_{CFAR}。

图 12-19 所示是一维检测结构框图,一般仅在频域或时域检测时使用。更多情况下,CFAR 是在距离-多普勒二维谱上进行检测的,其框图如图 12-20 所示。参考单元选取方式可分为矩形和十字形两种方式。

12.3.5.3 相关

相关是雷达处在恶劣工作环境时采用的一种检测处理技术。它的依据是,当前的目

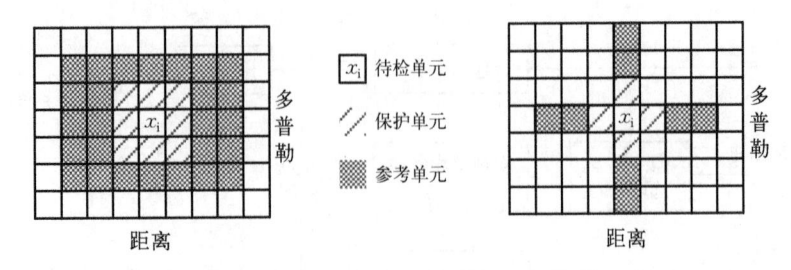

图 12 - 20　二维 CA - CFAR 原理框图

标检测数据和之前的目标检测数据或航迹数据经过一定延迟以后的联系或相关性(自相关),或者多个目标参数之间的相关性。早期的欺骗式干扰机发射的欺骗干扰信号的距离变化率与信号的多普勒频率不匹配即不相关,利用加速度限制,雷达处理机可以较容易地判断出受到了干扰。

12.3.5.4　角跟踪干扰源与无源定位

在受到干扰时,雷达可能无法完成对目标的测距和测速,但是仍有可能对干扰源进行单脉冲测角,从而进行角跟踪。在角跟踪干扰源的基础上,雷达可以利用单平台机动或多平台雷达组网的方式对干扰源进行定位。角跟踪干扰源和对干扰源的无源定位,可以提高雷达的抗干扰能力,甚至能够制导武器攻击干扰源,这迫使敌方不敢轻易释放干扰,是一种积极的抗干扰方式。

12.3.5.5　雷达组网探测

雷达组网探测是新发展起来的抗干扰措施。雷达组网利用平台间的数据链将多平台雷达的目标信息进行共享,通过数据融合提高在干扰环境下的雷达探测能力和跟踪精度。在干扰环境下,一部雷达往往容易受到干扰,但多部雷达同时受到干扰的概率就降低很多。利用数据链,通过共享目标的点迹信息,可以获得更加完整的目标点迹信息(补点),从而提高雷达对目标探测的稳定性和跟踪精度。

对于自卫式干扰,当连续受到有源压制干扰难以进行有效测距和测速时,雷达可转入角跟踪干扰源模式。这时如果雷达已经建立对目标(干扰源)的跟踪,则可以采用降维跟踪的方式继续对目标进行跟踪,但跟踪精度将会降低。

对于压制式的非自卫干扰,由角跟踪干扰源进入对干扰源的定位有一个跟踪收敛的过程。为了加快跟踪收敛,雷达载机需要做机动飞行,加大载机与目标之间的角度变化。

机载有源相控阵火控雷达还可以利用单站(单机)无源定位技术对干扰源进行定位和跟踪。美国休斯公司、利顿公司和美国空军实验室等部门在这一领域做了大量的工作,已经进入到飞行试验和工程应用阶段。未来进一步的发展是通过机间数据链组网实现多平台组网对干扰源无源定位。

有了机载雷达对干扰源的跟踪定位功能,在遭遇强烈干扰时,载机武器火控系统仍然能够为武器制导提供足够的目标信息,引导导弹攻击干扰源,这对敌方施放有源干扰形成了很大的心理压制和现实威胁。

图 12 - 21 所示是各种抗干扰措施在有源相控阵火控雷达各分系统的分布。

有源相控阵火控雷达有着丰富的资源来实现多种多样的抗干扰措施,本教材所列并

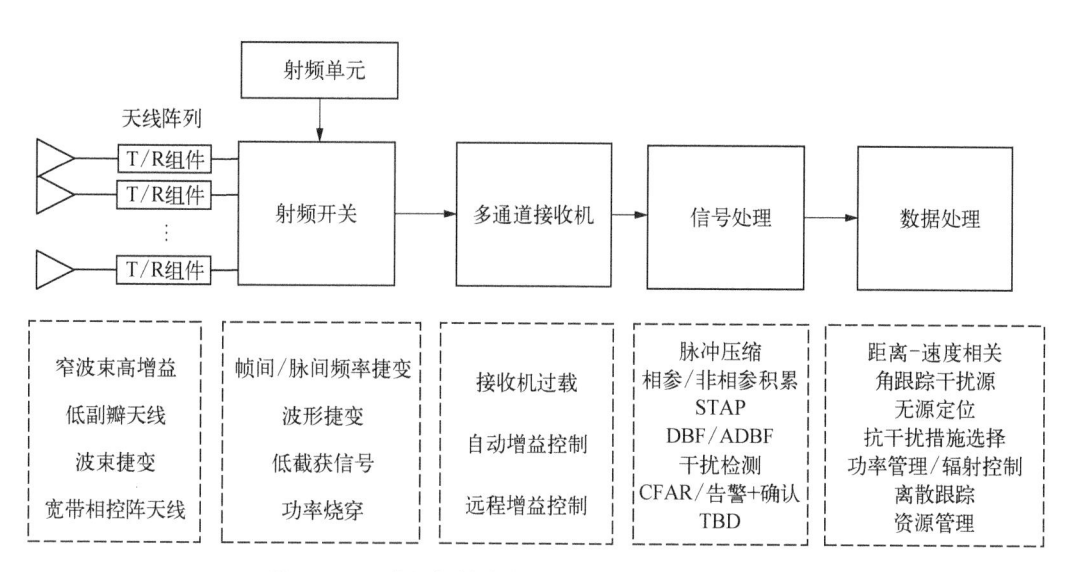

图 12-21　有源相控阵火控雷达各分系统抗干扰措施

非全部,而且有源相控阵雷达的抗干扰技术仍在不断发展中。只有上述干扰措施的综合利用才能充分发挥有源相控阵雷达在抗干扰方面的潜力。

需要说明的是,相控阵雷达虽然可以广泛使用以上抗干扰措施,但是也存在以下问题:难以实现超低副瓣;使用极化抗干扰将使得成本成倍增加;使用 PD 模式难以实现快速捷变频等。相控阵雷达抗干扰的优势突出体现在先进的自适应波束形成(ADBF)技术和空时自适应处理(STAP)技术。如果电子干扰能够突破这两大技术,对雷达的破坏将是致命的。

中国 STAP 技术提升雷达抗干扰能力

空军预警学院王永良院士领衔主持研制的"雷达空时自适应抗干扰技术及应用"项目喜获 2014 年度国家技术发明二等奖。该项目攻关历时十余载,其创新成果在 10 多种雷达装备的研制与改进升级中投入使用,对提升我国重要型号雷达装备的抗干扰能力具有重大意义。

本章思维导图

(见下页)

习　题

1. 简述雷达对抗与雷达反对抗的主要内容。
2. 简述雷达反侦察的基本出发点。
3. 总结频率捷变的类型与特点。

4. 总结变重频技术的类型与特点。
5. 简述雷达反干扰的基本出发点。
6. 简述常规机械扫描雷达反侦察、反干扰的主要方式。
7. 简述有源相控阵雷达反侦察、反干扰的特有方式。
8. 总结对比副瓣消隐和副瓣对消的原理与特点。
9. 简述有源相控阵火控雷达各分系统的抗干扰措施。

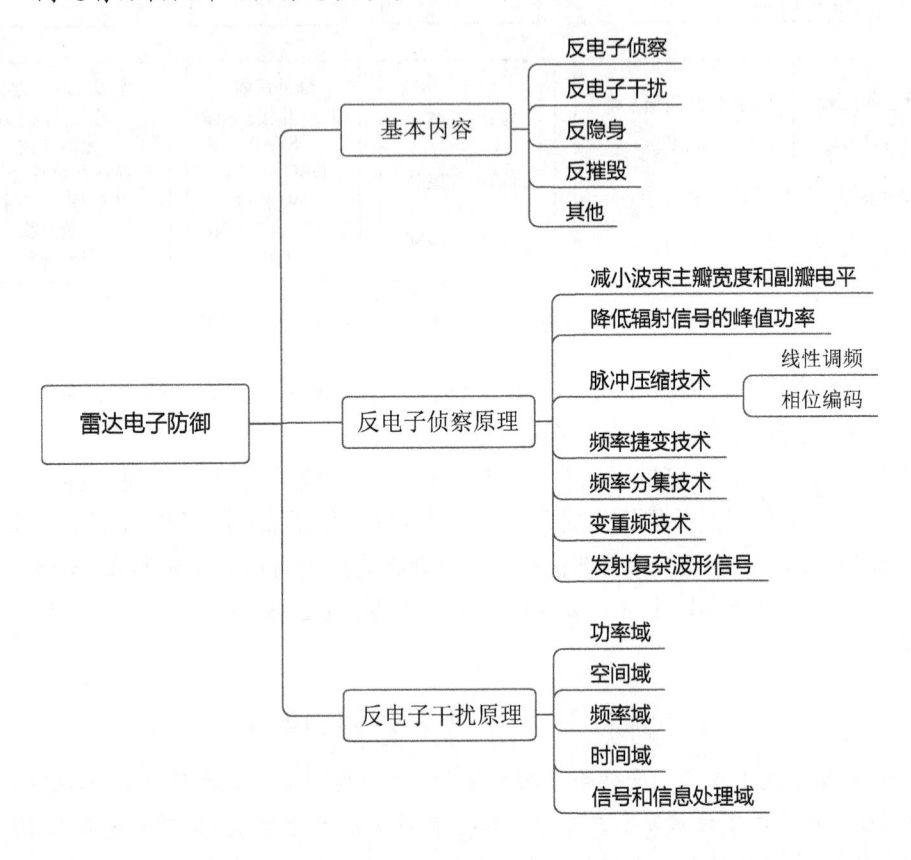

```
雷达电子防御 ─┬─ 基本内容 ─┬─ 反电子侦察
              │            ├─ 反电子干扰
              │            ├─ 反隐身
              │            ├─ 反摧毁
              │            └─ 其他
              │
              ├─ 反电子侦察原理 ─┬─ 减小波束主瓣宽度和副瓣电平
              │                  ├─ 降低辐射信号的峰值功率
              │                  ├─ 脉冲压缩技术 ─┬─ 线性调频
              │                  │                └─ 相位编码
              │                  ├─ 频率捷变技术
              │                  ├─ 频率分集技术
              │                  ├─ 变重频技术
              │                  └─ 发射复杂波形信号
              │
              └─ 反电子干扰原理 ─┬─ 功率域
                                 ├─ 空间域
                                 ├─ 频率域
                                 ├─ 时间域
                                 └─ 信号和信息处理域
```

第13章
机载雷达应用与发展

雷达在机载领域的应用包括火控雷达、预警雷达、气象雷达、导航雷达、侦察雷达、海上监视雷达、反潜雷达等。机载有源相控阵火控雷达集中反映了雷达的最新体制和技术。因此,本章主要介绍机载有源相控阵火控雷达。

13.1 任 务

有源相控阵火控雷达功能、性能的大幅度提升,为作战飞机战术能力的提升和作战方式的改变提供了强大支持,作战飞机作战方式的改变和战术能力的提升也反过来对机载雷达的改变提出了新的要求。

1) 空空探测功能

空空探测功能是战斗机对火控雷达的基本需求,其主要任务是为载机提供对空中目标的搜索和跟踪能力,为飞行员提供空中战场的态势信息,为武器攻击提供对目标的精确跟踪信息并完成对空空导弹的中距制导。具体包括扇区搜索、引导搜索、猝发探测、目标跟踪等。

2) 空地探测功能

空地探测功能包括多种分辨力的地图测绘功能,以及对地面静止和运动目标的探测、跟踪功能。空地探测功能为飞行员提供地面战场的态势信息,并可为载机的对地攻击提供目标定位信息。具体包括地图测绘、地面固定目标跟踪、地面动目标示/跟踪、空地测距等。

3) 空海探测功能

机载火控雷达的空海功能与空地功能类似,主要是为战斗机飞行员提供海面战场的态势信息,为武器攻击提供目标瞄准跟踪数据。通常机载火控雷达探测到的目标数据都叠加显示在海面地图上。具体包括海面目标搜索、海面目标跟踪等。

另外,现代战机对火控雷达还提出了目标识别/分辨、干扰源跟踪定位、导航、辅助电子战和数据链通信等任务需求。总的来说,现代机载火控雷达是一部多功能雷达系统,且集成度高,其关注的重点在于目标跟踪的精度。

13.2 工 作 方 式

虽然根据载机主要作战使命的不同,机载火控雷达的工作方式会有所不同。但现代先进的机载火控雷达都倾向于朝多功能的方向发展,其主要的工作方式一般都盖了典型的空空、空面和辅助电子战工作方式。

13.2.1 空空模式

空空模式包括中远距拦截和近距格斗两大类。中远距拦截主要用于搜索和跟踪中、远距离目标。近距格斗主要用于近距离空战。

1) 边搜索边测距(range while search, RWS)

RWS探测目标的同时对目标进行测距,用于对一定空域的未知目标进行探测。该方式只能粗略地显示目标的距离、方位、高度,不能直接用来发射导弹进行攻击。即便是在强烈的杂波中,该模式也能提供上视/下视状态对空中目标的全向探测。显示空空目标时,雷达显示的是合成无杂波的视频,即便目标飞行在离地很低的高度。该模式通过选择滤波器和逻辑来消除地面动目标的影响。RWS主要用于空域监测,典型应用是在无完整作战体系(雷达情报网不足以支撑域外作战)支持下的自主警戒。对于进攻作战来说,可使前出的战斗机具有完成警戒任务的功能,并通过数据链自动将发现的目标传递给指控系统和编队内飞机,共享敌情信息。RWS方式下,雷达将采用中重频和高重频信号,在飞行员设置的扫描空域内进行目标检测。

2) 单目标跟踪(single target track, STT)

在任何一种空空模式下,飞行员通过光标指定需要捕获和跟踪的目标,然后雷达进入STT。STT下,雷达波束持续地照射单一目标,因此可在目标机动时仍然提供精度最高的跟踪数据,包括距离、角度和速度。STT模式为近距和超视距空空导弹的发射提供跟踪数据。同时,它也为近距航炮模式提供航炮包线解算。但是,这种模式下,雷达会忽略其他任何目标。

3) 边扫描边跟踪(track while scan, TWS)

搜索工作方式下,雷达每次扫描能获得目标的距离、角度和速度信息,但是波束每次扫描之间是独立的,即帧间不进行相关处理。跟踪工作方式下,雷达跟踪单一目标。TWS方式是搜索工作方式和跟踪工作方式的结合,每次扫描实现对目标的探测,但要自动判定已发现的目标是不是一个新目标,需要对扫描间的目标数据进行相关处理,以实现对目标的跟踪。与纯目标跟踪方式相比,上述过程的差别在于:跟踪数据的间隔是扫描周期,跟踪的不一定是单目标,而可能是多目标,并且跟踪精度低。因此,TWS方式中的跟踪是通过建立目标航迹保持跟踪目标的。TWS跟踪目标的过程实际上是确认目标的航迹,包括它的历史和将来的趋势,对将来航迹的预测有助于提高测量精度和截获目标的概率。该模式用于帮助飞行员应对在数量上占优势的对手。

4) 跟踪加搜索(track and scan, TAS)

TAS可以在扫描空域内,同时完成搜索和跟踪多个目标的任务,并对扫描的目标数据进行相关处理。TAS分为两部分:第一部分是搜索模式,包括RWS、上视搜索和速度搜索;第二部分是多目标跟踪模式,该模式增强了态势感知和单目标跟踪能力。速度搜索方式用于在自由空间和地杂波背景下尽早发现远距离迎头接近的目标,可用于上视和下视,采用高重复频率波形,在无杂波区检测目标,速度搜索方式不测距。TAS与传统的TWS

方式有一定的相似性,但也有明显区别。TWS 方式下,搜索功能占主导地位,跟踪不额外占用资源,主要利用搜索得到的目标信息来完成运动目标的跟踪。TAS 方式下,跟踪与搜索波束完全独立,雷达时间资源优先分配给跟踪目标,按任务设定的航迹预测精度等级和目标机动情况,雷达针对每个目标自适应确定采样率;余隙(一帧周期内,可用于搜索的时间)用于空情警戒,这样在保证测量精度的前提下最大限度降低了持续观测某一目标的时间,有效降低了雷达信号被截获的概率,提高了抗干扰能力。TAS 中,搜索空域的数据率与跟踪不同目标时的数据率不相同,可以根据实际情况进行调整。当面对密集多目标环境时,可用 TWS 弥补 TAS 的弱点。

5) 格斗模式(air combat mode, ACM)

ACM 用于近距格斗,在该模式下一般包含多个子模式,例如平显搜索、垂直搜索、定轴、可偏移搜索、头盔等,每个子模式有着不同的搜索空域和空域稳定模式。在 ACM 模式下,雷达波束根据飞行员选择的子模式搜索指定的空域,雷达截获空域内发现的第一个目标。截获目标后,雷达自动转入单目标跟踪模式。

平显搜索:扫描空域覆盖平显视场。

垂直搜索:目标机与载机距离较近,高度差较大时,载机快速垂直机动情况选择垂直方式。

定轴(瞄准线搜索):雷达波束指向红外武器轴线方向,由飞机机动带动波束扫描,瞄准目标的同时捕获目标。

可偏移搜索:不确定目标来自哪个方向或知道目标在左侧或右侧接近时的方式。

头盔:雷达扫描中心随动头盔瞄准具。

13.2.2 空面模式

空面模式主要包括空地和空海两大类。

1) 实波束地图(real beam map, RBM)

该模式生成地图用于导航和目标探测。无论目标是偏离视轴的还是位于鼻锥方向的,雷达均依据地面回波的强弱来显示地面图形。

2) 多普勒波束锐化(Doppler beam sharpening, DBS)

当一个感兴趣的目标在量程地图上显示时,可以进入 DBS 模式。DBS 提供选定区域的方位分辨力改善的精确地图。

3) 合成孔径成像(synthetic aperture radar, SAR)

SAR 模式为飞行员提供远距离、多种分辨力的前斜视合成孔径成像。SAR 模式可以对指定区域进行高分辨力成像和识别,对地面目标高精度定位,引导卫星制导炸弹等武器攻击目标。为了提高 SAR 定位精度,采用图像对准的方法,飞行员可以对 SAR 图像进行放大、缩小和移动操作。

4) 逆合成孔径成像(inverse synthetic aperture radar, ISAR)

ISAR 主要用于对海面舰艇进行成像,可对目标进行识别、打击效果评估等。

5) 扩展地图测绘(expansion, EXP)

EXP 从任何地图模式都可进入,它能够以一定的比例放大地面的局部,并改善像素分辨力。扩展的区域可以选定在雷达的扫描和距离范围内的任何位置。

6) 海1(SEA 1)

当雷达工作于浪高小于0.91 m的低海情状态下,海1可以检测出海面上运动或静止的目标。为了保证能在海杂波的背景下可靠地检测目标,采用LPRF信号和非相参处理,以及频率捷变、脉冲压缩、视频积累、恒虚警率等技术手段。

7) 海2(SEA 2)

在浪高大于0.91 m的高海情状态下,由于海杂波严重,所以如果雷达以非相参处理方式工作,目标的检测距离将受到影响。因此,在检测海面运动目标时,海2采用相参的LPRF处理方式,以克服海杂波的影响。

8) 地面动目标指示(ground moving target indication, GMTI)

该模式用于检测地面的运动目标,如轿车、坦克、其他军用车辆、船和陆上或海上滑行飞机。

9) 地面动目标跟踪(ground moving target track, GMTT)

对GMTI目标进行截获操作后,进入GMTT。该模式自动维持对运动目标(陆上或海上的)的精确跟踪,用于武器的投放。

10) 空地测距(air ground ranging, AGR)

空地测距模式是指测量所指定的地面点的距离。空地测距时,雷达天线的指向随光学瞄准器运动,指向光学瞄准器所对准的目标。

11) 信标(beacon, BCN)

BCN下,雷达以规定的频率和信号波形,对地面信标台进行询问,接收回应并解码,识别各信标台的编码回答信号,测出载机相对信标台的距离、方位等参数,从而确定雷达载机所在的实时位置。信标模式用于无线电定位导航和空地武器投放,还可用于与加油机等空中大型平台会合。

13.2.3 辅助电子战模式

由于有源相控阵的灵活性,当在雷达的频率带宽内探测到威胁时,雷达可以生成干扰能量波束用于对抗对方雷达。该技术在前向和雷达频率带宽内有效,别的区域和带宽可以附加别的系统来应对。

辅助电子战模式一般包含以下两种工作方式。

1) 高增益电子支援

利用有源相控阵天线的高增益和高精度测角能力,在雷达波束覆盖空域和频率范围内实现无源侦收并完成对侦收信号的分析鉴别,为载机提供更远距离、更高精度的无源探测、识别能力。

2) 高功率电子对抗

利用有源相控阵天线的高增益和大功率,在雷达波束覆盖空域和频率范围内,提供大功率的压制干扰或者离散的、外科手术式的干扰。

13.3 组成与原理

13.3.1 组成单元

从功能的角度进行划分,机载有源相控阵火控雷达的组成可以分为:有源相控阵天线、天线电源、低功率射频和处理机,如图 13-1 所示。在实际设计中,机载有源相控阵雷达的物理分系统划分和组成受到多种因素的影响。其中,三代机和四代机,除非受到安装空间的限制,一般没有采用高度综合的航电系统。机载有源相控阵火控雷达的组成一般以功能划分为主,并且倾向于低功率射频单元和处理机合二为一,以减少外场可更换单元的数量。而五代机一般采用高度综合的航电系统,机载雷达的部分处理机功能综合到了航电综合处理机中。这些被综合的功能一般都是在通用处理模块上以任务软件的方式实现。

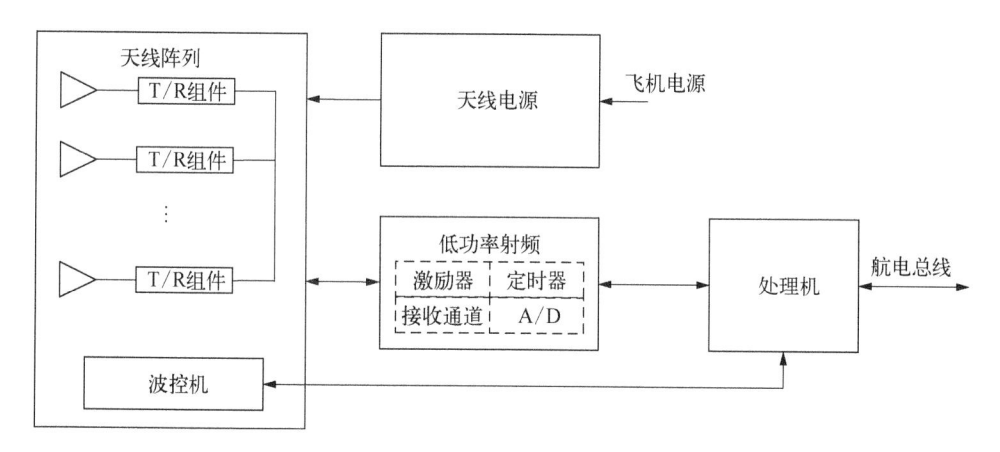

图 13-1 机载有源相控阵火控雷达常规组成

1) 有源相控阵天线

承担了传统机械扫描雷达的天线、发射机和接收前端的功能。具体来说,除了传统雷达天线具有的波束形成和波束扫描功能外,有源相控阵天线的功能还包含发射信号功率放大和接收信号低噪声放大,如图 13-2 所示。

天线工作在发射状态时,通常由低功率射频输出射频激励信号,由驱动功放组件放大到所需的射频驱动功率,经环形器送至馈电与波束形成网络,再经馈电与波束形成网络分别馈给 T/R 组件阵列的每一个 T/R 组件。T/R 组件按照波控机发出的移相、加权指令,对射频信号进行移相和幅度加权,后经 T/R 组件内发射通道进行最后的功率放大至天线的辐射单元。最后由辐射单元将射频信号向空间辐射出去。

天线工作在接收状态时,辐射阵列接收空间的射频信号,通过 T/R 组件内部的低噪声放大、移相与幅度加权后送至馈电与波束形成网络,输出和信号、方位差与俯仰差信号等,其中,和信号经放大后由环形器送至接收机和通道,方位差信号和俯仰差信号经放大后分别送至低功率射频部分的方位差通道和俯仰差通道,接收下变频处理后得到回波基

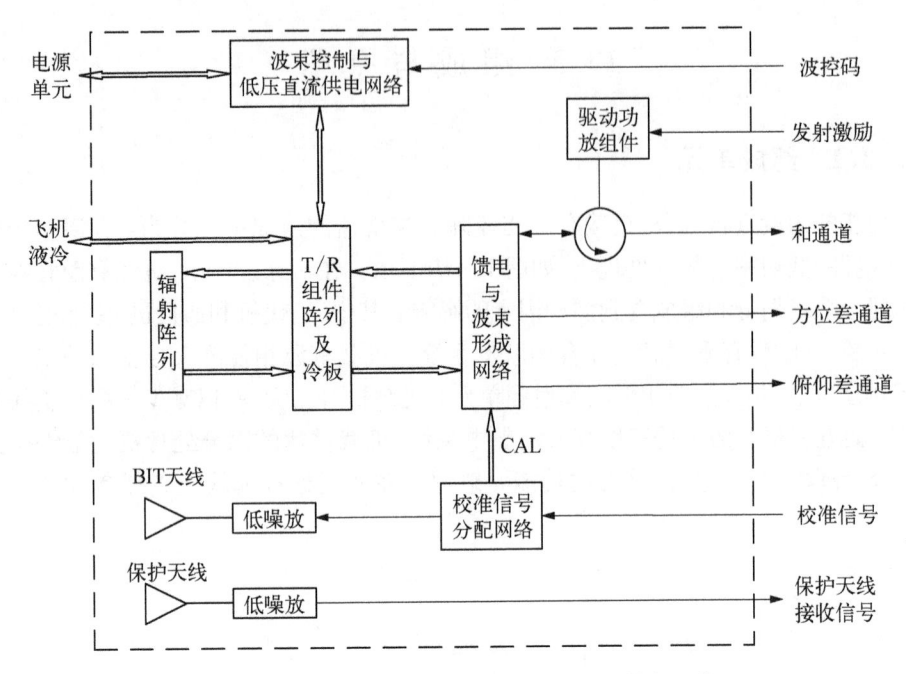

图 13-2 机载有源相控阵火控雷达天线基本组成

带信号,然后送至处理单元完成相应的信号处理和数据处理。

有源相控阵天线通常还为校准状态下雷达系统提供系统校准信号的注入和分配。有源相控阵天线通常具备自检测功能,实现对 T/R 组件接收和发射的自检,可将故障隔离到单个 T/R 组件。

2) 天线电源

天线电源为有源相控阵天线提供大功率低压电源。有源相控阵天线是一个耗电大户,其大占空比状态的耗电量,依 T/R 组件数量的不同从 10~30 kW 不等。因此需要为有源相控阵天线配置一个专门的电源分系统为其提供电源支持。

天线电源的功能是把初级电源转换成有源相控阵天线中 T/R 组件和波控器所需的电源。由于这些电源通常都是低电压、大电流,所以天线电源应尽可能靠近被控单元,以减少线路传输的损耗。除了要满足所需电源的品种和品质外,天线电源的质量、体积和效率也非常重要。天线电源数量越多,占整个雷达系统的质量和体积就越大,因此减少电源数量是减小雷达系统体积和质量的重要途径之一。整个天线阵面的功耗通常占雷达功耗的绝大部分,因此提高天线电源的效率对减小雷达功耗的作用不可忽视,同时也可降低对电源冷却的要求。

三代机、四代机的主供电电源一般是三相 400 Hz、115 V 交流电源,而五代机的主供电电源一般是 270 V 直流电源。由于供电功率的巨大,天线电源到有源相控阵天线需要采用能够承受大电流的汇流排。其次,有源相控阵天线的发射和接收状态耗电差异巨大,而且周期性的快速交替,对天线电源来说是一个脉动负载,天线电源的另一重要功能就是平滑负载波动,减小对飞机供电网络的不利影响。

一般采用电压两级转换的方式对负载供电,其一般电源系统如图13-3所示。工作过程一般为:首先,雷达输入的三相交流电通过阵面下的大功率一次电源转换成高压直流电,称为一级变换;其次,通过直流母线,将高压直流电传输给阵面电源;最后,阵面电源将高压直流电转换成负载所需的各种低压直流电,称为二级变换。这种供电方式一方面很好地解决了低电压大电流传输造成的线路压降,提高了电源供电系统的效率;另一方面同时减轻了电源系统的重量。

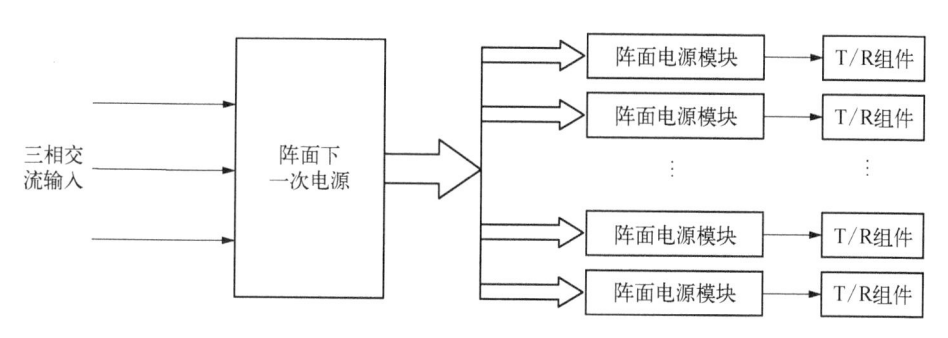

图13-3 电源系统原理框图

图13-3中电源系统由两级电源构成,即前端AC/DC一次电源和阵面上为T/R模块供电的阵面电源,即DC/DC二次电源。

3) 低功率射频

有源相控阵雷达低功率射频单元的功能与机械扫描雷达低功率射频单元的功能基本相同,主要包括以下几个方面:激励器/频综器、发射上变频、接收下变频、A/D变换、定时器。虽然功能基本不变,但有源相控阵雷达往往对低功率射频单元提出了更高的指标要求,包括更大的工作带宽、更大的接收动态范围、更低的相位噪声、更加复杂的波形、更多的接收下变频通道、更高的A/D采样率等。

一个典型的机载火控雷达低功率射频系统如图13-4所示。这个系统包含了一个频率综合器、一个波形产生器/激励上变频通道以及多个接收下变频通道。

4) 处理机

与机械扫描雷达相同,有源相控阵雷达的处理机的主要功能仍然是包括了信号处理、数据处理和雷达控制三大部分,如图13-5所示。但有源相控阵雷达往往会对处理机提出更高的性能要求,主要是引入更加复杂的算法,例如更多通路的并行信号处理、同时多功能处理以及空时自适应处理等。

处理机是一个数字处理硬件平台,在其上运行的是处理机软件,包括数字信号处理软件、数据处理软件和雷达控制软件三大类。随着技术的发展,雷达的功能将越来越多地由软件实现,同时也对雷达处理机硬件平台的性能提出了更高的要求。雷达处理机硬件平台为软件运行提供的能力包括:数据计算能力、数据传输能力和数据存储能力。从处理机设计的角度,处理机硬件平台的设计就是要满足雷达功能、性能实现对数据计算能力、数据传输能力和数据存储能力的要求,同时还要具备可伸缩性(扩展性和裁剪性)和可重构等优化设计要求。

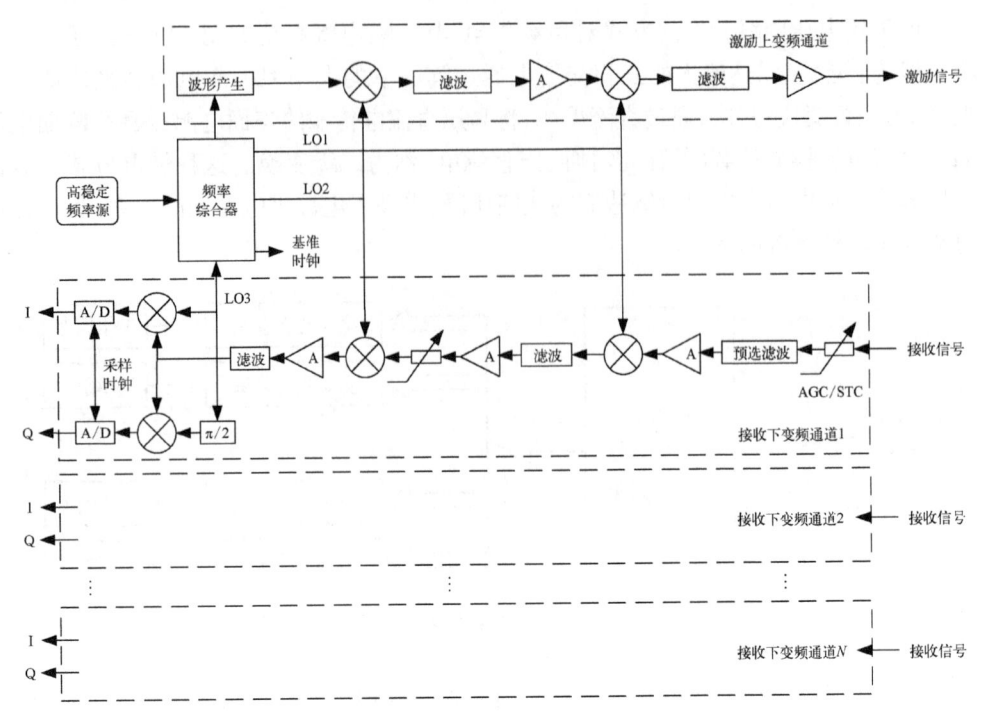

图 13-4 机载有源相控阵火控雷达低功率射频基本组成

13.3.2 交联关系

雷达的连接包括雷达与飞机和航电任务系统之间的连接，还包括雷达分系统之间的相互连接，按照功能的不同，可以划分为以下几种类型。

1）供电与开关机连接

包括雷达与飞机供电系统的电源连线、雷达内部电源分配连线、开关机信号线以及开关机信号在雷达内部的分配线等。

2）环控连接

雷达常用的环控形式包括液冷和风冷两种形式。有源相控阵天线和天线电源由于需要带走的热量大、热密度高，往往采用效率更高的液冷散热方式。雷达的低功率射频单元和处理机散热需求较小，可以采用传统的风冷散热方式，但采用效率更高的液冷散热方式有利于延长寿命降低故障率。机载有源相控阵雷达所需的环控资源一般都由载机平台提供，因此雷达需要拥有与飞机环控系统连接的接口，主要包括液冷管路接口和风冷管路接口。

3）航电总线连接

在三、四代机的航电系统上已经实现了航电数字总线控制，航电数字总线最具代表性的是 MLSD-153B 总线。随着传输速率需求的大幅提升，在五代机上采用了传输速率更高的光纤介质，其中在 F-35 上使用的光纤通道(fibre channel, FC)最为典型。

机载雷达通过航电总线实现与航电系统的互联，接收航电系统的指令并反馈雷达探测/跟踪的目标数据，传输雷达图像。在采用集中信号处理的综合航电系统上，雷达还通过高速光纤向航电综合处理机传送雷达的数字回波信号。

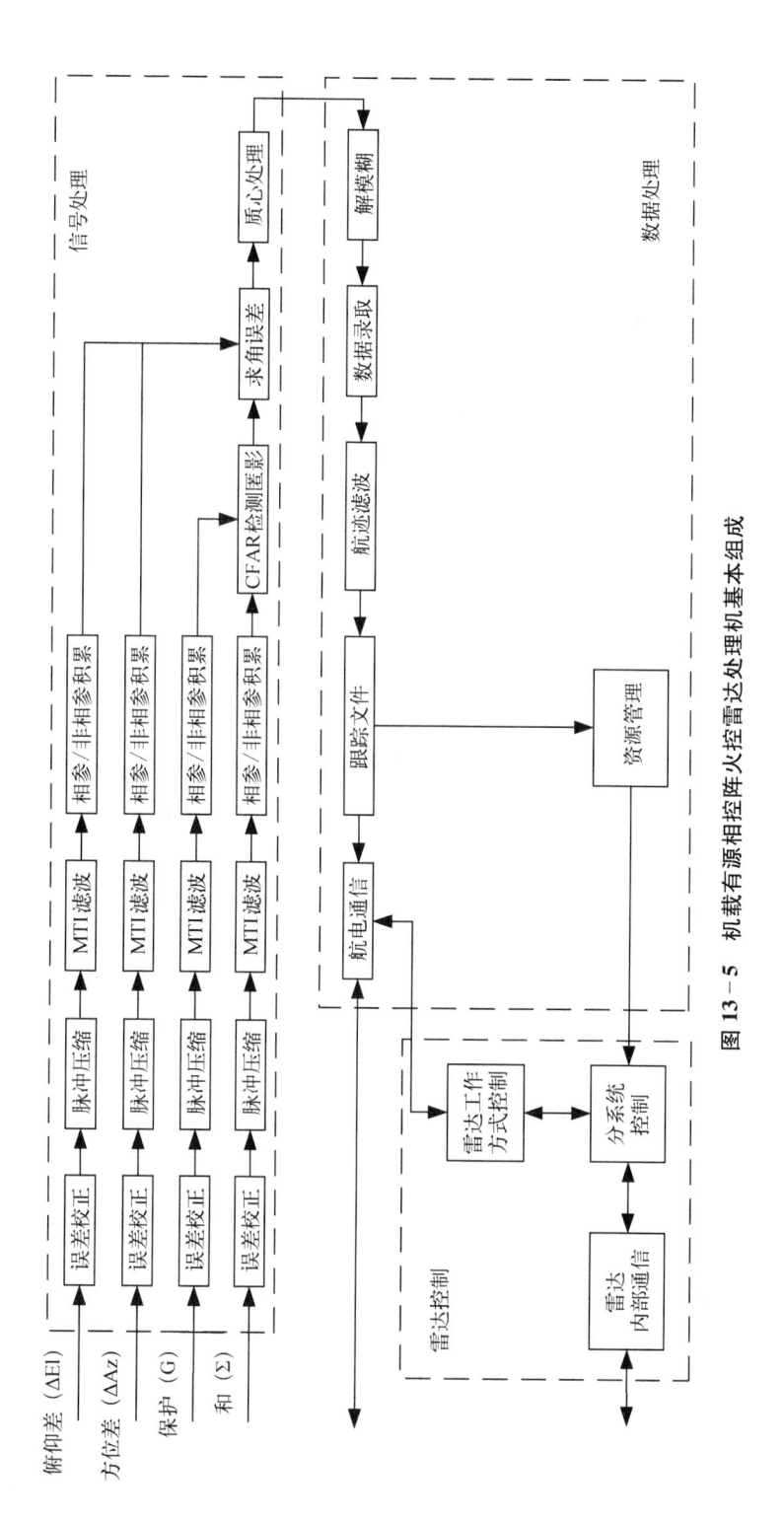

图 13-5 机载有源相控阵火控雷达处理机基本组成

4)雷达内部模拟信号连接

雷达内部模拟信号连接主要包括低功率射频单元向有源相控阵天线传送的发射激励信号和有源相控阵天线的低功率射频单元传送的射回波信号等,这些信号的连接一般都采用低损耗的射频同轴电缆。

高速时钟基信号(通常大于等于 100 MHz)也常采用射频同轴电缆传输的方式,以保证有较好的信号传输质量。

5)雷达内部时序信号连接

为了保持信号时序的一致和相关性,雷达内部由定时器提供统一的定时基准,产生各分系统所需的时序脉冲或称定时信号,并通过内部时序信号互联进行传送。主要的时序信号包括收发转换时序脉冲、闭锁时序脉冲、采样波门和雷达帧脉冲等。

雷达内部时序信号常用的传输介质是双绞屏蔽线,传输形式是电压差分方式。

6)雷达内部控制总线

雷达内部控制总线用于雷达内部指令传递和信息反馈,以实现对各分系统的控制。一般以雷达处理机为雷达内部总控制器,实现对其他分系统的控制,包括分解下达雷达的状态控制命令、收集反馈自检信息等。常用的雷达内部总线包括 RS422 总线、RS485 总线等。

7)雷达内部高速数据连线

雷达内部高速数据连线主要用于传输大数据量的数字回波数据。通常是在低功率射频单元完成对雷达回波信号的采样和数字化,然后通过雷达内部高速数据连线传送到雷达处理机,完成后续的数字信号处理和数据处理等。

新一代雷达已开始逐步引入基于光纤介质的高速数据线,以满足高速大数据量传输的需要,同时还增强了抗电磁干扰的能力。

8)数据记录连线

在雷达的科研阶段,通常需要记录雷达的回波数据以用于试验分析,因此需要配置数据记录设备和雷达连接记录设备的数据记录连线。由于雷达的回波数据传输量大、数据率要求很高,数据记录连线通常采用和雷达内部高速数据连线相同的连接方式。

9)测试连接

为了满足雷达的测试性要求,雷达系统和分系统常设置有测试接口,用于连接外部测试设备。

由于被测信号种类的不同,测试接口的类型也多种多样,通常包括模拟信号类测试接口、时序信号类测试接口、数据总线类等。按照用途的不同,还可以分为测试激励类、信号输出类、故障指示类和控制类等。

现代雷达也常用一个或多个集中的包含多个信号种类的连接器对外连接,通过专门设计的自动测试设备,快速高效地完成对雷达的测试工作。

13.4 发 展

随着 F-22、F-35、苏-57 等战斗机的服役,军事强国纷纷开始探索下一代战斗机。下一代战斗机的基本要求是能够对五代机形成压倒性优势,是机械化、信息化和智能化的集合体。其技术特点主要包括以下几方面：更全面的隐身能力、更广阔的作战范围、更强大的态势感知能力、革命性的机载武器等。

13.4.1 发展需求

下一代战斗机的技术特点对其火控雷达提出了更高的要求。

1）隐身能力更全面

从下一代战斗机的能力特点来考虑，下一代战斗机对雷达隐身的最直接的需求是实现平台全频段隐身，提高战场生存能力，从而完成作战任务的客观要求。这包含以下两个方面内容。

一是雷达的无源目标特征需要进一步缩减，不易被对方雷达探测到，实现低可观测性，即降低雷达散射截面积。这是一种被动措施。

二是雷达的有源目标特征需要进一步缩减，辐射信号具有较低的被敌方被动接收装置侦测的可能性，实现低截获概率。这是一种主动措施。

2）适应更复杂的作战环境

在下一代战斗机面临的更广阔的作战范围中，机载火控雷达面临着复杂的作战环境，主要包括地理、气象、电磁环境。雷达面临的地理环境、气象环境不同，其面杂波和气象杂波差别很大，需雷达自适应调整。不同区域的湿度、气压、温度也会给雷达的使用带来影响。随着电磁对抗技术的发展，机载火控雷达面临的干扰具有战术多样化、样式复杂化、形式灵活化、频段宽带化等特点。这些都对雷达的探测跟踪性能带来了严重影响。

3）探测能力更强

飞机对雷达的隐身技术不断发展、机动能力不断提高，这就对雷达远距离发现目标、稳定跟踪目标、武器制导等提出了极大挑战。下一代战斗机任务越来越多样化，对火控雷达的功能要求越来越多，对探测精度和分辨力、识别能力等的要求也越来越高。

4）协同能力更强

下一代战斗机信息化和智能化的发展，要求战斗机内部和战斗机之间相互广泛协同。战斗机内部的协同包括硬件共享和软件协同。硬件共享主要体现在各射频传感器（如通信、导航、识别、电子对抗等）进行一体化设计，基于软件无线电思想，射频前端充分共享硬件。软件协同主要在于各目标探测传感器之间进行协同，包括目标提示搜索与交接等。战斗机之间协同主要在于下一代战斗机可能是系统簇，采用有人机、无人机协同的方式进行作战。战斗机之间需要进行协同探测目标、协同跟踪目标、协同识别目标、协同发射武器、协同制导武器等。这些协同，可能要求是数据级别的，也可能要求是信号级别的。

5）降低对飞机的要求

为了满足高隐身和高超声速飞行的需要，未来战斗机越来越向着翼身融合的方向发展，留给机载火控雷达天线和其他设备的空间越来越受到限制。这给雷达的体积和重量提出了新要求。为了扩大雷达天线面积和扩大雷达波束覆盖范围，雷达需要与载机深度融合，这对天线设计、雷达测试和维修带来了很大挑战。

为了实现强的探测能力，雷达必须要辐射很强功率的电磁波。这就带来了雷达功耗和散热的需求，给飞机的供电系统和环控系统带来了挑战。

6) 降低成本的需求

随着雷达的发展,雷达在战斗机成本中占的比例不断攀升。这既包括硬件成本,也包括软件成本。要满足前述需求,由此带来的成本压力还会进一步大幅度上升。因此,机载火控雷达还面临着巨大的成本压力。

13.4.2 发展趋势

根据对机载火控系统和雷达的高要求,未来的机载火控雷达需要采用更多的先进技术。同时也应该看到,基础工业的进步也为雷达性能提高创造了条件。未来将利用性能更优越的新材料、新器件、新工艺,研制出性能更优良的机载火控雷达,下面列出主要的技术发展趋势。

1) 共形天线技术

如果想要雷达具有大的威力和高的角分辨力,就需要大的天线,但大的天线在飞机上安装成了问题,机头空间有限,背在机背上影响飞机的气动性能,比较好的解决办法是把天线和机身融在一起,把天线嵌入飞机蒙皮内,即敏感蒙皮。

2) 天线阵列微系统

未来有源阵列天线的形态界限将趋于模糊,天线将集成越来越多的有源和无源电路,朝着天线阵列微系统方向发展,但逻辑界限会越来越清晰,实现一体化是必然结果。天线阵列微系统定义为:以微纳尺度理论为支撑,以电磁场、微电子、光电子、材料和热力学为基础,结合体系架构和机电热多物理场模型,运用微纳系统集成技术和方法,将天线阵列、有源收发通道、功率合成/合成网络、频率源、波束控制和电源以及导热结构等三维异构混合集成在一个狭小的封装体里,互连线的大幅缩短,得到更小的插入损耗和更好的匹配性。实现天线阵列微系统,需要解决两个方面的瓶颈问题:一是无源和有源电路芯片化或小型化;二是无源辐射天线单元,或者多个辐射天线单元组成小型天线子阵列,与多种无源/有源电路三维异构混合高密度集成,形成一个独立功能天线微系统封装体。

3) 双/多基地工作方式

这种方式多机联合工作,一架飞机提供射频大功率照射,目标回波则由处于无源工作状态的战斗机雷达所接收,这种工作方式的好处是有利于反干扰,避免反辐射导弹攻击,更有意义的是这种工作方式有利于对隐身目标的探测。

4) 多输入多输出雷达技术

多输入多输出雷达具有低截获、反隐身、高精度测角以及慢速目标检测性能的提升等优势。在载机不同的机身、机翼布置多个雷达天线并协同照射同一目标方向,通过多输入多输出技术实现回波信号的综合,即共址方式。也可采用多个平台,每个平台装一部雷达,所有雷达协同探测同一目标,通过多输入多输出技术实现所有雷达回波综合,即统计方式。

5) 微波光子技术

微波光子技术在电子系统中的最初应用形式为光模拟信号传输,即将单个或多个模拟微波信号加载到光载波上并通过光纤进行远距离传输。近年来,微波光子逐渐从模拟光传输功能演变为包括微波光子滤波、变频、光子波束形成等多种信号处理功能的综合能力。微波光子学在雷达系统的研究领域内具有广泛的应用前景,能够大幅提升雷达系统的工作带宽、数字化程度及抗干扰能力等,实现超宽带对海探测。其中微波光子链路的技术成熟度、光子集成化程度和系统的一体化设计是制约其实用化的关键因素,这三者也构成了未来微波光子雷达研究和发展的主旋律。

6) 太赫兹技术

采用太赫兹频段的雷达在军事上具有独特的反隐身能力。对外形隐身技术,太赫兹雷达可以从不同角度探测并通过逆合成孔径算法进行目标成像,目标的不平滑部位产生的角反射在太赫兹频段更明显。对材料隐身技术,目前电磁隐身材料的吸收频率多集中在 1~20 GHz,这些材料对太赫兹波难以形成有效的吸收效果。试验表明,太赫兹波可以较好地穿透微波段隐身材料,实现对隐身目标的探测。同时,太赫兹雷达具有带宽大、分辨力高、多普勒敏感、抗干扰能力强等独特优势,是目标探测领域的重要发展方向。

7) 认知雷达技术

认知雷达指模仿人类认知过程,具有多域信息获取、知识学习、自主推理和决策能力的雷达,可以分析与提取并学习目标、杂波和电磁环境的多域特征,然后自主调整工作模式,优化发射方式(包括波形、辐射能量、频率和极化方式等)、接收处理和资源分配,从而获得更高的整体性能。其本质是通过与环境不断的交互而理解环境并适应环境的闭环雷达系统。

机务人员也要钻研战法

对飞行人员来说,"夏北浩模范机务中队"官兵已经不仅仅是托举他们驰骋蓝天的有力臂膀,更是提高战斗力的好搭档。新时期的"夏北浩模范机务中队",瞄准强军目标,不断延伸拓展自身的职责使命,从最初单一的服务保障,变为研究飞机性能、钻研战术战法必不可少的重要力量。

为提升战斗力,该部队建立了战术战法研究长效机制,分成导弹、战法、引导等 5 个小组,而每个小组除了飞行骨干外,都有一名相应专业的机务人员参与研究。

2013 年 9 月底,时任部队长驾机升空训练。突然,机载雷达扫描目标时出现异常,部队长在以往的训练中从未遇到过这种现象。"是故障?还是特性?"带着强烈的疑惑,在下飞机的第一时间,他就带着"夏北浩模范机务中队"航电队长等机务人员钻进战术评估室。通过查找相关手册、判读飞参等技术手段,经过整整一夜的分析,最后机务人员确定:该现象由机载雷达的固有特性引起,并非故障。

于是,部队长专门组织了一次空地交流,由机务官兵详细讲解雷达这一特性背后的原理,以及如何运用该特性达到战术目的等。听完机务官兵的讲解,部队长敏锐地意识到,利用雷达的这个特性也许是创新战法的一个良机。最终,经过飞行人员和机务人员反复研究、论证,一个全新的机动战法就此诞生,并在 2013 年空军组织的对抗空战考核中发挥重要作用,成为该部队取得对抗胜利的重要"法宝"之一。

某"金头盔"飞行员的话颇具代表性:"如今,机务官兵不仅是托举我们驰骋蓝天的有力臂膀,更是提高战斗力的好搭档。他们已逐渐从单一的服务保障,变为研究飞机空中使用性能、钻研战术战法必不可少的重要力量。"从幕后到台前,从单纯保障飞行安全到直接参战,使命担当,让"幕后英雄"成了空战的"战斗员"。

本章思维导图

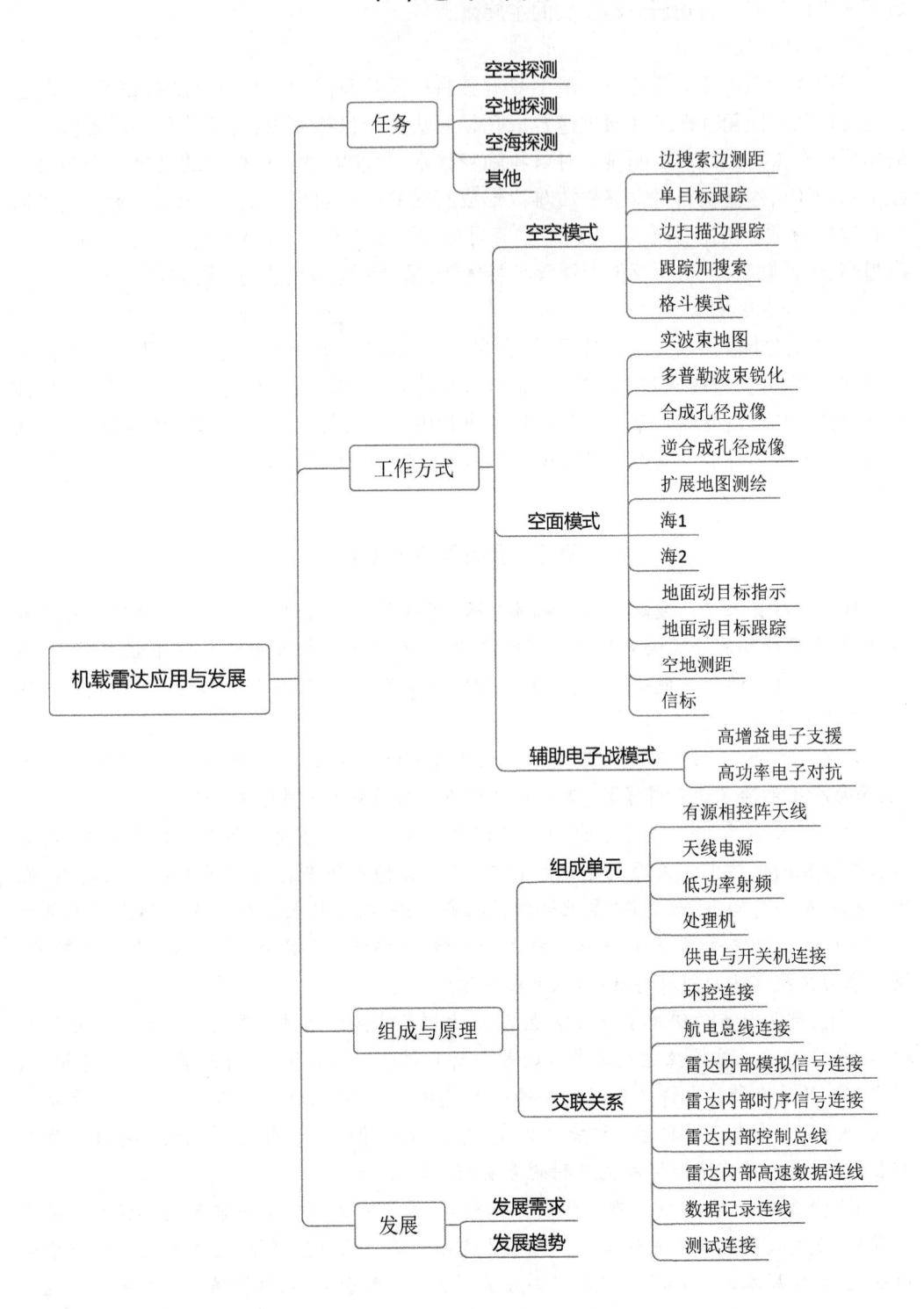

- 机载雷达应用与发展
  - 任务
    - 空空探测
    - 空地探测
    - 空海探测
    - 其他
  - 工作方式
    - 空空模式
      - 边搜索边测距
      - 单目标跟踪
      - 边扫描边跟踪
      - 跟踪加搜索
      - 格斗模式
    - 空面模式
      - 实波束地图
      - 多普勒波束锐化
      - 合成孔径成像
      - 逆合成孔径成像
      - 扩展地图测绘
      - 海1
      - 海2
      - 地面动目标指示
      - 地面动目标跟踪
      - 空地测距
      - 信标
    - 辅助电子战模式
      - 高增益电子支援
      - 高功率电子对抗
  - 组成与原理
    - 组成单元
      - 有源相控阵天线
      - 天线电源
      - 低功率射频
      - 处理机
    - 交联关系
      - 供电与开关机连接
      - 环控连接
      - 航电总线连接
      - 雷达内部模拟信号连接
      - 雷达内部时序信号连接
      - 雷达内部控制总线
      - 雷达内部高速数据连线
      - 数据记录连线
      - 测试连接
  - 发展
    - 发展需求
    - 发展趋势

习 题

1. 简述机载火控雷达的工作方式及其特点。
2. 查阅资料,选取某型机载有源相控阵火控雷达,描述其组成和工作原理。
3. 简述机载预警雷达的工作方式及其特点。
4. 查阅资料,选取某型机载预警雷达,描述其组成和工作原理。
5. 分析太赫兹雷达的优缺点。
6. 查阅资料,分析机载雷达技术的发展趋势。

参考文献

保铮,刑孟道,王彤.雷达成像技术[M].北京:电子工业出版社,2019.
贲德,韦传安,林幼权.机载雷达技术[M].北京:电子工业出版社,2006.
曹晨.中国机载雷达轨迹[J].航空知识,2011(6):34-37.
丁鹭飞,耿富禄,陈建春.雷达原理[M].6版.北京:电子工业出版社,2020.
葛建军,张春城.数字阵列雷达[M].北京:国防工业出版社,2017.
何友,修建娟,刘瑜.雷达数据处理及应用[M].4版.北京:电子工业出版社,2022.
廖桂生,陶海红,曾操.雷达数字波束形成技术[M].北京:国防工业出版社,2017.
罗钉.机载有源相控阵火控雷达技术[M].北京:航空工业出版社,2018.
王满玉,程柏林.雷达抗干扰技术[M].北京:国防工业出版社,2016.
王天.机载雷达对海面目标SAR/ISAR成像方法[D].成都:电子科技大学,2019.
吴洪江,高学邦.雷达收发组件芯片技术[M].北京:国防工业出版社,2017.
谢文冲,段克清,王永良.机载雷达空时自适应处理技术研究综述[J].雷达学报,2017,6(6):575-586.
许小剑,黄培康.雷达系统及其信息处理[M].2版.北京:电子工业出版社,2018.
严利华,姬宪法,梅金国.机载雷达原理与系统[M].北京:航空工业出版社,2010.
弋稳.雷达接收机技术[M].北京:电子工业出版社,2006.
张光义.相控阵雷达原理[M].北京:国防工业出版社,2009.
张怀根,何强.机载雷达抗干扰技术现状与发展趋势[J].现代雷达,2021,43(3):1-7.
张明友,汪学刚.雷达系统[M].5版.北京:电子工业出版社,2018.
张晓晖.电子防御系统概论[M].北京:电子工业出版社,2014.
赵树杰.雷达信号处理技术[M].北京:清华大学出版社,2010.
Bassem R.雷达系统分析与设计[M].北京:电子工业出版社,2016.
Mark A.雷达信号处理基础[M].北京:电子工业出版社,2017.
Schleher D C. MTI and pulsed Doppler radar with MATLAB[M]. Norwood: Artech House, 2012.
Sponsored by the Radar Systems Panel. IEEE Std 686™-2017. IEEE Standard for Radar Definitions[S]. New York: IEEE-SA Standards Board, 2017.
Stimson G W. Introduction to airborne radar[M]. Raleigh: SciTech Publishing, 2014.
Xiao B S, Wang W, Xiang J J, et al. The development review of airborne fire control radar technology[C]. Beijing: CAC, 2021.